あたらしい人工知能の教科書

プロダクト／サービス開発に必要な基礎知識

多田智史 著　石井一夫 監修

SE
SHOEISHA

本書内容に関するお問い合わせについて

本書に関するご質問、正誤表については、下記のWebサイトをご参照ください。

　　正誤表　　　　http://www.shoeisha.co.jp/book/errata/
　　出版物Q&A　　http://www.shoeisha.co.jp/book/qa/

インターネットをご利用でない場合は、FAXまたは郵便で、下記にお問い合わせください。

　　〒160-0006　東京都新宿区舟町5
　　㈱翔泳社 愛読者サービスセンター
　　FAX番号：03-5362-3818
　　電話でのご質問は、お受けしておりません。

※本書に記載されたURL等は予告なく変更される場合があります。
※本書の出版にあたっては正確な記述につとめましたが、著者や出版社などのいずれも、本書の内容に対してなんらかの保証をするものではなく、内容やサンプルに基づくいかなる運用結果に関してもいっさいの責任を負いません。
※本書に掲載されているサンプルプログラムやスクリプト、および実行結果を記した画面イメージなどは、特定の設定に基づいた環境にて再現される一例です。
※本書に記載されている会社名、製品名はそれぞれ各社の商標および登録商標です。
※本書の内容は、2016年11月執筆時点のものです。

PREFACE はじめに

　2010年以降、画像認識技術としてブレイクスルーした深層学習（ディープラーニング）をきっかけとして、日本にも3度目と言われる人工知能ブームがきています。

　本書で取り扱う内容は、人工知能プログラムと呼ばれているシステムを開発するうえで基本となる機械学習に必要な線形代数から解析学、統計学の一部までピックアップするなど、他書に見られないような範囲になっています。

　また、本書は「エンジニア向け」た内容になっていますので、データサイエンティストの方々が読まれるような証明の解説などはほとんど含めず、紹介のレベルで留めている項目が多いです。一方で、アプリケーションを開発する方々にとって関心のあるどのようなアルゴリズムや技術について数多く触れています。

　本書執筆中にも深層学習技術を用いたさまざまなアプリケーションが開発されています。そのため、欠けている情報などもあるとは思いますが、それらについては他書をご参照いただけたらと思います。

　より深い内容の書籍や技術解説などを読み解く際に、またデータ解析を始めるときの取っ掛かりとして少しでも本書が役に立てば幸いです。

　末筆となりましたが、本書を監修いただきました石井一夫先生をはじめ、ドラフトにご意見いただきました皆様に感謝申し上げます。

2016年12月吉日

多田智史

PREFACE 監修者のことば

　近年、人工知能がメディアで取り上げられることが非常に多くなりました。ディープラーニングを用いた画像処理や音声認識に始まり、自動車の自動運転やロボットなどへの応用などは、人工知能をイメージしやすいかと思います。特に、2016年当初に、Googleの、DeepMindによる人工知能囲碁「AlphaGo」が、人間の囲碁のプロのチャンピオンを破ったというニュースにより、人工知能の世間の認識が一気に高まった感があります。「シンギュラリティ」などという言葉が現実味を帯びて語られるようにもなりました。

　私自身が必要に駆られてデータ分析を始めたのは、2003年頃からです。「人工知能」という言葉はかなり昔からあり、ニューラルネットなどの機械学習を使ってみたことがありますが「あまり賢いものでない」という印象を持っていました。その頃は、Rの日本語ドキュメントがほとんどなく、S-PLUSのマニュアルを見ながらRをインストールしてSOMやk-meansなどのデータ分析をやっていました。

　2012年ごろから、ビッグデータの利活用がブームとなり、分散ファイルシステムや並列分散処理などによる大規模データ分析が一般に認知され、「データサイエンティスト」という職業がもてはやされました。その後、これにIoT（Internet of Things）という言葉が加わり、さらには、機械学習・ディープラーニングが続き、人工知能のブームに至っています。

　2003年当時から考えると隔世の感がありますが、機械学習、ディープラーニングの進歩はすさまじく、人工知能、データサイエンスの最前線をフォローしていくのもなかなかむずかしいものがあります。そうした時、一度立ち止まり、「人工知能はどこまで進んでいて、何ができるのか」について全体を見当たすことが必要かと思います。

　本書は、そのような要望に応える意味で企画されました。人工知能に関連するあらゆる事項が網羅されていて、高度な予備知識がなくても読み進めることができます。新規事項も惜しげなく取り込まれており、そこかしこに新しい発見があるかと思います。ここを起点により深くこの分野に入っていくためのマイルストーンになるでしょう。

　人工知能とデータ分析に興味があるすべての人に読んでいただきたい書籍です。

2016年12月吉日
東京農工大学農学府農学部　特任教授
情報処理学会ITフォーラム「ビッグデータ活用実務フォーラム」代表者
石井一夫

INTRODUCTION 本書の対象読者とダウンロードファイルについて

❑本書について

　本書は人工知能関連のプロダクト・サービス開発を行っているエンジニアに向けて、今後の開発で必要になる知識を取捨選択し、理論と技術をわかりやすくまとめた書籍です。

　機械学習・深層学習、IoTやビッグデータとの連係について、理論の概念図や実際の事例などを用いて、わかりやすく解説しています。

❑対象読者

　人工知能を利用したプロダクトやサービス開発に携わるエンジニアの方（プログラマー、データベースエンジニア、組込みエンジニアなど）を対象としています。また、数式を用いた解説もありますので、ある程度の数学の知識も必要となります。

❑ダウンロードファイルについて

　本書の章の一部で利用しているサンプルは以下のURLからダウンロードできます。

- ダウンロードサイト

　URL http://www.shoeisha.co.jp/book/download

CONTENTS

はじめに　　3
監修者のことば　　4
本書の対象読者とダウンロードファイルについて　　5

CHAPTER 1　人工知能の過去と現在と未来　　11

- 01 人工知能とは　　12
- 02 人工知能黎明期　　14
- 03 発達する人工知能　　18

CHAPTER 2　ルールベースとその発展型　　31

- 01 ルールベース　　32
- 02 知識ベース　　36
- 03 エキスパートシステム　　40
- 04 レコメンドエンジン　　47

CHAPTER 3 オートマトンと人工生命プログラム　53

- 01 人工生命シミュレーション　54
- 02 有限オートマトン　60
- 03 マルコフモデル　64
- 04 ステート駆動エージェント　68

CHAPTER 4 重み付けと最適解探索　75

- 01 線形問題と非線形問題　76
- 02 回帰分析　80
- 03 重みを付けた回帰分析　88
- 04 類似度の計算　92

CHAPTER 5 重み付けと最適化プログラム　101

- 01 グラフ理論　102
- 02 グラフ探索と最適化　106
- 03 遺伝的アルゴリズム　114
- 04 ニューラルネットワーク　122

CHAPTER 6 統計的機械学習（確率分布とモデリング） 133

- 01 統計モデルと確率分布 _____ 134
- 02 ベイズ統計学とベイズ推定 _____ 149
- 03 MCMC法 _____ 159
- 04 HMMとベイジアンネットワーク _____ 164

CHAPTER 7 統計的機械学習（教師なし学習と教師あり学習） 167

- 01 教師なし学習 _____ 168
- 02 教師あり学習 _____ 175

CHAPTER 8 強化学習と分散人工知能 185

- 01 アンサンブル学習 _____ 186
- 02 強化学習 _____ 191
- 03 転移学習 _____ 200
- 04 分散人工知能 _____ 204

CHAPTER 9 深層学習　207

- 01 ニューラルネットワークの多層化　208
- 02 制約付きボルツマンマシン（RBM）　214
- 03 Deep Neural Network（DNN）　216
- 04 Convolutional Neural Network（CNN）　220
- 05 Recurrent Neural Network（RNN）　224

CHAPTER 10 画像や音声のパターン認識　227

- 01 パターン認識　228
- 02 特徴抽出の方法　230
- 03 画像認識　239
- 04 音声認識　248

CHAPTER 11 自然言語処理と機械学習　255

- 01 文章の構造と理解　256
- 02 知識獲得と統計的意味論　260
- 03 構造解析　264
- 04 テキスト生成　267

CHAPTER 12 知識表現とデータ構造　277

- 01 データベース　278
- 02 検索　286
- 03 意味ネットワークとセマンティックWeb　293

CHAPTER 13 分散コンピューティング　301

- 01 分散コンピューティングと並列コンピューティング　302
- 02 ハードウェアからのアプローチ　303
- 03 ソフトウェアからのアプローチ　309
- 04 機械学習プラットフォームと深層学習プラットフォーム　320

CHAPTER 14 大規模データ・IoTとのかかわり　327

- 01 肥大化するデータ　328
- 02 IoTと分散人工知能　334
- 03 脳機能の解明とロボット　339
- 04 創発システム　343

INDEX　349

CHAPTER 1 人工知能の過去と現在と未来

この章では、過去において人工知能がどのような形で研究され、現在につながり、そして今後どのように進化するのか、本書全体を俯瞰して、今後解説する章につながる下敷き的役割になるよう、解説します。

CHAPTER 1　人工知能の過去と現在と未来

01 人工知能とは

人工知能と言っても、現在ではさまざまな分野で利用されています。ここでは一般的な意味合いで解説します。

巷に溢れる「人工知能」

近年たくさんの人工知能関連の書籍が発行され、情報が溢れかえるようになってきました。いくつもの書籍において、人工知能についての定義がなされています。それらのどれが合っていてどれが間違っている、といったことはなく、人によってもとらえ方が異なります。

どこまでがパターン認識に代表されるプログラムでどこからが知能と言えるかといった問いには人それぞれの解があり、時代によっても変化し、これからも変わり続けることでしょう。

それでは人工知能とは何でしょうか？

「人工知能」は、「人為的に人間らしく振る舞うよう作られた装置（またはソフトウェア）がある」と考えることができます。そこから発展して、プログラムにより装置が自律的に判断します。また装置自体が意思を持つような挙動を示すことも含まれます（図1）。

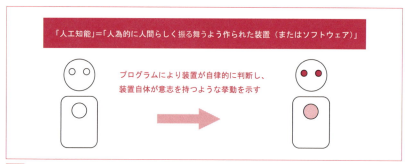

図1　人工知能

人工知能そのものには「生物学」的な意味合いはありません。実際に過去の人工知能のブームには含まれていませんでした。

過去の実装において言えば、知能的な振る舞いを表現するにあたり、その実現方法は生物的なものとは異なっていました。実際アウトプットとして私たち人間の目の前に提供されるものは、自動制御の結果です（図2）。

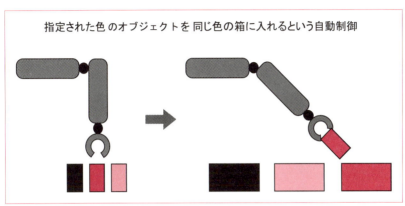

図2 「自動制御」の代表例

例えば、電子コンピュータができた初期の単純な条件分岐であっても、それが自動制御の大きな役割であった時代もあれば、現代のように複雑な理論を適用してなお、「人工知能」と呼ぶには物足りない時代もあります（図3）。

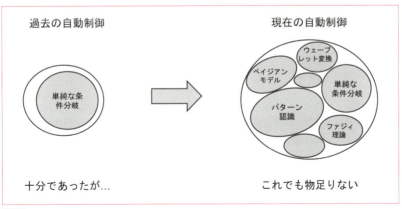

図3 人工知能と自動制御の関連

CHAPTER 1 | 人工知能の過去と現在と未来

人工知能黎明期

人工知能が誕生した頃、どのような時代背景で、エンジニアはどのようにかかわってきたのでしょうか？　ここでは人工知能黎明期について解説します。

「人工知能」の誕生

　AI（人工知能）という言葉が誕生したのはダートマス会議（1956年）でのことです。人工知能に関しては、それよりもさかのぼること10年ほど前からイギリスなどで行われており、現在でもチューリングテストやチューリングマシンといった言葉でその名が残るアラン・チューリングによる功績も含まれます。

　チューリングは論文『計算する機械と知性（Computing Machinery and Intelligence）』（1950年）で初めて人工知能の主要な議論に的を絞った内容を発表しています。実際には、チューリングはそれよりも10年ほど前から機械と知性に関する考察を深めていたと言われています。

　チューリングらに代表される数学的・計算機科学的な理論の発展の一方で、生理学的な側面でも同時期に進んだ研究があります。それはサイバネティクス（MEMO参照）と言われる生理学・機械工学・制御工学を融合し統一的に扱おうとする分野です。接頭辞のサイバーが現在電脳と訳されているのはサイバネティクスが源流となります。

> **MEMO　サイバネティクス**
> サイバネティクスの語源はギリシャ語のキベルネテス
> Κυβερνήτης、舵をとる者の意です。

　生理学的な分野において、現在はニューラルネットワークと呼ばれるアルゴリズムの基礎となる研究として大きく分けると、2つあります。

　1つはAll-or-none型の情報伝達のモデル化（『A logical calculus of the ideas immanent in nervous activity』、WARREN S. MCCULLOCH AND WALTER

PITTS著、1943年）に関する理論です。

もう1つはHebbの法則と呼ばれるシナプスの可塑性の提唱（『The Organization of Behavior』、ドナルド・ヘッブ著、1949年）です。

🏳 シナプスの可塑性

シナプスの可塑性とは、神経伝達物質がシナプスを介してやり取りされることにより結びつきが強化され、逆にやり取りが減少することで逆のことも起こるという現象です。特に、子供が発達する過程において記憶と学習に深く結びついているとされ、それが人工知能の研究にも影響を与えています。

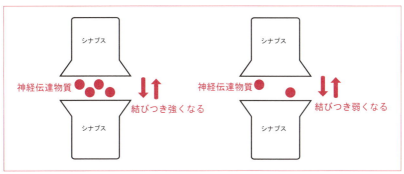

図1 2つの理論に関する図

当時登場し始めたばかりの電子計算機は「人間を補助しその代わりとなるもの」という役目のもと、科学的計算のほか、判定を行う機械として利用されました。

初期のプログラムでは2値分類の積み重ねによる自動判定結果を出力することが人工知能とされていました（図2）。

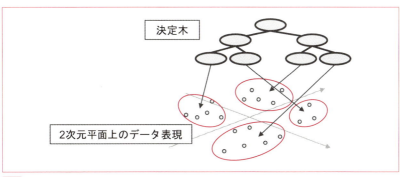

図2 決定木

🔹 人工知能とチューリングテスト

　機械による計算結果から得られる回答が、「人間の代わりのものであること」を目指している以上、その回答が「人間によるものか」「機械によるものか」ということに疑問を抱く必要も生じてきます。

　人間も間違いをおかすものですが、機械も人間が作った条件判断基準をもとに動作している以上、間違いを含むことが出てきます。なかにはある一定数の意見として、「機械が行った判断は正しいもの」として扱うものも存在しますが、それらが通用するルールは「プログラムの性能を計測した結果、認められたものに限定される」ということを把握しなければなりません。

　例えば、航空機の自動操縦システムは、現在では基本的にセンサーが示す指示に従って運航することになっており、人間が判断をすることで逆に事故につながるケースも存在します（図3）。

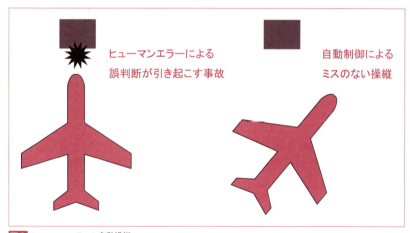

図3　ヒューマンエラーと自動操縦

　人工知能研究の初期の頃は、機械による判定やその回答の幅にも限界がありましたが、チューリングは、「人間の代わりとなる機械の回答が人間の回答そのものと区別が付かない世界が来る」と考えました。簡単に言えば「機械が知性を獲得し、あるいは思考する」という世界です。それがチューリングテストと呼ばれるものに反映されました。

　チューリングは、チューリングテストにおける問題を「機械は我々が（考える存在として）できることをできるか」というものに置き換えました。

🏷チューリングテスト

チューリングテストは次のように行われます。

人間の判定者が1人の別の人間と1基の機械と対話をし、相手が人間であるか機械であるかを確実に区別できなかった場合、その機械はテストに合格したことになります（図4）。

判定者とその相手は隔離されており、機械による音声に左右されないよう、例えば「キーボードとディスプレイ」といった文字のみを通して、知性を判定します。

2014年にロシアのスーパーコンピュータがロンドンのテストにおいて「13歳の少年」として参加し、審査員らが33%の割合で人間と誤って判定したことで史上初めて、チューリングテストに合格しました（**URL** http://www.afpbb.com/articles/-/3017239）。これまでにもさまざまな人工知能プログラムが開発されてきましたが、**ELIZA**（1966年）や**PARRY**（1972年）はチューリングテストの通過に一番近かったと言われています。どちらのプログラムも特定の状態の人間を演じるようにされており、ELIZAはカウンセラー、PARRYは統合失調症を患っている人のような反応を示すよう動作しました。

前述のようにチューリングテストは「人間らしい振る舞いをテストするもの」であるため、「思考そのものを司る知性を必ずしも測るものではない」点に気を付ける必要があります。例えば、発想力が必要な課題の解決といった理知的な行動は、チューリングテストでは測ることができません。また、ののしったり、タイプミスしたりするなどの反応がまったくなければ、「知性がある」としてもテストには合格できません。

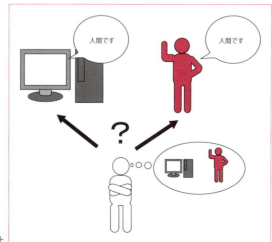

図4 チューリングテスト

CHAPTER 1 　人工知能の過去と現在と未来

03 発達する人工知能

人工知能は、今まで何度かのムーブメントが起こってきました。ここではその歴史を紐解いてみましょう。

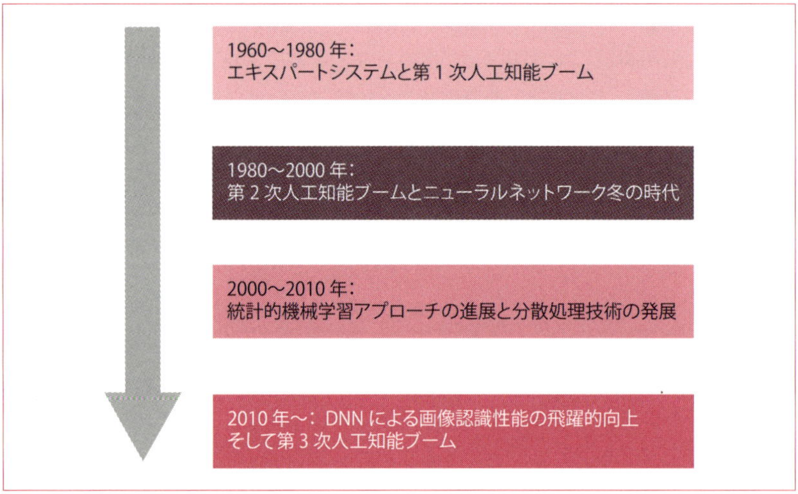

```
1960～1980年：
エキスパートシステムと第1次人工知能ブーム

1980～2000年：
第2次人工知能ブームとニューラルネットワーク冬の時代

2000～2010年：
統計的機械学習アプローチの進展と分散処理技術の発展

2010年～：DNNによる画像認識性能の飛躍的向上
そして第3次人工知能ブーム
```

図1　1960～2010年までの人工知能の歴史

1960～1980年：エキスパートシステムと第1次人工知能ブーム

　1950年代以降、条件分岐を多用した自動判定プログラムが発展して、ルールベースのアルゴリズムに基づいた推論エンジンを搭載した問題処理システムが登場します。その1つとして登場したエキスパートシステムは専門家（エキスパート）が行う条件判断をプログラムに書き起こしたものとして知られています。

　初期に開発されたものとして、質量分析のデータから測定した有機化合物の化学構造を求めるシステムがあります。（MEMO参照）。この時期から第1次人工知能ブームが盛り上がりを見せました。

> **MEMO** Dendral
>
> Dendralは、スタンフォード大学のエドワード・ファイゲンバウムらが1965年にスタートし開発した人工知能プロジェクトです。まだ知られていない有機化合物について質量分析法を用いて分析し、特定するもので、本来化学者が行うことを自動化しました。世界初のエキスパートシステムと言われています。

今日に至るまで、当時言われていた人工知能のような自動判定処理プログラムはルールベースを基本として発展してきています。

人工知能ブームが盛り上がりを見せるなかでやはりその課題も議論されることとなります。ジョン・マッカーシーやパトリック・ヘイズによりフレーム問題（MEMO参照）が提起されました（1969年）。有限の情報が与えられる限りにおいては、プログラムが対処できる課題においても、課題を解決するために情報の取捨選択をするところから始めると、膨大な計算量が必要になり、「課題の解決が不可能になる」という問題は現時点でも現実的に解を得ることがいまだ難しいところです。

エキスパートシステムはプロダクションシステムの一部へと組込まれ、1970年代にはMYCIN（マイシン）（MEMO参照）のような医療現場用のエキスパートシステムなどが試験運用されました。

> **MEMO** フレーム問題
>
> フレーム問題とは、限られた範囲内でしか情報を処理できないロボットにとって、実際に起こる問題をすべて対応することはできないという問題提起です。

> **MEMO** MYCIN（マイシン）
>
> 1970年に、ルース・ブキャナンとエドワード・ショートリッフェによって開発されたエキスパートシステムです。Dendralから派生したものです。

1980〜2000年：第2次人工知能ブームとニューラルネットワーク冬の時代

1980年代に入り、コストの継続的な低下により、複雑な大規模集積回路が実現し、その恩恵を受けてコンピュータが指数関数的な処理速度向上を達成するようになりました。いわゆるムーアの法則（MEMO参照）と呼ばれるものです。

> **MEMO** ムーアの法則
>
> 1965年、米インテルのゴードン・ムーアが自身の論文で発表したものです。大規模集積回路の集積密度の度合いは、18〜24ヵ月で倍増するという法則です。

集積密度の高まりとともにコンピュータが取り扱うことのできる記憶領域も爆発的に増加を続け、メインメモリに展開できるデータも多様になりました。人工知能領域の研究においてもその恩恵は大きく、さらなるコンピュータの性能向上を見越した新たな段階へと国レベルでの主導で進むことになります。これが第2次人工知能ブームと呼ばれるものに発展します。

第2次人工知能ブームは、ニューラルネットワークの発展が見られた時期でもあります。1960年代に確立された単純パーセプトロンによる「学習」は、非線形なルールでの分類ができないことがわかり、下火になりました。一方で、パーセプトロン（MEMO参照）の多階層化（多層パーセプトロン）（MEMO参照）により、非線形なものでも分類ができるようになりました。

第2次人工知能ブームは当時のコンピュータの性能に起因する限界も同時に露呈し、1990年代からは人工知能研究は冬の時代と呼ばれる不遇期を迎えることとなりました。

> **MEMO　パーセプトロン**
>
> 1957年にフランク・ローゼンブラットが発表した、人工ニューロンやニューラルネットワークの一種です。

> **MEMO　パーセプトロンの多階層化**
>
> パーセプトロンの多階層化については以下を参照してください。
>
> - Deep Learningと画像認識〜歴史・理論・実践〜
>   URL http://www.slideshare.net/nlab_utokyo/deep-learning-40959442

2000〜2010年：統計的機械学習アプローチの進展と分散処理技術の発展

1980年代に発展したニューラルネットワーク（MEMO参照）を中心とした人工知能の研究はその後の不遇期に下火となったものの、一方で統計モデリングを中心とした機械学習アルゴリズムなどが地道に進展してきました。

1990年代にはベイズの定理（MEMO参照）を出発点としたベイズ統計学が見直され、2000年代に入るとベイジアンフィルタを利用した機械学習システムが登場し、一般的になりました（図2）。代表的な例ではメールのスパム判定に利用されているほか、音声入力システムのノイズ低減や発音識別処理にも利用されています。

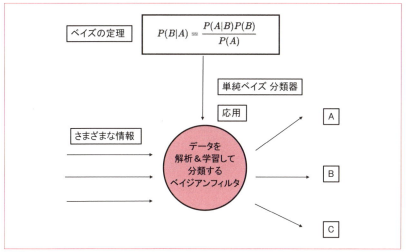

図2 ベイズの定理とベイジアンフィルタ

MEMO ニューラルネットワーク

人間の脳の機能を参考に、それらのいくつかの機能をコンピュータのシミュレーションによって表現することを目指したものです。

MEMO ベイズの定理

ピエール＝シモン・ラプラスによって確立された、条件付き確率が成立する定理です。一般的に確率及び条件付き確率に関して、次の恒等式が成り立つものとしています。

$$P(B|A) = \frac{P(A|B)P(B)}{P(A)}$$

　統計学的な解法を用いた課題の解決には、大きく分類と予測に分けることができます。機械学習はこれらの機能をプログラムにしたもので、与えられたデータを自動的に計算することで特徴量を導き出すことができます（次ページの図3）。得られた特徴量はデータサイエンティストが特徴量を構成する要素や寄与度を目視で確認するなどしてさらなる分析が必要になることが多いのですが、モデル化してしまうことで自動処理に利用することができます。

　機械学習を利用したシステムには、代表的なものとしてレコメンドエンジンやログデータやオンラインデータを利用した異常検知システムがあります。

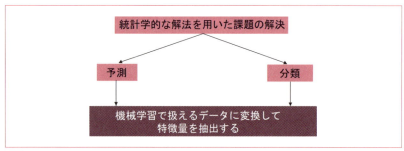

図3 機械学習が行う代表的なタスク＝分類と予測

　1990年代後半からは、インターネットの普及によりマルチメディアデータなどのサイズの大きなデータも広く流通するようになりました（図4）。このことから画像データや音声データの効率的な処理の必要性も生まれてきました。

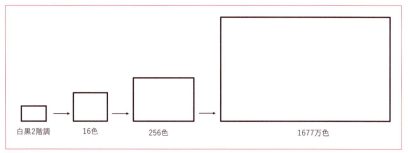

図4 白黒2階調→16色→256色→1677万色の絵と動画を表した図

　動画の圧縮や変換など高速にマルチメディアデータを処理するにはFPGA（Field-Programmable Gate Array）などの組込み技術によってその処理を実現していましたが、これらは処理する内容に合わせて最適化を施すことが要求されるため、パソコンに使われているような一般的なCPUに対するプログラム作法とは別の作法を習得する必要があります。

　したがって柔軟なデータ処理を実現するため、かつては科学計算などに用いるような大規模計算機（スーパーコンピュータ）が備えていた分散コンピューティング環境を用いていましたが、2000年代にはOpenMP（MEMO参照）やGPGPU（General-Purpose computing on Graphics Processing Units）関連技術であるCUDA（Compute Unified Device Architecture）といったパソコンのような個人でも試しやすいマルチコアコンピューティングやヘテロジニアスコンピューティングの環境が、（当時はまだ高価ではあったものの）整ってきました。

> **MEMO OpenMP**
> 並列処理を行うために利用される基盤です。

　命令実行の分散処理の仕組みと同様に、ソフトウェアで分散処理の管理を行う仕組みも拡充されてきました。その一例がGoogleが発表したGoogle File Systemに端を発したMapReduceのアーキテクチャ（図5）であり、Yahoo!が中心となって開発を行ったHadoopです。これらはあらかじめ規定されたコンピュータリソースを利用するだけでなく、ネットワーク回線を介してジョブ管理を行うようになっているため、自在にリソースの増減が可能になっていることが特徴です。

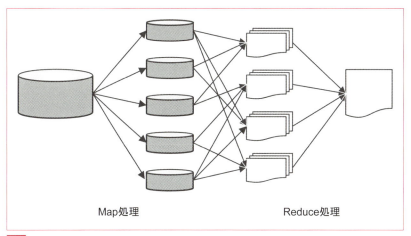

図5　Map-Reduceのアーキテクチャ

　こういった分散処理の効率的な実行やムーアの法則によるハードウェアそのものの性能向上により、2000年代半ばから再びニューラルネットワークの研究も進み出すこととなります。

　2006年にはAutoEncoder（自己符号化器）（次ページのMEMO参照）の登場とともに深層学習（Deep Learning）（次ページのMEMO参照）の時代が始まりました。

　DNN（Deep Neural Network）は、深層学習を可能とするための層の深さを持つニューラルネットワークであり、当時の規模で5層を超えるものがそのように呼ばれています。それ以前は、コンピュータの性能による限界で難しかったのですが、2010年代には100以上の層の深さを構築することも可能になっています。

> **MEMO** **AutoEncoder（自己符号化器）**
>
> 2006年にジェフリー・ヒントンらが提案した、ニューラルネットワークを使い、次元圧縮を行うアルゴリズムです。機械学習で用いられます。

> **MEMO** **深層学習（Deep Learning）**
>
> コンピュータのプログラムが、さまざまなデータの特性を学び、データを分類したり、判別したりすることです。もともとはジェフリー・ヒントンなどが開発したもので、現在ではより複雑になっています。

2010年～：DNNによる画像認識性能の飛躍的向上 そして第3次人工知能ブーム

　これまで画像認識精度においては統計モデリングを用いた機械学習がニューラルネットワークを用いたものに対して優勢だったのですが、ある時期を境にして圧倒的な差で逆転されてしまいます。その象徴的な例として2012年に開かれたILSVRC（IMAGENET Large Scale Visual Recognition Challenge）2012の画像分類タスクがあります。この大会でカナダ・トロント大学のチームによる深層学習を用いた画像認識プログラムがトップを飾りました（図6）。

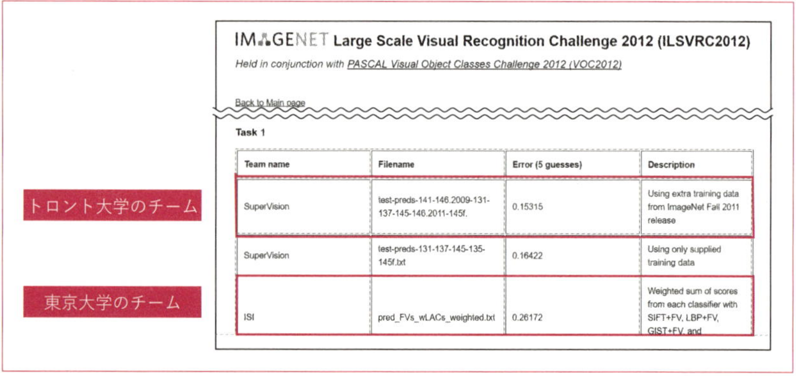

図6 ILSVRC 2012 の画像分類タスクの結果
URL http://image-net.org/challenges/LSVRC/2012/results.html

　しかも、認識誤りの割合が統計的機械学習を用いた東京大学のチーム（第3位）よりも10％ほど低くなったことが大きな衝撃となりました。人間の認識誤り割合は約5％と言われていますが、2015年にはその5％も下回る性能を持つプログラムも登場しています。

- 参考：[CEDEC 2015] 画像認識ではすでに人間を凌駕。
  ディープラーニングが日本を再生する
  URL http://www.4gamer.net/games/999/G999902/20150829007/

深層学習を利用した画像認識における有効性がいち早く認められたことにより、画像とメタデータとの関連が巨大なデータベースとなりユーザーへ提供され始め、画像認識エンジンの自動車への搭載に向けた動きなどが活発化しています（図7）。画像認識以外にも音声認識や自然言語処理にも有効であることが知られており、会話ボットプログラムでの活用などがされ始めています。

図7 画像認識エンジンの適用先

産業での利用の加速

自動車産業

急速に発展し始めた人工知能研究は早くも産業に利用され始めています。その一端が前世紀から日本の主力産業である自動車への適用です。特に画像認識においては自動運転技術に必要な要素として重要視されています。これまで画像認識以外の車体に組込まれたセンサーデータや道路に埋め込まれた装置などインフラと一体型での開発がメインで進んでいましたが、画像認識精度の向上により大きく前進しました。今後は個々の車体視点から得られるデータにとどまらず、車体の加速度センサー等のデータを収集し、全国規模での交通量の計測や、事故発生ポイントの蓄積が進み、ビッグデータ解析が行われ、自動運転の実現へ向けた取り組みが続くと考えられます。

□広告業

　現在多くのサイトで、Webサイト利用者に関連した広告やニュース記事を表示（レコメンド）することや、広告配信の最適化をするために機械学習を用いたシステムが利用されています。

　このなかでレコメンドエンジンは、機械学習による推測を行った結果を表示するものと解釈できます。効果的なレコメンドを行うためにユーザーが訪問したサイトやWebページのほか、ECサイトであれば購入履歴なども含めていろいろな情報を利用し、「統計モデルを考案しては実装する」ことが一般的に行われています。

　また、Webサイトにて表示される関連情報などもレコメンドエンジンの処理の形態の1つですが、メインとなるコンテンツと関連するコンテンツがどの程度似た情報であるかといった類似性の解析とその類似性から「どのように活用もしくは制限するか（同じ話題を出しても意味がないし離れすぎてもいけない）」、そして「いかにリターン（Webサイト内外への誘導や購入促進）を最大にするか」という点について、最適化の処理が重要とされています。

　今後、広告を表示するタイミングや、関連性の高い内容を効果的に提供できるようなシステムの構築に向けて深層学習を含めた機械学習アルゴリズムの活用が進んでいくとみられています。また、テキストと数値データといったもののほかにも、リソースとして画像や動画、音楽などのメディアデータ（アーティスト名などのラベルやカテゴリではなく生のデータ）も絡めてのレコメンドエンジンの開発なども個人の嗜好に合わせたものへと向上していくと予想されます。

□BIツール

　経営戦略を検討するうえで、売り上げや利益の予測は欠かせません。それらを行うために、BI（Business Intelligence）ツールは必要不可欠になってきています。古くは1970年代からコンピュータが意思決定支援システムとして利用されてきました。

　取り扱うことができるデータの量の増加やコンピュータの処理能力の向上とともに現場からの要求もあり、より精度の高い予測を行えるよう進化してきました。

　代表的な要素としては、「集計を行うサイクルの短期化」が挙げられます。商品在庫管理においてはその数量をできるだけ少なくしておくことが重要になります。そのため過去の傾向等から予測を見積もるうえで、長期の予測では外れるリスクが高くなることから、できるだけ短期間の予測を繰り返すことになり、バッチ処理中心だったところに急速にオンライン処理、ストリーム処理の重要性が増

しています。

　一方で予測のために取り扱うことができるデータは多様化しています。地理的特性、人口動態的特性、社会心理的特性といった情報のほかにも地域の天気や気温、付近の交通量に関する情報なども予測に重要な要素となり、大量のデータから関連の深そうな情報を抽出しながら予測を行うため、機械学習アルゴリズムは重要な役割を担っています。

　以前であれば人間が個人の経験に頼って見積もりを行っていたものが情報処理により機械化されてきました。2000年代においてはGoogle Prediction API等によるベイジアンネットワークを利用した、欠損値に対応するデータ予測プログラムが挙げられます。2010年代ではGoogle BigQueryを利用して大量のデータを詰め込み、それらを素早く呼び出す機能的な側面と、Apache HadoopやApache Sparkといった大規模な分散処理技術の活用といったハードウェア寄りの性能的な側面の進歩が大きいです。

　今後は機械学習アルゴリズムの改良等による、多様な種類の情報を効率よく取り込みながらもクレンジングやスパース（疎）なデータへの対応といった、これまで人間が行わなければならないような部分の処理をするシステムの開発などが主要な技術的進歩になると思われます。

チャットAI

　2000年前後よりチャットAIに関しては人工無能などのボットプログラムに人気がありました。よくできたものであっても、「ユーザーはその反応を見て楽しむ」といったようなもので、実用性には乏しいものでした。実用的なものに限ると、機械学習のような高度なアルゴリズムを利用するものではなく、フローチャートに従った入力を促す形態のシステムで対応するところまでが限界でしたが、自然言語処理の性能向上、例えば先述の広告業界に必要とされるような文章からの意味付けといったトピックモデルの発展に従って、自然な対話が可能なように改良が加えられていきました。

　もちろん自然な翻訳技術のための技術的発展からの貢献も少なくなく、2000年代後半からは大量のテキストデータを処理し、特徴を抽出するコンピュータリソースの拡充に加えて、得られる特徴を表現するためのモデルが整備されてきたことも大きな要因と考えられます。

　英語と比較して、日本語のような世界規模で見ると比較的マイナーな言語体系を利用している日本人は特別な研究開発が必要で、特に方言への対応は重要で

す。しかし、Microsoftが2015年に公開したりんなどは深層学習の技術も活用しながらも、自然な対話が可能なように近づいている面もあります。

2015～2016年にかけてはSNSの大手がチャットを利用したプログラム開発のためのAPIを開発者に開放するなど、自然言語処理の分野においても今後商業的利用の実用性が向上していくものと予想されます。

医療介護支援

IBMが開発を進めるWatson（ワトソン）は深層学習を利用したシステムが含まれています。コグニティブコンピューティングと呼び、他のシステムとは一線を画しています。コグニティブコンピューティングは自然言語を処理することによる対話と意思決定支援システムとしてのところに価値を置いています。

Watsonの医療分野への応用例を挙げてみましょう。

近年は研究水準が上がり、研究に参加する国や機関が増加したことで、学術分野の細分化や論文発行数の増加が起こり、医師が消化できないほどの論文で溢れかえっています。これらの医学論文をWatosonへ大量にインプットさせることにより、患者の症状から疾患に関する情報と適用可能な薬剤や治療方針などの提案を行う支援システムとしての期待がされています。

特に国民病としても知られる「がん」や「心疾患」などは論文や規制当局からの通達など、常に新しい報告が行われることから、医師やそのほかの医療関係者との協働をいかに円滑にできるか、当局の規制やガイドラインとどのようにすり合わせるかといったところも含めて、将来的に重要視されています。

- 参考：IBM「Watson」はワトソン医師になれるか
  URL http://itpro.nikkeibp.co.jp/atcl/watcher/14/334361/053000577/?ST=develop&P=3

ほかの機械学習を利用した事例としては、画像診断に応用したがんによる病変の早期発見、リストバンド型の計測装置を使用した体調管理システムへの適用などがあり、今後より発展していけば、データによるオーダーメイド医療が国全体のレベルで運用されていくことになる可能性を秘めています。

ロボット産業

　機械学習を含む人工知能研究の応用として、ロボットとしての利活用も含まれます。自動車の場合は移動手段でしたが、ロボットの場合は人間が身体を動かすことの手助けはもちろん、人間の代わりに仕事をこなすことにも重要な役割を持つと考えられています。特に、機械には得意とする「重いものを持ち上げる」などの仕事に最大限に対応しながらも、不得手とする細かい作業への急激な転換など、人間では自然に対処できる仕草については、これまでのルールベースでの実装では限界が見えています。

　このことを克服するためには以前から脳型コンピュータといった自力で学習をすることで自律的な動きの制御を獲得する仕組みが開発されてきましたが、今後は強化学習アルゴリズムの知見を取り入れながら開発が進むと予想されます。

　ほかにも、ロボットを活用できる領域としては、子供向けの知育玩具や高齢者向けの生活支援パートナーとしても期待できます。生活支援といっても、食材の管理から天候を考慮した行動の提案以外にも認知症の予防対策としての役割といったものまで考えると、その範囲は広いです。将来的に、日本国内の労働人口は減少し続けることがわかっているので、人工知能研究を応用した若年者の労働支援以外にも高齢者がいかに健康なまま生活を続けられるようにするか、健康でなくなったときにもできるだけQOL（Quality Of Life）が下がらないようにできるかが、重要になってくるでしょう。

人工知能の未来

　将来人工知能が「意識」を持つことがあるかどうかはまだ誰にもわかりません。しかし、その実現を期待している研究者や開発者、エンジニアは少なくありません。

　1つの方向性としてデジタルクローンというものがあります。デジタルクローンは自分と同じ思考能力や趣味趣向をデジタル世界において再現させようという試みです。しかし、デジタルクローンも人格の実装という手法を開発しているだけなのかもしれません。というのも、チューリングテストにおいてそうであったように、「人間を真似るということを学習する」手段を実装することができれば達成可能なように思えます。2010年代中盤以降、そのために利用できそうなセンシング技術も開発が進んできており、例えば表情を画像から推定し、感情へと対応付けることなども可能です。今後はより多くのセンサーを利用して人格の再現なども試みられる可能性が高いです。

またムーアの法則のように時間経過とともに指数関数的に集積度が高まる技術的進展は、カーツワイルが唱える収穫加速の法則（『The Age of Spiritual Machines』、レイ・カーツワイル著、1999年）の適用が可能であるとされています。この法則はエントロピー増大の法則も考慮されており、このことから情報量においても適用することが可能です。

ビッグデータをどう扱うか

これまで人間はコンピュータの処理能力に頭を抑えられるような形で、できるだけ少ない情報量で事象の観測や制御を行うことを余儀なくされ、またそれに適応、順応してきました。しかし2010年以降、ビッグデータと呼ぶさまざまなセンシングデータも含めた多様なデータを我々は手に入れただけではなく、処理するためのツールをも手に入れたことになります。このことは、「これまで取り扱ってきた以上の増え続ける情報量を前に何が有用なものであるか」、「コンピュータが何をどう処理した結果が今見えている解なのか」といったことを考慮しながらデータと戦うことを意味します。

シンギュラリティ（技術的特異点）の到来

カーツワイルによるとシンギュラリティ（技術的特異点）と呼ばれる時期が到来するのは2045年とされています。機械学習を利用したシステムにより、大量の情報から解を探し出す方法を私たちは持ってはいますが、まだまだデータのクレンジングなどの前処理に手間をかけたりすることが必要であり、機械が完全に自律的に解を見つけ出す状態にはほど遠いというのが現状です。

自律的な答えの発見を目指し、コンピュータがデータをたくさん処理し、計算することができるようになったとしても、問題の定式化は人間が行わなければなりませんし、問題の設定と解への道筋における検討やひらめきは最後まで人間の特権（あるいは苦悩）となります。今後、いろいろな機能を持つ小単位の人工知能プログラムを組み合わせ、相互に通信させることで、それらが連携することや、大きな課題解決を行うことができるようになるのも時間の問題かもしれません。

しかし機械が「意識」を芽生えさせることができたとしても、答えへの道筋を自ら導き出すことができるようになるかどうかは、現在のアプローチの延長上にあるか、はたまたまったく異なったアプローチによって達成されるかなど、さまざまな議論がされてはいますがまだわかっていません。これからの人工知能研究をより一層面白くするテーマと言えるでしょう。

CHAPTER 2 ルールベースとその発展型

コンピュータが誕生して以来、プログラムの基本的な動作である条件分岐を活用した応答システムが開発されてきました。ルールベースの判定機構は利用者の入力したデータに対して条件分岐を利用しています。1950年代以降、設定するルールに合わせて入力を自動的に解析する推論エンジンやルールの設定を外部記憶装置等に蓄積する知識ベースなどを組み合わせたエキスパートシステムに発展していきます。それらについて解説します。

CHAPTER 2 | ルールベースとその発展型

ルールベース

物事の判断を機械が行うルールベースの技術について解説します。

POINT
- 人間が行う判断を機械にやらせる＝人工知能プログラム
- IF-THENで記述される
- ルールベースはルールの設計を入力で行う
- ルールの設計＝問題の定式化
- 決定木

条件分岐のプログラム

　人間は生きていくなかで常に選択をし続けています。そのとき、頭のなかでは2つの物事を比較することで何かしらの決定をしています。コンピュータによる問題解決も、同様に比較し続けることで行っています。このときの比較がすなわち条件分岐であり、条件分岐を行うことで入力に対する答えを導き出しています。

　人間が知能として認識していることと、同様のことを機械が行っている、という点ではこれも人工知能であるということは可能です。ごく初期の人工知能はこのような条件分岐を行うプログラムによって構成されていて、これは現在にも引き継がれています（図1）。

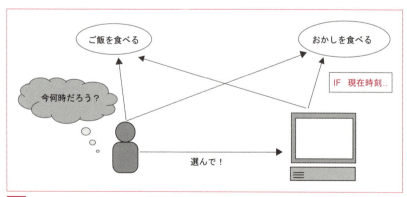

図1　条件分岐で判断を行っているという脳とシステム

条件分岐をするときに必要となるのはそのための条件設定、すなわち**ルール**です。ルールを使って条件分岐を行うシステムを**ルールベースのシステム**と呼び、条件分岐はIF-THENの形で記述することが多いです。プログラムやアルゴリズムの構成を**フローチャート**で表現することを考えると、ルールベースのシステムはフローチャートと相性がよいことがわかります（図2）。

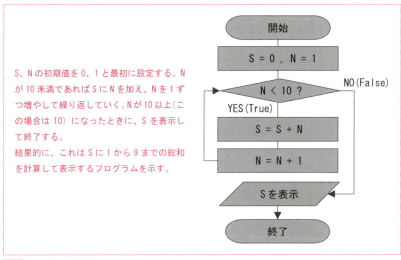

S、Nの初期値を0、1と最初に設定する。Nが10未満であればSにNを加え、Nを1ずつ増やして繰り返していく。Nが10以上（この場合は10）になったときに、Sを表示して終了する。
結果的に、これはSに1から9までの総和を計算して表示するプログラムを示す。

図2 フローチャートの例

ルールの設計と問題の定式化

ルールベースのシステムを構築するとき、フローチャートに条件分岐の内容を書き込むことになります。そのルールは人間があらかじめ決めておく必要があります。当然のことですが、人間が正解を知っていない、いわゆる未知の問題に対してはルールベースでは対応ができないことになります。条件設定を決める際には、その順序や優先順位に気を使うことが必要になってきます。

例：冷房の風量を気温によって決める処理

例えば、冷房の風量を気温によって決める簡単な処理を考えてみましょう。33度以上だったらとても強く、30度以上だったら強く、28度以上だったら弱く、といった具合に「風の強さ」を決めるとします。

気温が34度のとき、最初に28度以上かどうかを判定して風の強さを決めてし

まうと、とても暑いのに弱い風しか出てこないことになります。そのようにならないためには、暑いほうの条件から先に判定をしていく必要があります。

例：名寄せの処理

　別の例としては、名寄せの処理があります。名寄せは、あるIDと別のIDが同じものかどうかを判定して、同じであれば同一のものと出力する処理のことです。最近の話題であれば、病院などで受け取る診療報酬明細書（レセプト）に関連して医薬品の安全対策等のための医療関係データベースにおける保険加入者の突き合わせや、年金記録管理において基礎年金番号への統合が困難となった5000万件の厚生年金番号と国民年金番号を年金受給者個人と対応付ける作業などがあります（図3）。名前の表記揺れや記録時の誤字など、いくつかのケースに対応しながらルールを決めていく必要が出てきます。すでに名寄せが完了した分については、それ以降名寄せの対象にしない、といったルールも必要です。

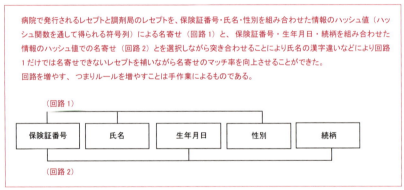

図3　レセプトの名寄せの例
出典：「第6回医薬品の安全対策等における医療関係データベースの活用方策に関する懇談会」
URL http://www.mhlw.go.jp/shingi/2010/05/dl/s0519-8k.pdf

　このようにルールを設計していく段階でその問題と解法について明確化することを問題の定式化と呼んでいます。人工知能に関して、人間の仕事がなくなるかどうかが話題となっていますが、この問題の定式化が人工知能によって可能となれば、ずいぶんと人間は楽ができると思われます。

決定木の構築

ルールをもとにフローチャートを描くと、その情報をもとに二分木を構築することができます。この木構造を決定木（Decision tree）とも呼び、統計学的なデータの処理と分析を行う際にはよく利用されます。

ルールが未知で、そのルールを探したい場合は統計学的なデータ分析を行うことで見つけることができる場合もあります。そうしたときに決定木を考えることが重要になります。

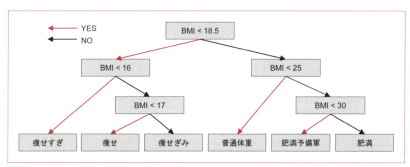

図4　BMIをYES/NOで分岐して体型を最終的に出す決定木の例

CHAPTER 2 ルールベースとその発展型

知識ベース

ルールベースに基づき、ルール変更などの際に利用される知識ベースについて解説します。

POINT
- ルールベースのルールが増えたら？
- すべてプログラムのなかに書いていたらルールが変わったときに書き直す必要がある＝面倒で不都合
- プログラムとデータの分離
- 分離されたデータ＝知識ベース
- 「知識ベース」には人間が情報を探索するための検索システムも含む

ルールが増えたり変わったりする場合

ルールベースのプログラムを構築するとき、ルールとなる条件分岐は固定の情報を利用したものであればハードコーディング（後から改変できない決め打ちのプログラム）してしまうことでも問題ありません。

条件設定が変わってしまった場合についても、プログラムを書き換えることで、コストがかからなければ問題はあまりありません。昔のように、外部記憶装置が超高級品だった場合などは、プログラムを書き換えるほうが安く上がるときもありました。しかし、条件設定が変わりやすい場合、例えば好みに応じて変更をしたいというとき、プログラムを何度も書き換えることはとてもコストがかかります（図1）。

そこで、データを利用して処理と出力を行うプログラム本体と条件設定となるデータを分離することで対応するようになりました。分離したデータのセットのことを知識ベース（knowledge base）と呼んでいます。プログラムは、条件分岐が必要になったときにルールを特定するIDを使ってその設定値を読み出し、判定を行います。

知識ベースはファイルシステム上にテキストファイルとして保存されている場合もあれば、SQLiteなどのデータベースマネジメントシステム（DBMS）に格納

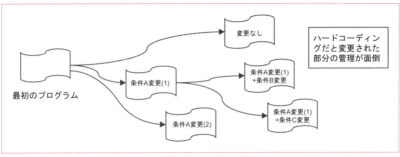

図1 コードの書き換えで手間が増える

されている場合もあります。

　知識ベースに書き込まれた内容は、テキストエディタや専用の設定画面やクエリー言語を使って更新することができるようになっているシステムもあります（図2）。

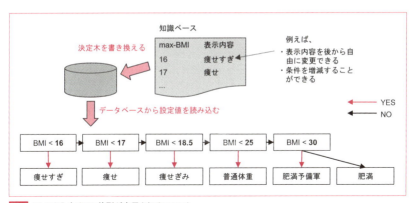

図2 BMIを入力すると体型が表示されるシステム

プログラムだけでなく人間も検索するシステム

　知識ベースに格納されたデータは、プログラムが設定として読み出すこと以外にも、膨大な情報を格納しておくことで人間が探索することのできるようになっているシステムも存在します（次ページの図3）。

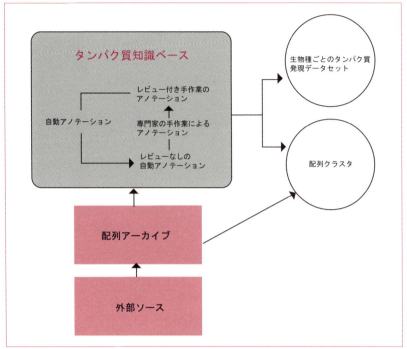

図3 知識ベースのシステムの例

■UniProtKB

　例えば、UniProtKBというデータベースシステムは生命科学分野で使用される知識ベースの1つです。欧州の機関が協力し合ってタンパク質の情報を収集し、アノテーション処理やキュレーションを通じてUniProt（The Universal Protein Resource、URL http://www.uniprot.org/）というカタログデータベースと解析ツールなどを開発しています。

MEMO アノテーション	MEMO キュレーション
あるデータに対して関連する情報を付与することです。	データを収集し、アノテーションの情報などをもとに精査、統合し整理してまとめることです。

　UniProtKBはカタログを作っているシステムで、世界中で収集され主要なデータベースに登録された遺伝子の塩基配列やアミノ酸配列などから、タンパク質を構成するアミノ酸配列やタンパク質の特性に焦点を絞り、機械的に収集した情報

やそのなかから手作業によりキュレーションを行った情報が格納され公開されています。

　生物種やパスウェイ（他のタンパク質などの化合物との相互作用を表したデータ）などの情報も含まれているため、手元で新規に得られたタンパク質などが例えば「人やマウスではどのようなタンパク質と類似しているか」、「どういった役割を持っていることが想定できるか」などを絞り込むために利用できます。

CHAPTER 2 ルールベースとその発展型

03 エキスパートシステム

推論エンジンを利用するエキスパートシステムについて解説します。

POINT
- エキスパートシステムはルールベースに基づいた推論エンジン
- 今に至る多くの分析結果提供型システムはエキスパートシステム
- 推論エンジンの種類は、命題論理、述語論理、認識論理、ファジィ論理などがある
- 前向き連鎖(データ駆動型)と後ろ向き連鎖(ゴール駆動型)

■ エキスパートシステム:専門家の判定ルールを利用した推論

02で解説したルールベースのシステムは1960年代に発展するなかでより大きなシステムにも用いられるようになりました。特に、専門家(大学院レベル以上の人)が分類や判別といった何らかの作業を行うことを支援したり、代替できたりするようなものは、エキスパート(専門家)システムと呼ばれるようになりました。現在ある、プロダクションシステムなど分析等を行った結果を提示するタイプのシステムのほとんどは、エキスパートシステムを継承しています。

□ 初期のエキスパートシステム「Dendral」

例として、最初期に構築されたエキスパートシステムとして、Dendralがあります。Dendralはスタンフォード大学において1965年から開始されたプロジェクトで、質量分析で得られたピークの場所の数値(分子量)から測定した物質の化学構造を推測するシステムです。言語はLISPが用いられています。

具体的には、水の分子(H_2O)は分子量が$H=1.01$、$O=16.00$なので整数値で18となり、質量分析を行うと、18付近にピークが出てきます(ガスクロマトグラフを用いた質量分析装置は整数値程度の分解能であるのであまり精密でなくても問題ない、図1)。

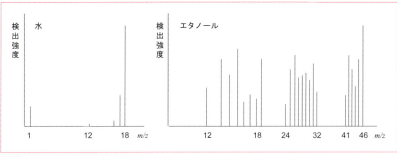

図1 水とエタノールの質量スペクトル

　システムは、分子量が18になる化学物質を原子の組み合わせから計算し、答えを出力します。しかし、分子量が増えれば増えるほど、原子の組み合わせが多様化するため答えを計算することに時間がかかるので、評価不要な組み合わせを計算しないようにするなどの工夫が必要になります。

　Dendralのシステムは、こうした**ヒューリスティクス（経験則）** な解析を行う部分（**Heuristic Dendral**）と、もう1つ、組み合わせられる分子構造とその質量スペクトルのセットを知識ベースとして登録しておき、ヒューリスティクスな解析にフィードバックさせるための部分（**Meta-Dendral**）があります。Meta-Dendralは、**学習システム**と言うことができます。

◻Dendralから派生したMYCIN

　Dendralから派生し、発展したシステムで1970年代に構築された**MYCIN**もエキスパートシステムにあたります。これは患者の伝染性の血液疾患を診断して、投与する抗生物質を投与量などとともに提示するシステムです。「MYCIN」という名前は抗生物質の接尾辞である-mycin（マイシン）からとられています。

　500程度のルールから判定を行い、YES/NO以外の回答形式もある質問に対しての答えから疾患の原因として可能性の高い（信頼度）順にいくつかの細菌を理由とともに示すだけでなく、体重などの情報から治療コースの提案も行うことができます。

　MYCINの性能は診断正解率が65％と細菌感染を専門としない医師よりは高かったものの、専門医の診断正解率80％には至りませんでした（スタンフォード大学医学部による調査）。

　MYCINのシステム自体、性能は悪くなく、開発プロジェクトとしては成功で

したが、実際に現場で使用されることはありませんでした。2000年代以降においては、このような信頼度を利用した医療現場向けのエキスパートシステムが「使えない」と評されるようになり、同様のシステムを開発しても導入が困難であることが多くありました。というのも倫理や法律の面の問題として、コンピュータによる診断を使って間違った結果を採用した場合、責任問題がクリアにならないこと、また医師が抵抗を持っていることがありました。ちなみに、このようなシステムを組む場合には、診断正解率が85～90%以上、偽陽性や偽陰性ができるだけ少ない（陽性的中率が高い）ことを要求されることが多いです。

推論エンジンの種類と手法

エキスパートシステムは推論エンジンを利用して判定結果を返します。推論エンジンとはルールを使って推論をするプログラムのことを指します。人間が取り扱うルールは、言葉で表現されることで理解できますが、コンピュータが解釈をして処理をするためには、表現をそれに適したものに変える必要があります。そのような表現に関する学問領域は記号論理学と呼ばれています。

最も基本的なものとして使用されている表現は命題論理と呼ばれており、真偽値で表現するものを示しています。命題論理は命題変数と文演算子（結合子）から構成されています。

命題自体に意味を求めず、「かつ」「または」「ならば」などで関係付けることによって、命題間の関連性を表現、把握することを目的としています。したがって、命題の意味は分析できないものの、それ以外の命題論理を拡張した論理、例えば述語論理などを利用することで意味付けをすることができます。

命題論理を拡張することで、図2 のような論理が提唱され、推論エンジンとして確立しています。これらの推論エンジンを利用することで、「問い」に対する応答の手段を増やすことができるようになりました。

```
述語論理 (predicate logic)
├─ 様相論理 (modal logic)
│   └─ 認識論理 (epistemic logic)
└─ 時制論理 (tense logic)

多値論理 (multi-valued logic)
└─ ファジィ論理 (fuzzy logic)
```

図2 拡張された推論エンジンの例

命題論理や述語論理などでは、記号を用いて文章を表現しています。命題論理では論理式は論理原子式である命題変数と文演算子によって構成されていますが、述語論理ではさらに記号を増やすことで表現の幅を広げています。記号には表1〜表3のようなものがあります。

表1 命題論理の記号の種類

項目	内容
論理式	原子論理式もしくは原子論理式と命題結合記号の組み合わせで表される
原子論理式（原子式）	命題変数で表される
命題変数	P、Q、p、q、ϕ、ψ など
命題結合記号（結合記号）	¬（否定、not）、∧（連言、and）、∨（選言、or）、⇒（含意、implication）、⇔（同値、equivalence）、否定と連言以外はこの2種類で示すことができる
補助記号	（）（括弧）は記法によりない場合もある
論理的に同値	≡（同値）は2つの論理式が同値であることを示す

表2 述語論理の記号の種類

項目	内容
論理式	原子論理式もしくは原子論理式と論理記号の組み合わせで表される
原子論理式（原子式）	原子論理式もしくは原子論理式と項の組み合わせで表される
項	定数記号、変数記号、関数記号の組み合わせで表される
定数記号	True、False、X、Y、apple、Tommy など
変数記号	P、Q、p、q、ϕ、ψ など
関数記号	FATHER( ) など、関係を示す
述語記号	cold( ) など、性質や状態を示す
論理記号	命題結合記号と限量記号で表される
限量記号	∀（全称記号）、∃（存在記号）

表3 述語論理式の例

述語論理式	意味
MOTHER(Tom)	Tom の母親
cold(x)	x が冷たい
$\exists x \,(\text{have}(\text{I}, x) \land \text{book}(x))$	私は本を持っている
$\forall x \,(\text{girl}(x) \Rightarrow \exists y \,(\text{loves}(x, y) \land \text{cake}(y)))$	すべての女子はケーキが好きだ
$\neg \exists x \,(\text{human}(x) \land \text{touch}(x, \text{BACK}(x)))$	誰も自分の背中を触れない

例えば、2つの命題 P, Q があり、それらの真理値（False, True や 0, 1 で表される）が決まったとき、P と Q の値によって、$\neg P$, $P \wedge Q$, $P \vee Q$, $P \Rightarrow Q$, $P \Leftrightarrow Q$ は表4のようになります。$P \Rightarrow Q$ は $(\neg P) \vee Q$ と、$P \Leftrightarrow Q$ は $(P \Rightarrow Q) \wedge (Q \Rightarrow P)$ と等しいと言えます。この表のことを真理値表と呼びます。

表4 P と Q の真理値表

P	Q	$\neg P$	$P \wedge Q$	$P \vee Q$	$P \Rightarrow Q$	$P \Leftrightarrow Q$
0	0	1	0	0	1	1
0	1	1	0	1	1	0
1	1	0	1	1	1	1
1	0	0	0	1	0	0
対応する論理演算子		NOT	AND	OR		

また、常に真となる論理式について恒真式（トートロジー）、逆に常に偽となる論理式について恒偽式や矛盾式と呼び、論理式間には表5のような恒真式、つまり同値関係が存在します。

表5 論理式の主な同値関係

二重否定	$P \equiv \neg \neg P$
結合律	$(P \wedge Q) \wedge R \equiv P \wedge (Q \wedge R)$ $(P \vee Q) \vee R \equiv P \vee (Q \vee R)$
分配律	$P \wedge (Q \vee R) \equiv (P \wedge Q) \vee (P \wedge R)$ $P \vee (Q \wedge R) \equiv (P \vee Q) \wedge (P \vee R)$
交換律	$P \wedge Q \equiv Q \wedge P$ $P \vee Q \equiv Q \vee P$
ド・モルガンの法則	$\neg (P \wedge Q) \equiv \neg P \vee \neg Q$ $\neg (P \vee Q) \equiv \neg P \wedge \neg Q$
限量記号に関するド・モルガンの法則	$\neg (\forall x p(x)) \equiv \exists x (\neg p(x))$ $\neg (\exists x p(x)) \equiv \forall x (\neg p(x))$

これらの論理式がいくつも組み合わさったような形で示されている推論規則は、節形式（clause form）への変換が可能になっています。節形式にすることによって、複雑な論理式であってもまとめ上げて扱いやすくすることができます。節形式に変換することは命題論理式では連言標準形、述語論理式ではスコーレム標準

形への変形と呼ばれています。連言標準形の場合、節（clause）は論理式が選言で結合された論理式となります。例えば、図3、図4のようなものがあります。

$P \Leftrightarrow Q \vee R$
$\equiv (P \Rightarrow Q \vee R) \wedge (Q \vee R \Rightarrow P)$ ───── 同値記号の除去
$\equiv (\neg P \vee (Q \vee R)) \wedge (\neg (Q \vee R) \vee P)$ ───── 含意記号の除去
$\equiv (\neg P \vee Q \vee R) \wedge ((\neg Q \vee \neg R) \vee P)$ ───── ド・モルガンの法則の適用
$\equiv (\neg P \vee Q \vee R) \wedge (\neg Q \vee P) \wedge (\neg R \vee P)$ ───── 分配律の適用

図3 連言標準形への変形

$\exists x \forall y P(x, y) \vee Q(x) \Rightarrow \exists x \forall z R(x, z)$
$\equiv \neg (\exists x \forall y P(x, y) \vee Q(x)) \vee \exists x \forall z R(x, z)$
　　　　　　　── 同値記号と含意記号の除去
$\equiv \forall x \exists y \neg (P(x, y) \vee Q(x)) \vee \exists x \forall z R(x, z)$
　　　　　　　── 二重否定の除去と否定記号の移動
$\equiv \forall x \exists y (\neg P(x, y) \wedge \neg Q(x)) \vee \exists x \forall z R(x, z)$
$\equiv \forall x_1 \exists x_2 (\neg P(x_1, x_2) \wedge \neg Q(x_1)) \vee \exists x_3 \forall x_4 R(x_3, x_4)$
　　　　　　　── 変数の標準化
$\to \forall x_1 (\neg P(x_1, f(x_1)) \wedge \neg Q(x_1)) \vee \forall x_4 R(a, x_4)$
　　　　　　　── スコーレム関数による存在記号の除去
$\equiv \forall x_1 \forall x_4 (\neg P(x_1, f(x_1)) \wedge \neg Q(x_1)) \vee R(a, x_4)$
　　　　　　　── 全称記号の移動
$\equiv \forall x_1 \forall x_4 \underbrace{(\neg P(x_1, f(x_1)) \vee R(a, x_4))}_{C_1} \wedge \underbrace{(\neg Q(x_1) \vee R(a, x_4))}_{C_2}$
　　　　　　　── 分配律の適用
$\equiv \forall x_1 \forall x_2 \forall x_3 \forall x_4 (\neg P(x_1, f(x_1)) \vee R(a, x_4)) \wedge (\neg Q(x_1) \vee R(a, x_4))$
　　　　　　　── 各節の変数の独立化

図4 スコーレム標準形への変形

スコーレム標準形への変形の際、スコーレム関数による存在記号の除去という操作が行われます。このとき、$\forall x_1 \exists x_2 \neg P(x_1, x_2)$は$x_1$から$x_2$を対応付けることが可能ということを意味するため、$f(x_1)$とすることができ、また$\exists x_3 \forall x_4$

$R(x_3, x_4)$ については、x_3 は何かしら存在するものであるので定数 a に置き換えることができます。そして、最後の各節の変数の独立化では、分配律の適用の手順における C_1 と C_2 に含まれる x_4 と x_1 はそれぞれ独立であることのほうが便利なため、x_2 と x_3 に置き換えることで独立化を行いました。

これらの推論エンジンや推論規則の変形を行うことによって、知識ベースへの問い合わせを効率的に行うことができるようになるなどの効果があります。

このように人工知能とは、「推論エンジンによって実現していることをどれだけ人間の手助けなしに実行可能であるか」という側面があると言えます。問題の定式化を行う際に、これらの推論エンジンで行っていることの一部を人間があらかじめ行っておくことで、プログラムで処理するべき問題をできるだけ限定しています。1970年代においては、「これらの推論エンジンを駆使してもあらゆる問題に対応する人工知能を作り出すことに限界がある」と言われてきました。これらの限界については記号創発問題などと呼ばれています。

CHAPTER 2　　ルールベースとその発展型

04 レコメンドエンジン

エキスパートシステムの一種で、ＥＣサイトなどの評価システムとしてよく見られるレコメンドエンジンについて解説します。

POINT
- レコメンドエンジンは欠けている情報を推測して提示するエキスパートシステム
- 特に電子商取引（EC）サイトやメディアで使用されることが多い
- 単純な穴埋めの例：共起表現から関連性を導出する
- 協調フィルタリングを使って、パーソナライズすることができる

近いものを推測して提示するシステム

　エキスパートシステムの例として示した質量スペクトルを使った物質の化学構造を推測するプログラムのようなものの別の利用例として、現在広く使われているシステムではレコメンドエンジンがあります。

　レコメンドエンジンは電子商取引サイトなどで、「この商品を見た後に買っているのは？」といったような、サイト訪問者に類似した商品の推薦をするシステムです。これは、「訪問者が見ている情報をキーワードとして似ているものを表示せよ」という問い合わせを行うエキスパートシステムと言えます。

　レコメンドエンジンは大きく2種類のタイプに分けることができます。1つは内容に基づいて推薦を行うもの、もう1つは訪問者の閲覧履歴や購買履歴などのサイト訪問者固有の情報を利用して推薦を行うものです。

内容に基づいて推薦するタイプ

　内容に基づいたレコメンドエンジンでは、訪問者に関する情報は使用しないで単純に手元にある情報（電子商取引サイトであれば商品に関する情報、ニュースサイトなどであれば記事に関する情報）から関連性のある内容を計算によって求めることができます。

　知識ベースとして手元にある情報から例えば、タイトルやジャンルなどの情報

を構成する要素のほかにも計算によって導き出される別のデータ表現があります。情報を構成する要素や計算によって導き出されるデータ表現のことは、一般に特徴量と呼ばれています。また、計算によって導く処理のことを特徴量の抽出と呼びます。

例えば、Aさんが熊本地震に関するニュース記事を見ているとしましょう。このとき、Aさんに次に読む記事として、どのようなものを提案するかということが、「レコメンドエンジンが解決するべき課題」となります（図1）。記事にはそれぞれに設定されたキーワードがあるとします。これらのキーワードから特徴量を作り出すことができます。

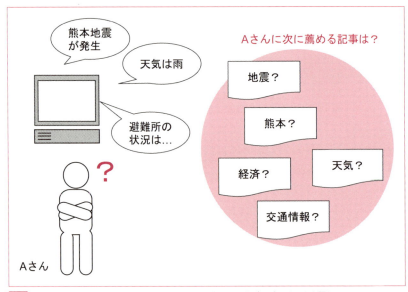

図1 Aさんが熊本地震に関する記事を読んでいて次にどういった記事を表示するかを問う

複数の記事や文章などのデータに頻繁に共通して存在している複数の構成要素、例えばキーワードや単語などがある状態を共起していると言い、その状態について表現しているものを共起パターンや共起表現と呼んでいます（表1）。

表1 記事とキーワードに関する表

	記事a	記事b	記事c	記事d
熊本	1	1	0	1
地震	1	0	1	1
地層	0	0	1	0
断層	0	1	1	1
雨	1	0	0	0
運休	0	1	0	1

　このような共起表現のデータが得られたことにより、記事間の関連性を計算することができるようになります（表2）。例えば、記事aと記事bの関連性をそれぞれのキーワードのうち共通しているものの割合（2つの記事のキーワードの数のうち、共通して存在するキーワードの数の割合を計算する）によって決定するように決めた場合、記事同士の関連性は総当たりで計算することができます。

表2 記事間の関連性を表した表

記事a	1.000			
記事b	0.167	1.000		
記事c	0.167	0.167	1.000	
記事d	0.333	0.500	0.333	1.000
	記事a	記事b	記事c	記事d

　この処理によって、記事aに近い内容の記事を近い順に並べることが可能になります。この場合では、記事aに近いものは順に記事d＞記事b＝記事cという並びになります。
　この例では「記事にキーワードが設定されている」という前提でしたが、テキスト処理を計算によって行うことで特徴量の抽出を行うこともちろん可能です。そのような処理については、第11章「自然言語処理と機械学習」の自然言語処理で簡単に触れています（P.255）。
　また、単純に近い内容の記事を集めただけでは、ほとんど同じ内容の記事ばかりになってしまうこともあるため、過度に類似した記事ばかりにならないような方法が別途必要になってきます。

協調フィルタリングによる個別化させた方法

閲覧履歴や購入履歴などのサイト訪問者固有のデータを利用してより訪問者に適した推薦をするために協調フィルタリングというアルゴリズムが利用されます。代表的なものでは、アマゾンが採用している例が知られています。

先述の内容に基づいた推薦では、記事間のキーワードの共起性を導き出して関連性を定義することで内容が近いものを抽出していました。それに対し、訪問者固有の履歴の情報と訪問者以外の情報についての共起性を利用して相関分析をすることで個別化された推薦を行います。つまり、「自分と似た行動や評価をしている人がいれば、その人の行動や評価を自分もするだろう」という仮説に基づいての推薦となります。

- 参考：協調フィルタリング
  URL http://www.albert2005.co.jp/technology/marketing/c_filtering.html

表3 サイト訪問者と各商品の購買記録が入った表

訪問者	商品 1	2	3	4	5	6	7	8	9	10	相関係数
X	-	1	0	-	-	-	-	0	0	1	
A	1	1	1	-	-	-	-	0	0	0	
B	-	-	-	0	0	0	1	1	1	0	
C	0	1	0	0	-	1	1	0	0	1	
D	0	-	-	0	1	0	1	0	1	1	
E	-	1	0	-	1	0	-	0	0	0	
お薦め度											

ターゲットである、サイト訪問者XさんとそれぞれA～Eさんが10ある商品についてその商品ページを閲覧後に購入したかどうかを0、1で示したデータがあるとしましょう（表3）。データがないところはハイフンで示しています。

ここでの問題は「Xさんの購買記録から、次にXさんにお薦めする商品として最もふさわしいのはどれか」という、「商品についてのお薦め度を計算しなさい」というところにあります。

まず、Xさんについて記録のある商品2, 3, 8, 9, 10の5つについて、他の5人で

共通している購買記録のある商品を対象にその0, 1の値の相関係数を計算します。ここでは、一般的に用いられているピアソンの積率相関係数を求めます。例えば、XさんとAさんの相関係数は、図2上のようにして計算できます。結果図2下のようになります。他の4人についても同様に相関係数を求めることができます。

Xさんの購買記録 $\{x_1, x_2, x_3, x_4, x_5,\} = \{1, 0, 0, 0, 1\}$
Aさんの購買記録 $\{y_1, y_2, y_3, y_4, y_5,\} = \{1, 1, 0, 0, 0\}$

相関係数　　$r = \dfrac{\sum_{i=1}^{5}(x_i - \bar{x})(y_i - \bar{y})}{\sqrt{\left(\sum_{i=1}^{5}(x_i - \bar{x})^2\right)\left(\sum_{i=1}^{5}(y_i - \bar{y})^2\right)}}$

$= \dfrac{\sum_{i=1}^{5}(x_i - 0.4)(y_i - 0.4)}{\sqrt{\left(\sum_{i=1}^{5}(x_i - 0.4)^2\right)\left(\sum_{i=1}^{5}(y_i - 0.4)^2\right)}}$

$= \dfrac{0.6 \times 0.6 + (-0.4) \times 0.6 + 0.4 \times 0.4 + 0.4 \times 0.4 + 0.6 \times (-0.4)}{\sqrt{(0.6^2 + 0.4^2 + 0.4^2 + 0.4^2 + 0.6^2)(0.6^2 + 0.6^2 + 0.4^2 + 0.4^2 + 0.4^2)}}$

$= \dfrac{0.36 + 0.16 \times 2 - 0.24 \times 2}{0.36 \times 2 + 0.16 \times 3} = \dfrac{0.2}{1.2} \simeq 0.167$

図2　相関係数の計算

すると、正の相関（同じ購買傾向がある）を持つもので0.5以上の人が3人（Cさん、Dさん、Eさん）いることがわかりました（表4）。

表4　サイト訪問者と各商品の購買記録＋相関係数が入った表

	商品										Xとの相関係数
		1	2	3	4	5	6	7	8	9	10	
訪問者	X	-	1	0	-	-	-	0	0	1	1.000
	A	1	1	1	-	-	-	0	0	0	0.167
	B	-	-	-	0	0	0	1	1	1	0	-1.000
	C	0	1	0	0	-	1	1	0	0	1	1.000
	D	0	-	-	0	1	1	0	0	1	1	0.500
	E	-	1	0	-	1	0	-	0	0	0	0.612
お薦め度												

本来であれば対象の選び方は別に検討しなければなりませんが、次は、この3人を対象にしてXさんへお薦めする商品を選ぶ処理に入ることにします。

Xさんがまだ発見していない商品は1, 4, 5, 6, 7の5つあります。Cさん、Dさん、Eさんで記録があるものについて商品ごとに平均値を計算し、これをお薦め度とします。合計値をお薦め度にしなかったのは、欠損しているところの影響を考慮したためです。そうすることで、Xさんと購買行動が似ていそうな3人のデータから、Xさんが見ていない商品で最も購入に至りそうな商品を計算によって見つけ出すことができます。今回の場合は、商品5のお薦め度1.00が一番高い値となるので次にXさんにお薦めするのは商品5となります。

表5 サイト訪問者と各商品の購買記録＋相関係数＋お薦め度が入った表

		商品										相関係数
		1	2	3	4	5	6	7	8	9	10	
訪問者	X	-	1	0	-	-	-	-	0	0	1	1.000
	A	1	1	1	-	-	-	-	0	0	0	0.167
	B	-	-	-	0	0	0	1	1	1	0	-1.000
	C	0	1	0	0	-	1	1	0	0	1	1.000
	D	0	-	-	0	1	1	0	0	1	1	0.500
	E	-	1	0	-	1	0	-	0	0	0	0.612
お薦め度		0.00			0.00	1.00	0.67	0.50				

表5 の例では0, 1によって記録が付けられていましたが、よく知られたレコメンドエンジンでは5段階評価で表現したものを用いています。

CHAPTER 3 オートマトンと人工生命プログラム

コンピュータプログラムは入力があることによって応答することができますが、繰り返し処理やタイマー処理によって継続的に入力がある状況を作り出すことができます。そのような仕組みを利用したのがシミュレーションプログラムなどです。プログラムのなかで有限状態マシンを設定し、繰り返し処理を行いながら状態を変更していくセルオートマトンとその利用例について解説します。

CHAPTER 3 | オートマトンと人工生命プログラム

01 人工生命シミュレーション

機械自身が自分の意思を持っているもしくは生きているように見える人工生命シミュレーションについて解説します。

POINT
- 機械が意思を持っている＝端的には生命を宿している
- 生命＝生物が生きている＝自己複製を行って子孫を残す
- セルオートマトンで表現をしようとしたライフゲーム
- 感染シミュレーション（SEIRモデル）

生命とは何か

　デジタルペットと呼ばれる玩具が15年以上前から存在しているように、人間がペットのような自分以外の生物を愛でるといったことはよくあることで、熱帯魚が動くスクリーンセーバーなどであってもどこかに生命を感じたという人も多いのではないでしょうか。

　生命体と呼ばれるものの特徴として最も大事なことは、自己複製能すなわち究極的には子孫を残すことです。このようなプログラムは古くから存在していますが、その挙動に少しでも意思のようなものを感じたら、「機械であっても命を宿しているのではないか」と期待してしまうのではないでしょうか。

ライフゲーム

　そのようなプログラムとして有名なものがライフゲームと呼ばれるものです。ライフゲームは1970年に雑誌で紹介され、以降長期間大流行したと言われています。碁盤のマスの好きなところに石を置く、塗りつぶすなどを行い、それから決められた法則に従ってマスの状態を変えていくことで、時間（世代）の経過を表現します。方眼紙などを使って手作業でやってもよいのですが、コンピュータを利用し、一定の時間間隔で自動処理するほうが楽です。時間の経過とともに、塗りつぶされたマスが広がったり消えたりする様子は、見ていてなかなか飽きないものです。

このようなゲームは、マスが埋まる（＝生命体の誕生）ときと消える（＝死亡）ときの状況があり、次のようなルールに従って変化していきます。そしてこのルールが**アルゴリズム**と言えます。

ルール

マス目はどの場所も上下左右と斜め側に合計8つの接点があります（**図1**）。あるマスが空いていてそのマスの隣り合う3つの場所でマスが埋まっているとき、次の世代ではその空いているマスは埋まり生命体が誕生します。一方で、すでに埋まっているマスの周りで埋まっているマスが1つ以下または4つ以上だった場合、次の世代ではそのマスは過疎または過密のため消え、生命体は死んでしまいます。

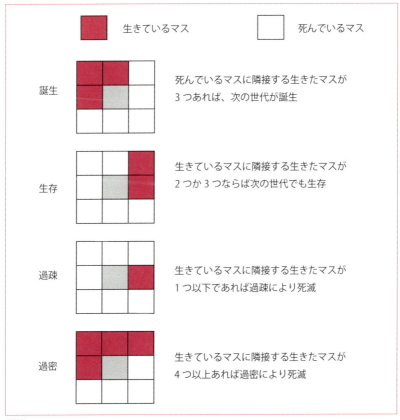

図1 ライフゲームのルールを表した図
出典：Wikipedia：ライフゲーム
URL https://ja.wikipedia.org/wiki/ライフゲーム

ライフゲームによってさまざまなマスの模様を見ることができます。最初に埋めるマスの形の種類によってその後の世代で見えるパターンがそれぞれで決まっていることが知られています。だいたいの場合、何世代かした後に全滅してしまうことが多いのですが、あるパターンに当てはまったときはそのまま生存している数が安定するものや、あるいは増殖を続けることになるものもあります。

代表的なものとして、数は安定している固定型や移動型にハチの巣やグライダー、増殖を続けるものにはグライダー銃（グライダーを作り続ける）、最終的には全滅するがそれまでに130世代かかるダイ・ハードと呼ばれる長寿型もあります（図2）。

マスのパターンで計算機が実行可能なすべての計算を表現できることからライフゲームは**チューリング完全**であると言われています。

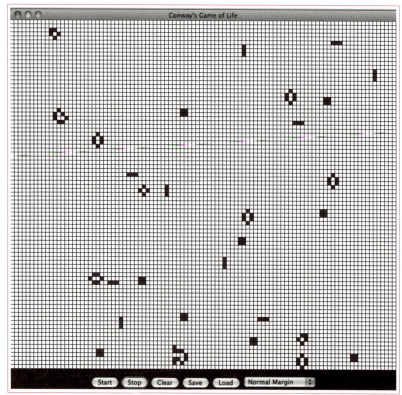

図2　長寿型の例
出典：2011年度前期　生物学特論A（分類系統学II）
　　　ホームページ：第2回 2011年5月6日：「6 原初の海より生命は生み出せるのか」
　　　URL http://www.cis.twcu.ac.jp/~asakawa/MathBio2011/lesson02/

感染シミュレーションモデル

ライフゲームのようなマスを使った生死の表現を拡張すると、例えばマスの状態を感染症にり患した人の状態を表すことで感染シミュレーションをグラフィカルに表現することができるようになります。ここでは、感染状態の移り変わりを図3のようなルールで規定します。

- すべてのマスに居住者がいる
- 隣のマスに感染者がいれば、免疫のない居住者は次のステップで確率pで感染する
- 感染者は感染後nステップで回復し、回復した感染者は免疫保持者となる[※1]
- 免疫保持者は回復後mステップで免疫を失う[※2]
- 初期状態では、居住者のうち確率qで感染者が、確率rで免疫保持者がいる

※1 感染後の回復する条件は確率で決めてもよい。
※2 免疫を失う条件も確率で決めてもよい。

図3 感染状態の移り変わり

健康者（Susceptible）、感染者（Infected）、免疫保持者（Recovered）の3種類の状態をもとにしたモデルを **SIRモデル** と言います。セルの状態を免疫がなく未感染な状態を0として、感染から免疫保持の状態をカウントアップする形で示すと表1のようになります。

表1 あるセルのステップTとステップ$T+1$での状態

	健康者	感染者	感染者	感染者	..	免疫保持者	免疫保持者	..	..	免疫保持者
T	0	1	2	3	..	n	$n+1$	$n+2$	..	$n+m$
$T+1$	周囲次第	2	3	..	..	$n+1$	$n+2$	..	..	0

それぞれのマスの状態を各ステップでカウントすると、感染者がどのように増減するかといったことをグラフで描くことができます（次ページの図4）。

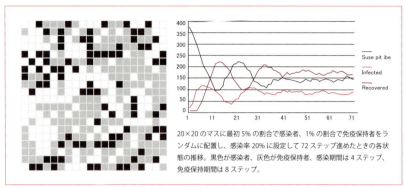

20×20のマスに最初5%の割合で感染者、1%の割合で免疫保持者をランダムに配置し、感染率20%に設定して72ステップ進めたときの各状態の推移。黒色が感染者、灰色が免疫保持者、感染期間は4ステップ、免疫保持期間は8ステップ。

図4 感染者が増加する様子のマスとそのときのそれぞれのマスをカウントしたグラフ
サンプル ch3-lifegame-sir-sample.zip
URL http://www.shoeisha.co.jp/book/downloadよりダウンロード

より単純なルールとして免疫保持者は免疫を失わないとしたときを考えると、1回きりの感染拡大を観察できます。そのとき、感染者数などの様子は微分方程式を用いて表すことができます（図5）。

$$\frac{d}{dt}S(t) = -pS(t)I(t)$$

$$\frac{d}{dt}I(t) = pS(t)I(t) - I(t)$$

$$\frac{d}{dt}R(t) = I(t)$$

免疫のない居住者数$S(t)$、感染者数$I(t)$、免疫保持者数$R(t)$の変化を、時刻tの$S(t)$、$I(t)$、感染率pで表している

$$\frac{d}{dt}\bigl(S(t) + I(t) + R(t)\bigr) = 0 \quad \text{— 上記の三式の和}$$

図5 SIRモデルの微分方程式
出典：Wikipedia：SIRモデル
URL https://ja.wikipedia.org/wiki/SIRモデル

ここで示したSIRモデルでは死者が発生しない前提でのモデルであるため総人口（使用可能なマスの数）が減少したり逆に増加したりする計算は含まれていません。また、これに潜伏期間の健康者（Exposed）の状態を加えるモデルを **SEIRモデル** と言います。SEIRモデルも微分方程式で表現しますが、マスを使った表現もできます（図6）。

> モデルは次の常微分方程式で表す
>
> 感染症に対して免疫を持たない者 ── $\dfrac{d}{dt}S(t) = m(N - S(t)) - bS(t)I(t)$
> （Susceptible）
>
> 感染症が潜伏期間中の者 ──────── $\dfrac{d}{dt}E(t) = bS(t)I(t) - (m + a)E(t)$
> （Exposed）
>
> 発症者（Infected）──────────── $\dfrac{d}{dt}I(t) = aE(t) - (m + g)I(t)$
>
> 免疫保持者（Recovered）──────── $\dfrac{d}{dt}R(t) = gI(t) - mR(t)$
>
> 全人口 N ─────────────────── $N = S + E + I + R$
>
> t：時間、m：出生率及び死亡率、a：感染症の発症率、
> b：感染症への感染率、g：感染症からの回復率

図6 SEIRモデルの微分方程式
出典：Wikipedia：SEIRモデル
URL https://ja.wikipedia.org/wiki/SEIRモデル

　人の移動に関しても考慮されていないので、本格的なシミュレーションにはそういった要素も考慮したモデルを組み立てて計算をすることとなります。例えば、死者が発生するようなモデルではHIV感染者体内の免疫細胞の状態をこのような数理モデルを発展させて表現した研究などがあります。ほかに同じようにマスを使ったモデルとして、森林火災の延焼シミュレーションモデルなどがあります。
　人工生命シミュレーションとしてライフゲームなどを取り上げましたが、実際には数理的な解析モデルと密接につながっています。

02 有限オートマトン

セルが状態を保持していて、何らかの入力やイベントが起こったときに状態を有限パターンで変化させているモデル（オートマトン）について解説します。

POINT
- 何らかの入力やイベントが起こったときに状態を有限パターンで変化させているモデル＝有限状態機械（有限ステートマシン）
- 有限ステートマシンは有限オートマトンとも言う
- 状態遷移図で表現ができる

オートマトン

ライフゲームなどのマス（セル）を使って時間経過と状態変化を表現し、空間的な構造変化の時間発展を研究する理論領域をセルオートマトンと言います。オートマトンは日本語でそのまま記述すると自動人形となりますが、簡単には何

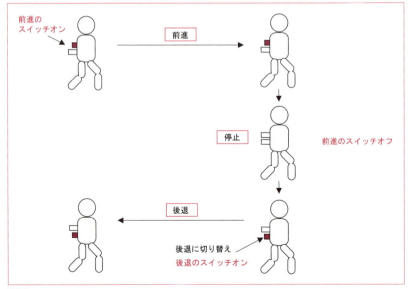

図1 からくり人形の入力が変わることと内部の状態を切り替えることで動作が3回変わる（＝前進・停止・後退）

らかの刺激を受けて反応を示すからくり人形ということになります。

人形には状態を覚え込ませておくことができ、刺激を受けて反応を示すときにそのときどきで別の反応を返すこともできます。そのことから、状態機械（ステートマシン）とも呼ばれ状態が有限個であるものを**有限オートマトン**あるいは**有限ステートマシン**と呼びます（図1）。

有限オートマトンの挙動は図で表すことができます。図2のように例えば丸と矢印が付いた線を結んだ形で表現され、それを**状態遷移図**と呼びます。

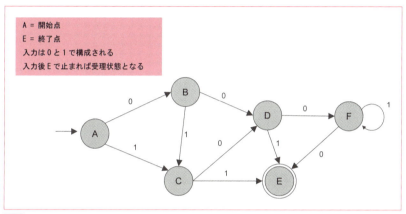

図2　状態遷移図の例

状態遷移図には開始点と終了点が定められており、入力の結果、終了点で終了した状態を**受理状態**と呼びます。アルゴリズムやシステムは開始点から始まり、受理状態で終了することが求められます。受理状態で終了しなかった場合、それはエラー等による異常な状態ということになります。

オートマトンと言語理論

オートマトンは状態の変化とそのルールを表すことができることから、言語の構文モデルを表現するときにも用いられることがあります。言語理論では、文字の集合を**アルファベット**と呼び、アルファベットの重複を許して並べたものを**文字列**と呼んでいます。

文字列の例としてはΣをアルファベットとしΣ = {0, 1, (,)}であるとき、"001(01)"や"010"、"(10"などがあります。それらを**Σ上の文字列**と呼びます。"021)"は、Σに"2"が入っていないため、Σ上の文字列ではありません。

遺伝子をコードしている塩基配列やタンパク質となるアミノ酸配列は、$\Sigma = \{A, T, G, C\}$や$\Sigma = \{20種類のアミノ酸\}$をアルファベットとしたΣ上の文字列で表現することができます。

また、Σ上の文字列の集合を**Σ上の言語**と呼びLで表します。Lに含まれるΣ上の文字列の個数を**$|L|$**で表し、これを**Lの大きさ**と言います（**図3**）。

$\Sigma = \{ A, T, G, C \}$

$L = \{$ ATGGGGTGC⋯.,
　　　TTTCGCCGCTAA⋯., 　（このとき、$|L| = 4$）
　　　TAGCCCAC⋯.,
　　　TGAGG $\}$

図3 ΣとLの例

アルファベットΣについて、Σ^kや$\Sigma \circ \Sigma$（$k = 2$の場合）を**ΣとΣの連接**と呼びます。これはΣを構成するアルファベットをk回組み合わせてつなげた文字列の集合を意味します。**kは整数**であり、$k = 0$のときは**空の集合ε** となります（**図4**）。

$$\Sigma^k \stackrel{\text{def}}{=} \underbrace{\Sigma \circ \Sigma \circ \cdots \circ \Sigma}_{k\text{個}} \stackrel{\text{def}}{=} \{x_1 x_2 \cdots x_k : x_1, x_2, \cdots, x_k \in \Sigma\}$$

$$\Sigma^0 \stackrel{\text{def}}{=} \{\varepsilon\}$$

図4 kは整数で$k = 0$のときは空の集合εとなる
出典：『オートマトンと言語理論』（山本真基、2016年9月）のP.11「定義1.4」における中段の2行の式
URL http://www.ci.seikei.ac.jp/yamamoto/lecture/automaton/text.pdf

これらの記号を用いて言語を定義する記述や生成する規則を研究した領域を**言語理論**と呼んでいます。このような記述や規則は、オートマトンを用いて表現が可能です。例えば、Lを0以上の10進数の実数を表した言語であるとすると、**図5**のように表現できます。

また別の例としては、各種プログラミング言語で利用されることが多い正規表現もオートマトンで表現することができます（**表1**）。

アルファベットを $\Sigma = \{0, 1, 2, \ldots, 9, .\}$ とする．Σ 上の以下の言語 L を考える．

$$L \stackrel{\text{def}}{=} \{a \in \Sigma^* : a \text{ は } 0 \text{ 以上の実数の } 10 \text{ 進表記 }\}.$$

この言語 L を「識別する機械」は以下である．

このように，言語を「識別する機械」を考えていくのがオートマトンの理論である．

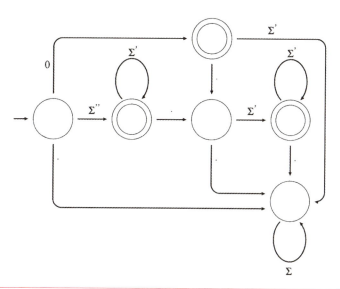

図5 0以上の10進数の実数 L を表す Σ と L を識別するオートマトン
出典：『オートマトンと言語理論』（山本真基、2016年9月）のP.7〜8「1.3オートマトンとは」
URL http://www.ci.seikei.ac.jp/yamamoto/lecture/automaton/text.pdf

表1 正規表現をオートマトンで表現
出典：『オートマトンと言語理論』（山本真基、2016年9月）、P.12の例2.5の表より引用
URL http://www.ci.seikei.ac.jp/yamamoto/lecture/automaton/text.pdf

正規表現	対応する正規言語
$\{0\}^* \circ \{1\} \circ \{0\}^*$	$\{w \in \Sigma^* : w \text{ は1をちょうど1つ含む}\}$
$\{0\}^* \circ \{1\} \circ \{0\}^* \circ \{1\} \circ \{0\}^*$	$\{w \in \Sigma^* : w \text{ は1をちょうど2つ含む}\}$
$\Sigma^* \circ \{010\} \circ \Sigma^*$	$\{w \in \Sigma^* : w \text{ は文字列010を含む}\}$
$\Sigma^* \circ \{010\}$	$\{w \in \Sigma^* : w \text{ は文字列010で終わる}\}$
$\{0\} \circ \Sigma^* \cup \Sigma^* \circ \{1\}$	$\{w \in \Sigma^* : w \text{ は0で始まるか1で終わる}\}$

Σ^* は Σ を0個以上連接した文字列の集合を意味する

CHAPTER 3 | オートマトンと人工生命プログラム

マルコフモデル

状態遷移をするときにその前の遷移に影響しないマルコフ過程をもとに解説します。

POINT
- 状態遷移図で、ある状態から次の状態へ遷移するときにその前の状態が遷移に影響しない＝マルコフ過程
- チューリングマシン

マルコフ性とマルコフ過程

　02の「有限オートマトン」では、動作主体を有限個の状態を持つ状態マシンとして解説しました。状態マシンに入力があったときに次のステップへ進み状態マシンの状態がルールに従って変化します。ここで確率論の観点から確率過程を考えたとき、この状態変化の様式はマルコフ過程と呼ばれるもののうちの1つに当たります。

　マルコフ過程とはマルコフ性を持つ確率過程を言い、将来状態の条件付き確率分布が現在の状態にのみ依存して、それ以前の過去の状態には関係しないという特性があります。

確率過程とマルコフ連鎖

　確率過程という耳慣れない言葉が出てきましたが、それほど難しい言葉ではありません。これまで、セルオートマトンの例で示したように、時間の経過による変化を扱ってきたところに「状態の変化が確率的に起こる」という表現を加えたものと考えることができます。

　セルオートマトンにおいて、状態は有限個で離散的なもの、つまり自然数などの飛び飛びの値で離散状態になっています。そして時間の経過に関しては、特にセルオートマトンのようなものでは離散時間で表現しています。このような確率過程は、マルコフ過程のなかでもマルコフ連鎖と呼ばれるものに分類されています（図1）。

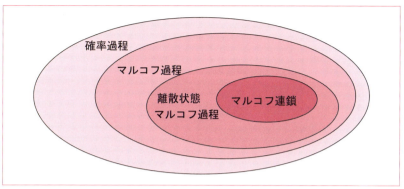

図1 確率過程＞マルコフ過程＞離散状態マルコフ過程＞マルコフ連鎖

マルコフモデルの例として、本章の01「人工生命シミュレーション」のところで使用したSEIRモデルを考えてみます。未感染、潜伏期間、感染状態、回復状態の4つの状態が確率的に変化します（図2）。

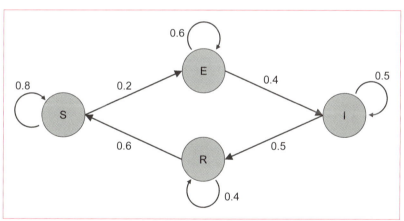

図2 SEIRモデルの4つの状態が確率的に変化する

このとき各状態について変化前と変化後の総当たりで確率を書き出すことができ、表にまとめられます。この表を行列の形にしたものを**遷移行列**と呼びます。

次ページの図3の遷移行列がステップに関係なく同じであれば、k段階遷移確率つまりkステップ進めたときの遷移確率は、**遷移行列のk乗**で表すことができます。

		変化後			
		S	E	I	R
変化前	S	0.8	0.2	0	0
	E	0	0.6	0.4	0
	I	0	0	0.5	0.5
	R	0.6	0	0	0.4

$$\begin{pmatrix} 0.8 & 0.2 & 0 & 0 \\ 0 & 0.6 & 0.4 & 0 \\ 0 & 0 & 0.5 & 0.5 \\ 0.6 & 0 & 0 & 0.4 \end{pmatrix}$$

図3 遷移行列の図

周期性がなく、既約なマルコフ連鎖では k 段階遷移確率は同じになることがありません。また、1つの定常分布と呼ばれる値に落ち着きます。(図4)。

$$P = \begin{pmatrix} 0.8 & 0.2 & 0 & 0 \\ 0 & 0.6 & 0.4 & 0 \\ 0 & 0 & 0.5 & 0.5 \\ 0.6 & 0 & 0 & 0.4 \end{pmatrix}$$

$$P \times P = \begin{pmatrix} 0.8 & 0.2 & 0 & 0 \\ 0 & 0.6 & 0.4 & 0 \\ 0 & 0 & 0.5 & 0.5 \\ 0.6 & 0 & 0 & 0.4 \end{pmatrix} \times \begin{pmatrix} 0.8 & 0.2 & 0 & 0 \\ 0 & 0.6 & 0.4 & 0 \\ 0 & 0 & 0.5 & 0.5 \\ 0.6 & 0 & 0 & 0.4 \end{pmatrix}$$

$$= \begin{pmatrix} 0.8 \times 0.8 & 0.8 \times 0.2 + 0.2 \times 0.6 & 0.2 \times 0.4 & 0 \\ 0 & 0.6 \times 0.6 & 0.6 \times 0.4 + 0.4 \times 0.5 & 0.4 \times 0.5 \\ 0.5 \times 0.6 & 0 & 0.5 \times 0.5 & 0.5 \times 0.5 + 0.5 \times 0.4 \\ 0.6 \times 0.8 + 0.4 \times 0.6 & 0.6 \times 0.2 & 0 & 0.4 \times 0.4 \end{pmatrix}$$

$$= \begin{pmatrix} 0.64 & 0.28 & 0.08 & 0 \\ 0 & 0.36 & 0.44 & 0.2 \\ 0.3 & 0 & 0.25 & 0.45 \\ 0.72 & 0.12 & 0 & 0.16 \end{pmatrix}$$

$P \times P \times \cdots \times P = P^k$ ⟵ P^k は2回以上同じにならない

$\pi = \pi P$ ⟵ 定常分布 π を求めることができる

図4 遷移行列 P と k 段階遷移確率、定常分布 π

行列の計算や固有値といったことに関しては、ここでは深く触れませんが、何度も遷移行列を乗算していくと P^k が得られます。また単位行列を用いた計算によって定常分布πという行列（厳密には行ベクトル）に置き換えられることを示しています。

　このモデルの利用法としてほかには、状態ごとにコストを設定しステップが進むごとにコストを加算していくことで累積コストを見積もるといったものや、広告の閲覧効果を含めた価値を定常分布であるとして計算を行うといったものがあります。

04 ステート駆動エージェント

有限ステートマシンが入力によって状態変化を起こすことでシステムが稼働するステート駆動エージェントについて解説します。

POINT
- 有限オートマトン＝有限ステートマシン
- 一般的に複数のエージェントで環境を構成している
- 環境そのものもエージェントとみなすことができる
- ボードゲームなどゲームAIとしてよく用いられている
- エージェントはオブジェクト指向で記述できステートパターンを利用できる

ゲームAI

　ここまでは人工生命シミュレーションの話題ではありましたが人工知能の要素とは少し外れているように感じる部分もあったかと思います。しかしセルオートマトンでの動作主体をゲームの登場人物やフィールドの構成要素というものに当てはめ、それぞれが有限オートマトン（有限ステートマシン）と置くと、ゲーム中に存在する人工知能を実現するためのパーツとして利用できるようになります。

　このような人工知能の形態は現在ではゲームAIと呼ばれるようになっており、一見すると、本当に人工知能と言えるのかと、疑問に思えます。しかし、人間の代わりとしての振る舞いを求めた流れに存在するプログラムであり、現在もよりリアルな振る舞いを追求して進化している部分もあります。次から紹介しましょう。

エージェント

　ゲーム中に存在する個別のステートマシンやステートマシンを統括するようなシステムをエージェントと呼びます。エージェントは他のエージェントとやり取りをすることや、影響を与え合うことで利用者であるゲームのプレーヤーに情報や刺激を与えます。

エージェントとは、ここでは特にソフトウェアエージェントを指しています。
ソフトウェアエージェントには図1のような特性があり、これらの特性を永続性、自律性、社会性、反応性と呼びます。

- 勝手に起動することはない
- イベントを待ち続けることがある
- 条件が整うと動作状態になる
- 利用者の指示を特別必要としない
- 他のエージェントの処理などを呼び出すことがある

図1 ソフトウェアエージェントの特性

動作主体をエージェントとして、それぞれのエージェントはそのなかでプログラムの処理などを完結するようにシステムを組み上げると管理がしやすいです。そのため、エージェントのプログラミングは、オブジェクト指向プログラミングとも親和性が高く、Java言語などで引き合いに出されるGoFのデザインパターンには、Stateパターンと呼ばれるパターンがあります。

ゲームなどでは、利用者が何らかのアクションを行った結果、ステートマシンの状態に変化が起こったことをイベントとし、エージェントが動作状態になることが多いことから、ステート駆動エージェントと呼びます。

ボードゲーム

エージェントを設計して構築をすることで、ゲームとして人間のプレーヤーと相互作用を持たせるような仕組みを作れることが少しでも見えてきたと思います。このようなエージェントを実際に利用することができる場面としては、ボードゲームがわかりやすいでしょう。

単純なボードゲームでは、オセロのような盤上に石を置くゲームが代表的です。チューリングも1950年前後にチェスのプログラムを作り上げたことがあります。

オセロのようなプログラムでコンピュータプレーヤーを作るときには、これまで例に示したようなセルオートマトンの考え方を導入することで比較的簡単に実現できます。

オセロはルールが単純であり、基本的には次のようなルールで時間発展させるようにプログラムを組み上げればよいことになります（次ページの図2）。

- マスに自分の石があるときはなにもしない
- マスに相手の石があるときは隣のマスに自分の石を探す
  - 隣のマスに自分の石があるときは反対側の隣が空いているか
    - 空いているときは、そこに自分の石を置く
    - 相手の石が置いてあったときは、さらに遠ざかった方向の隣が空いているか
      - 空いているときは、そこに自分の石を置き、間のマスを自分の石にする

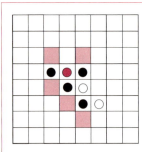

・最後に黒を置いた場所を赤で示している
・白を置くことができる場所は、ルールに従うと塗りつぶしたマスになる
・左の場合はどこに置いても、白になる石は最大で1つになる

図2 石を置くときのパターンを示す図

　状況によっては、複数の場所に石を置くことができるときもあります。そのときは石を置いたときに相手の石をどれだけ裏返すことができるか、つまりマスが空いているかを確認するときに何回相手の石が置いてある状況に遭遇したかをカウントしておくことでどこの空いたマスに自分の石を置くかを決定するとよいでしょう。どちらも同じである場合はランダムに決めても問題ありません。

ボードゲームとゲーム理論

　このようなゲームのパターンは、ゲーム展開で起こるすべての状態が計算可能であることから完全情報ゲームと呼ばれています。例えばほかにもチェスや将棋、囲碁といったゲームも完全情報ゲームとなります。完全情報ゲームのゲームAIでは、ゲーム展開を計算によって書き出し、自分が勝利するような展開を選択します。

　ゲームの展開する時間であるステップ数の長さやゲーム空間の広さにつながるマスの多さによっては計算をするために必要なリソース（MEMO参照）が膨大になります。そのため毎度ゲーム展開をすべて計算していてはプログラムが停止し

てしまったり、人間が長時間待たされたりすることになります。このことから、対戦型のボードゲームにおいてはコンピュータの強さには限界があり、それをゲーム上の演出、例えばゲーム展開を行うステップ数に応じて難易度を設定する形として利用することもありました。

> **MEMO リソース**
> CPUパワーや主記憶装置、補助記憶装置の容量など。計算資源とも言います。

　チェスなどは偶然に左右されることなく、ゲーム展開が決まり先読みが可能です。意思決定者2人で対戦するゲームであることから、二人零和有限確定完全情報ゲームと呼ばれています。チェッカーやオセロでは、すべてのゲーム展開が明らかになっていることから、自分と対戦相手のどちらが勝利するかは、早い段階で決定することができるだけでなく、すべての情報を保持しておくことのできるコンピュータは負けないようにすることが可能となります。

　チェスにおいてはコンピュータが人間の世界チャンピオンに勝利したのは20世紀末の時代ですが、2016年においてもすべての展開が明らかになっているわけではなく、すでに構築している序盤と終盤の手順のデータベースと探索プログラム（第5章02を参照）の両方を利用しながらゲームを進めるようになっています。

　囲碁や将棋においても2010年代でようやく人間のランキング上位者に勝利できる能力を有するようになりましたが、チェスと同様にデータベースと探索プログラムの組み合わせに加えて教師あり機械学習（第7章02を参照）や強化学習（第8章02を参照）と呼ばれる機械学習の一手法を取り入れてゲームを進めています。

　なお完全情報ゲームという言葉はゲーム理論と呼ばれる学問領域において使われ、数理的な領域だけでなく経済学などの領域においても利用されています。

　経済学などの社会学的な側面では、例えば囚人のジレンマのような問題があります。囚人のジレンマはゲーム理論上では完全情報ゲームではなく不完全情報ゲームであり、同時手番ゲームです。しかし自分の選択肢と相手の選択肢がすべて明らかでその結果も明らかであることから、完備情報ゲームと呼ばれるものに当たります（次ページの図3）。

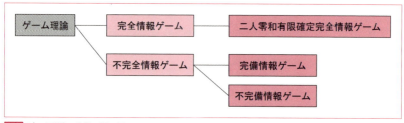

図3 ゲーム理論の分類の例の図

より複雑に構成されたエージェントを使うゲーム

　より発展させたシステムになると**シムシティ**のような都市育成シミュレーションゲームや戦略指示型の戦闘シミュレーションゲームもエージェントによるゲーム内環境の制御が働いています。シムシティのようなシミュレーションゲームでは、ゲーム内に多数のエージェントを持ち、それらが複雑に相互作用することでゲームが時間軸上で発展していくことになります。

　シムシティはフィールドのセルが**四層構造**で構成されていることが知られています。それぞれ、第一層で道路や鉄道などの要素の大きさや関係を計算するために、第二層では人口密度、交通渋滞、環境汚染度、ランドバリュー、犯罪発生率を計算するために、第三層では地形の影響量を、第四層では警察署や消防署、人口増加率、警察署や消防署の影響量を計算するために用意しています。

　第一層から四層になるにしたがってセルの目が粗くなり、影響範囲が広くなるような構造になっています（**図4**）。

　特に、第三層や四層にあるような影響度合いを数値化したものを**影響マップ**と呼ぶことがあります。影響マップは**ヒートマップ**のように表現することができ、例えば人を誘引し人口を増加させる方向に働かせたり、逆に減少に寄与させたり、都市の成長スピードに正あるいは負の係数として働く因子として規定することができます。

　具体的には犯罪発生率は人口密度とランドバリューと警察の影響力によって計算されています（**図5**）。

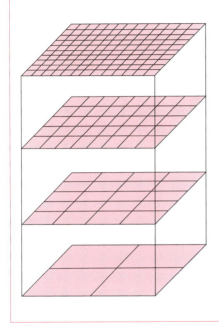

図4 シムシティ（四層構造）
出典：ゲームAI連続セミナー第7回「The Simsにおける社会シミュレーション」の53P
URL http://igda.sakura.ne.jp/sblo_files/ai-igdajp/AI/GameAI_seminar_7th_21.pdf

---

シムシティの犯罪発生率の計算式

犯罪発生率　　＝（人口密度）^{2} －（ランドバリュー）－（警察の影響力）
ランドバリュー＝（距離パラメータ）＋（鉄道パラメータ）＋（輸送パラメータ）

図5 シムシティの犯罪発生率の計算式の図
出典：ゲームAI連続セミナー第7回「The Simsにおける社会シミュレーション」の44P
URL http://igda.sakura.ne.jp/sblo_files/ai-igdajp/AI/GameAI_seminar_7th_21.pdf

同様な仕組みは、主人公がフィールド中を移動するようなロールプレイングゲームであっても利用することができるほか、シューティングゲームのようなゲーム中に現れる自律型の登場人物を表現するためにも利用できます（図6）。

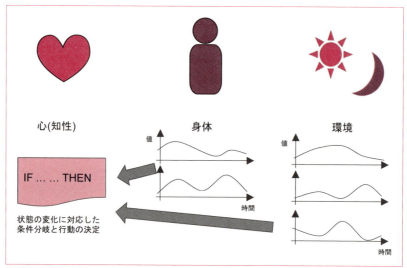

図6 自律型AIのモデルを示した図
出典：ゲームAI連続セミナー第7回「The Simsにおける社会シミュレーション」の115P
URL http://igda.sakura.ne.jp/sblo_files/ai-igdajp/AI/GameAI_seminar_7th_21.pdf

CHAPTER 4 重み付けと最適解探索

人工知能プログラムと呼ばれるようなデータ分析システムにおいて重要になってくるものとして「与えられたデータに対して最も近い答えを探し出す機能」があります。回帰分析における最適解や類似度といった指標の計算はそのような機能を実現するうえで重要な要素となります。ここでは、そのような回帰分析について基本的な手法とその解法とよく使用される類似度の計算方法について解説します。

CHAPTER 4 重み付けと最適解探索

01 線形問題と非線形問題

ここでは線形問題と非線形問題について比較して解説します。

POINT
- 解きやすい問題と解きにくい問題がある
- 問題が線形であれば解きやすい、非線形は解きにくい
- 線形問題（線形性）、線形分離が可能、ということについて

2変数の関連性について

人工知能に限らず、たくさんあるデータをもとに何かを予想するときには、例えば「ある2つの項目について切り出してみて比較する」といったことで傾向をつかもうとすることが多いです。自動的に解析を行うプログラムを組むときは、まずは集めたデータから傾向をつかむことで未知のデータに対応が可能であるかを検討したり、算術的な解法が利用できるかどうかを検討したりします。一般的には数理モデルや統計モデルを検討するうえでは重要な最初のステップとなります。

このようなデータの解析を行うときはデータを構成している項目を**変数**と呼んでいます。そしてデータから傾向を得るとき、もしくは得たときにその傾向を表現している1つ以上の変数の組や変数の組を使用した計算式のことを**特徴量**と呼ぶことがあります（図1）。

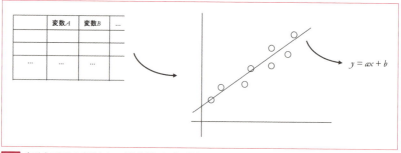

図1 表形式の図から変数を2つ（特徴量）選び、散布図を出してそこからモデルを出す

🔲 線形問題

2変数の数値の組があったとき、一番簡単なのはそれぞれの変数をグラフの縦軸と横軸にとり、数値の組それぞれの値の交点に点を打って散布図を作って分布を眺めてみることです。このとき、点が一直線上に並んで見える場合があります。その分布は線形（線型）関数つまり一次関数で点を構成する1組の値同士の対応を表現できる可能性があります。

線形関数を用いて点の分布を表現できている状態において、それらの制約や条件を用いて解決可能な問題を、線形計画問題と言います。線形計画問題の1つに整数に限定した整数計画問題があり、ナップサック問題と呼ばれる問題がこれに当てはまります（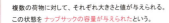）。

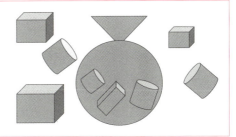

図2 ナップサック問題

ほかにも、線形関数を用いて点の分布を複数のグループに分けられるような状態であることを線形分離可能と言い、線形関数を用いたアプローチをとる問題を線形問題と言います（図3）。

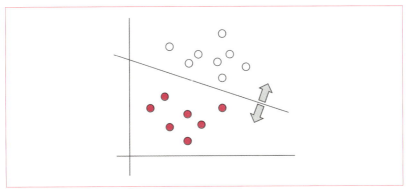

図3 線形分離可能である分布の図

写像

2変数の数値の組が対応付いているとき、その数値のペアはある関数によって変換がされたものと言えます。この変換を写像と呼びます。変数を構成している数値の集合をそれぞれAとBとしたときに、$A \to B$がそれぞれ1つに対応している状況を単射、$A \to B$がすべて対応している状況を全射と呼びます。散布図により、2変数AとBが表現できるとき、$A \to B$は全単射と言います（図4）。

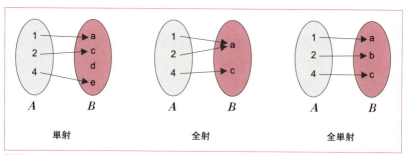

図4 単射、全射、全単射

非線形問題

一方で、2変数の数値の組が線形関数で表現できない点の分布になることがあります。このようなときは写像を使い、線形の分布に変換できる場合は写像を行うことで対応します。しかしそのような対応ができない場合は非線形な分布として扱います（図5）。非線形な分布を扱う問題を、非線形問題と呼びます。

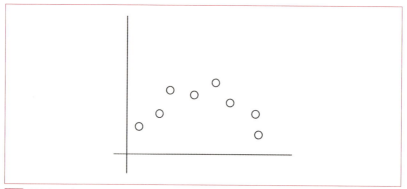

図5 非線形な分布の例

非線形の問題に関しては、非線形計画法（Nonlinear Programming：NLP）を利用して解法を探すアプローチをとります。

　凸関数や凹関数（図6）で点の分布が表現できるときのことを、凸計画問題と呼び、凸最適化という手法を利用して解を探すことになります。

　非凸関数であったときは、分枝限定法と呼ばれる線形計画問題と凸計画問題に分解して、それらの組み合わせであると考えて説く方法などがあります。

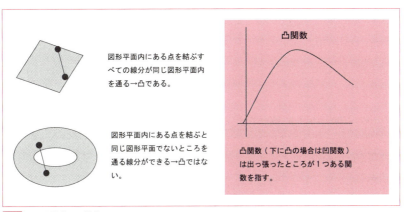

図6　凸、凸関数、凹関数

02 回帰分析

ここでは回帰分析について解説します。

POINT
- 傾向を関数で表現してフィッティング(当てはめ)させる=回帰
- 回帰分析:直線回帰、多項式回帰、ロジスティック回帰、重回帰
- フィッティングさせるために、使用する方法:最小二乗法

線形問題を解く

「2変数の数値の組がどのような関係性を持っているか」ということからデータの傾向をつかむことで、未知のデータが与えられたときの推測ができるようになります。その一般的な解法を回帰分析と呼んでいます。統計学的には、回帰分析を行った結果について、「どれだけの確実さがあるか」ということについて検定することで確認したり、どれだけの揺らぎがデータにあるかといったことを信頼区間の設定で表現したりします。

ここでは、2変数の数値の組から傾向を知るための分析方法をいくつか紹介しましょう。

回帰分析

回帰分析はデータに対してある関数を考え、フィッティング(当てはめ)させる作業となります。フィッティングとは考えた関数からのずれ、つまり残差の大きさが最も小さい値になるように関数を決めることを指します。「残差の分布が正規分布に従っている」という前提に考えた関数を一般線形モデル(General Linear Model:GML)、任意の分布であると考えたときの関数を一般化線形モデル(Generalized Linear Model:GML)と呼んでいます。略語が同じになりますが、意味が異なるので注意が必要です。

直線回帰

最も使われやすい基本的な回帰分析が単回帰分析です。単回帰、直線回帰とも呼ばれています。具体的に直線回帰していると予想される例を挙げると、身長と体重の関係や、ある街の賃貸住宅における部屋の広さと家賃の関係など、直感的にも比例している関係性が見られます。

ある分布が直線回帰している前提で傾向を表現しようとしたとき、得られるものは回帰直線になります。直線 $y = ax + b$ の傾き a と、初期値または切片 b といった情報を得られるので、そこから任意の x に対して目的とする値 y が得られるようになります。この目的とする値 y を目的変数、x を説明変数と呼びます。

回帰直線を求める例

部屋の広さと家賃の対応を示した表から、説明変数 x を部屋の広さ、目的変数 y を家賃として任意の広さの部屋の家賃を予想します。このとき、散布図を描くと直線回帰で求まるとします。

回帰直線の場合は、地道に a と b を計算することで求めることができます（図1）。

$$a = \frac{n\sum_{k=1}^{n} x_k y_k - \sum_{k=1}^{n} x_k \sum_{k=1}^{n} y_k}{n\sum_{k=1}^{n} x_k^2 - \left(\sum_{k=1}^{n} x_k\right)^2}$$

$$b = \frac{\sum_{k=1}^{n} x_k^2 \sum_{k=1}^{n} y_k - \sum_{k=1}^{n} x_k y_k \sum_{k=1}^{n} x_k}{n\sum_{k=1}^{n} x_k^2 - \left(\sum_{k=1}^{n} x_k\right)^2}$$

図1 回帰直線を求める式

より一般的には、直線回帰のモデル式 $y = a + bx + \varepsilon$ から残差の式に整理し、残差の二乗和 E が最小つまり 0 になるような a と b の値を求めます。このとき E を目的関数と呼びます（目的変数とは意味しているものが異なります）。

a と b それぞれについて偏微分を用いることで連立方程式を作り、それを解くことによって a と b の値を決定します。a や b が x や y に依存しない独立した値である前提であるため、微分を行う際の煩雑さを無視するため偏微分を用いています（次ページの図2）。

$$E = \sum_{i=1}^{n} (y_i - ax_i - b)^2$$

$$\frac{\partial E}{\partial a} = \sum_{i=1}^{n} \left(2ax_i^2 + 2x_i(b - y_i)\right) = 0$$

$$\frac{\partial E}{\partial b} = \sum_{i=1}^{n} \left(2b + 2(ax_i - y_i)\right) = 0$$

図2 偏微分の連立方程式

　ここで得られる偏微分の連立方程式を解くことで、先のaとbをそれぞれ求める式に変形することができます。

重回帰

　単回帰では説明変数が1つでしたが、説明変数が増えたらどうなるのでしょうか。その場合も単回帰のときと同様に目的変数と説明変数を式で表現すると図3のようになります。

単回帰

$$y = \alpha + \beta x + \varepsilon$$

重回帰

$$y = \alpha + \beta x_1 + \gamma x_2 + \varepsilon$$

説明変数がx_1とx_2に増えた

図3 説明変数が増えたときの式

　このときの回帰分析の方法は単回帰分析に対応して**重回帰分析**と呼んでいます。使用している説明変数が複数になるため、直線回帰のような2次元のグラフで表現することはできなくなります。しかし、求めている解や解法は単回帰のときと同じアプローチを適用可能です。

　重回帰は説明変数が多いため、アプローチは単回帰のときと同じものが使用で

きますが先述の通り可視化しにくくなります。そこで、可視化のしやすさを重視する方法として主成分分析（第7章01の「主成分分析」を参照）を利用して2次元平面上に点を打つができるよう次元を落とすアプローチもとることができます。特に説明変数がデータの数よりもずっと多くなるような場合、つまり行列で表現したときに行数が列数よりも少ない場合において、主成分分析の次元削減を利用した主成分回帰（Principal Component Regression：PCR）やそれを改良したPLS（Partial Least Squares）回帰（MEMO参照）というものがあります。

> **MEMO　PLS回帰**
> 日本語では決まった名称ではありませんが、偏最小二乗回帰や部分最小二乗回帰とも呼ばれています。

説明変数を増やすことのデメリット

説明変数を多くすることにより生じる問題点として、回帰が不安定になりやすく、解が出ないことがあります。説明変数はそれぞれ線形独立であることが回帰分析の前提となりますが、説明変数の数を多くすると、説明変数同士に関連性が含まれるものも入ってきてしまいやすくなります。このようなことが原因の現象を多重共線性による問題と呼んでいます。このような問題を念頭に置く必要があるデータとして、社会学の分野における調査や生化学や分子生物学などの生命医科学の分野における測定データが対象になりやすいです。対応としては先述したPLS回帰のような手法やP.90で触れるL1正則化（Lasso）などがあります。

多項式回帰

直線回帰において求めた回帰式は線形関数になっていたので、説明変数の次数は1でした。散布図の点の分布を眺めたときに直線ではなく曲線に乗っているように感じ取ることができた場合に次数を上げることで対応させた回帰です。

ややこしく感じるかもしれませんが、図4、次ページの図5の多項式回帰も線形回帰のうちの1つとして数えられます。

$$y = \alpha + \beta x + \gamma x^2 + \varepsilon$$

図4　多項式回帰の式の例

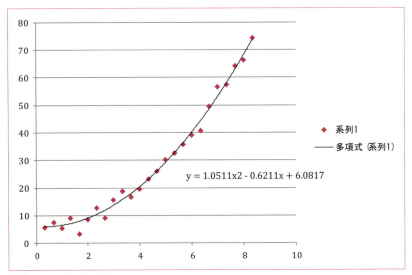

図5 多項式回帰を使った例

❒過剰適合による弊害

　多項式回帰では説明変数の次数を2以上にすることで曲線であっても回帰することができるようになりました。ここで「次数を上げると、どんな分布にでも当てはまる曲線が作れるのではないだろうか」と考えてみます。実際に次数を上げると残差を0に近づけることは可能です。しかし、未知のデータが与えられたときに大きく外れた結果が出てきやすくなります。これを過剰適合（overfitting）と呼んでいます。回帰分析をするときは、できるだけ説明変数が少ない次数の低いモデルを検討して、過剰適合を避けることが重要です。

❒最小二乗法

　回帰分析において関数にフィッティングさせるときは残差が最も小さくなるように関数を調整します。そのとき使われる方法で最も一般的なものが最小二乗法です。最小二乗法は図6のような式で表される残差二乗和 e の値を最小にします。

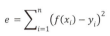
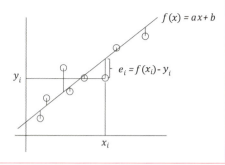

$$e = \sum_{i=1}^{n}(f(x_i) - y_i)^2$$

図6 最小二乗法に使用する式と模式図

　最小二乗法は直線回帰のときのように偏微分を用いて連立方程式を組み上げることで解くこともできますが、説明変数が増えたり線形関数でないモデルを用いたりすると対応が複雑になります。そのようなときは、行列を使った解き方が便利です。$f(x)$は、説明変数をx、その係数をωと置くと図7の式のように表現ができます。ωの右肩にあるTは転置行列であることを示します。このようにすることで説明変数xと係数ωは行列として扱うことができるようになります。

$$f(x) = \alpha + \beta x_1 + \gamma x_2 = \begin{bmatrix} w_0 \\ w_1 \\ w_2 \\ \vdots \end{bmatrix}[x_0 \quad x_1 \quad x_2 \ldots] = \omega^T X \qquad (x_0 = 1)$$

図7 行列を使った解き方

　残差二乗和についても、行列で表すこととします。目的変数yも行列で表すことで、残差二乗和Eは図8のような式になります。

$$E = (Y - \omega^T X)^T(Y - \omega^T X)$$

図8 行列で表した残差二乗和

　この式を直線回帰のときと同様にEについてωのそれぞれの成分で偏微分を行い、それらが0になるような方程式の行列を作ると次ページの図9のような式になります。この行列の方程式を正規方程式と呼んでいます。次ページの図9の

方程式を解くことで、係数ωを求めることができます。

$$X^T X \omega^T = X^T Y$$

図9 正規方程式

ωの求め方としては、$\omega^T = (X^T X)^{-1} X^T Y$のように変形し、直接的に$X^T X$の逆行列を求める方法が使えます。しかし逆行列が求まらない場合もありますので、$X = QR$としてQR分解という行列の分解アルゴリズムや特異値分解を使うことが多いです。QR分解は、例えばR言語では関数が用意されており、それを利用することができます（図10）。

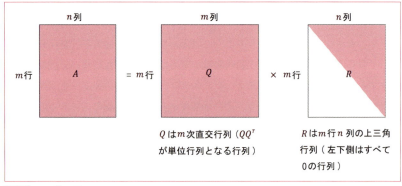

図10 QR分解の図

R言語でのQR分解の例はリスト1の通りです。

リスト1 QR分解の例

```
x <- matrix(1:36, 9)    # 9行4列の行列を作る
qrval <- qr(x)
qr.Q(qrval)    # xをQR分解したQの行列を得る
qr.R(qrval)    # xをQR分解したRの行列を得る
```

🔲 ロジスティック回帰

ロジスティック回帰は多項式回帰と同じ一般化線形モデルの1つに数えられており、図11の式のようなモデルに当てはめて関数のフィッティングを行います。

$$y' = \ln\left(\frac{y}{1-y}\right) = \beta_0 + \beta_1 x_1 + \beta_2 x_2 + \cdots + \beta_n x_n + \varepsilon$$

$$y' = \beta x + \varepsilon$$

図11 ロジスティック回帰で使用するモデル式

図11のロジスティック回帰で使用するモデル式からも感じ取れるかもしれませんが、ロジスティック回帰の場合は目的変数の側に少し手を加えた形の線形回帰であるとも考えられます。図11上の式を図11下のように書き換えると、直線回帰のときと同じアプローチが使用できます。

目的変数の側で行った変換は、ロジット（logit）変換と呼ばれ、ロジット関数で表されています。これは、(0, 1)の間をとる数値を(−∞, ∞)にすることができる関数になっており、ロジスティック関数の逆関数でもあります。

ロジット変換によって計算されたy'の式を利用して、ロジット関数の逆関数つまりロジスティック関数に戻すことで、目的変数の予測モデルができあがります（図12）。

$$y = \frac{1}{1 + e^{-y'}}$$

図12 説明変数をロジスティック関数で表現する図

ロジスティック回帰の例は次のサイトで確認してください。

- **参考：ロジスティック回帰分析の計算方法**
  URL http://www.snap-tck.com/room04/c01/stat/stat10/stat1003.html

03 重みを付けた回帰分析

ここでは重みを付けた回帰分析について解説します。

POINT
- 単純な最小二乗法では外れ値に弱い
- 重みを変化させることで柔軟性を上げた
- LOWESS、PLS
- L2正則化、L1正則化

最小二乗法に手を加える

02で最小二乗法によって回帰式を求める方法を紹介しましたが、最小二乗法の場合は外れ値に弱いという弱点があります。そのため、データに外れ値が含まれていた場合、回帰式が外れ値に引っ張られるという現象が起こり、未知のデータに対する予測が甘くなることになります。そのため、外れ値に対してペナルティを与えたり除外したりするといった操作を行うことがあります。

LOWESS（Locally weighted scatterplot smoothing）

LOWESS（回帰スムージング法）は日本語にすると「局所的重み付け回帰関数を使用している平滑化を行った回帰式の導出方法」となります。それぞれの説明変数の点(x_i, y_i)について窓を設定する形となり、xを最小のx_iから順に増やしていき、任意に指定した幅$d(x)$においてxに一番近いx_iが最もx_iに近い値となるようw_iを算出します（図1）。

スムージングを行う過程で、外れ値を省いてしまうような重み付け係数wを設定するロバスト平滑化法もあります。ロバスト平滑化法では、中央絶対偏差（MAD）を算出し、その6倍以上の残差r_iがあった場合に重みw_iを0にしてしまいます（図2）。

$$w_i = \left(1 - \left|\frac{x - x_i}{d(x)}\right|^3\right)^3$$

図1 LOWESS（回帰スムージング法）の重みの式（追加）

$$w_i = \begin{cases} (1 - \left(\frac{r_i}{6MAD}\right)^2)^2 & |r_i| < 6MAD \\ 0 & |r_i| \geq 6MAD \end{cases}$$

$MAD = \text{median}(|r|)$

MADは残差の中央絶対偏差

図2 ロバストLOWESSの重みの式（追加）

このように得られた重み係数wと説明変数xの内積をとり、対応するyを補正します。つまり、LOWESSでは着目している説明変数の値から離れた点に対して、その影響を勾配を付けて無視するように補正を加えて、ロバスト平滑化法では傾向から大きく外れていると予想される点について、その影響を無視するように補正を加えています。

LOWESSは直線回帰を繰り返し行うような方式になるため、直線回帰をしていますが、実際に得られる線は直線ではなくなります（図3）。

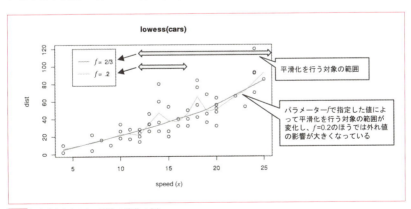

図3 xを動かしたときの重みの変化の例

L2正則化、L1正則化

　もう1つ重みを付ける手法として、最小二乗法で組み立てる方程式のなかにペナルティを与える方法があります。

　ペナルティの与え方によりいくつか種類があり、L2正則化、L1正則化、L1正則化とL2正則化を線形結合したElastic Netと呼ばれているものなどがあります。ペナルティとして与える項のことを罰則項や正則化項と呼びます（図4）。

- L2正則化

$$E = (Y - \omega^T X)^T(Y - \omega^T X) + \lambda \|\omega\|^2$$

$$\|\omega\|^2 = \sum_i \omega_i^2$$

$$\omega^T = (X^T X + \lambda I)^{-1} X^T Y$$

- L1正則化

$$E = (Y - \omega^T X)^T(Y - \omega^T X) + \lambda |\omega|$$

$$|\omega| = \sum_i |\omega_i|$$

- Elastic Net

$$E = (Y - \omega^T X)^T(Y - \omega^T X) + \lambda \sum_i (\alpha|\omega_i| + (1-\alpha)\omega_i^2)$$

図4　L2正則化、L1正則化、Elastic Netの式

　L2正則化はリッジ（Ridge）回帰とも呼ばれており、最小二乗法において目的関数とした残差二乗和に重み係数としているω_iの二乗和をペナルティとして加えます。このペナルティの項をL2ノルムとも呼びます。λはいろいろな値を与え交差検証法（クロスバリデーション）により最適値を決めることが多いのですが、値が大きくなるとペナルティが強くなります。L2正則化を行うと、正規方程式において$X^T X$だった項にλI（Iは単位行列）が加わります。

　L1正則化はLasso（Least absolute shrinkage selection operator）とも呼ばれており、同様に目的関数にω_iの絶対値の和をペナルティとして加えます。このペナルティの項はL1ノルムとも呼ばれています。

簡単には罰則項の $\sum_i |\omega_i|^q$ において $q=1$ のとき L1 ノルム、$q=2$ のとき L2 ノルムです。L1 正則化を行うと、一部の ω は 0 になってしまいスパースになりやすいです。このことはモデルを構築するときに特徴量の選択に利用することができることを意味し、信号処理やパターン認識においても使いやすいほか、多重共線性の問題にも対応ができます。

L2 正則化の場合は解析的に解を求めることが可能ですが、L1 正則化はそれができないため凸最適化手法の推定アルゴリズムを利用して決定します（図5）。

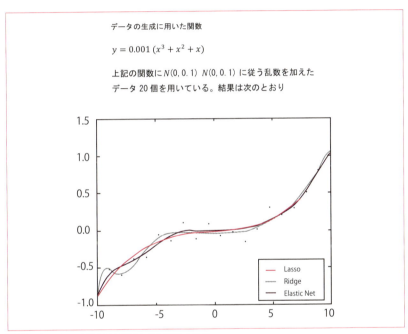

図5　回帰モデルにおけるL1正則化とL2正則化の効果
出典：「回帰モデルにおけるL1正則化とL2正則化の効果」の実験の図
URL http://breakbee.hatenablog.jp/entry/2015/03/08/041411

04 類似度の計算

ここでは類似度の計算について解説します。

POINT
- 回帰分析の際に相関（相関係数）を見る＝類似性を見ている
- 類似度を示すもの：コサイン類似度（＝相関係数）、相互相関数、自己相関数、Jaccard係数、編集距離

類似度の種類と計算方法

2変数の数値の組が与えられたとき、それらがどれだけ「似ているか」（図1）ということはコンピュータが自動的に解を推測する過程でとても重要な概念となります。ここでは、類似度の種類としてコサイン類似度、相関係数、相関関数、編集距離、Jaccard係数について説明します。

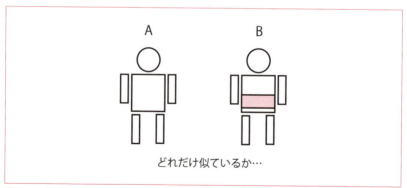

図1 どれだけ似ているかを考える

コサイン類似度

類似度の指標として有名なものにコサイン類似度があります。コサイン類似度は2変数の数値の組 x, y が与えられたときに図2のような式で表され、$\cos\theta$ の値

が類似度として示されます。

　類似度は0から1の間の数値となり、似ていれば1に近づきます。数値の組xとyをそれぞれベクトルであると考えたとき、右辺の分子はxとyの内積を、分母はxとyの大きさを計算することと同じになります。

$$\cos\theta = \frac{\langle x, y \rangle}{\|x\| \cdot \|y\|} \quad \text{これは} \quad \cos\theta = \frac{\vec{x} \cdot \vec{y}}{|\vec{x}||\vec{y}|} \quad \text{とも書く}$$

$$\cos\theta = \frac{(x_1 y_1 + x_2 y_2 + x_3 y_3 + \cdots + x_n y_n)}{\sqrt{\sum_{i=1}^{n} x_i^2} \cdot \sqrt{\sum_{i=1}^{n} y_i^2}}$$

$\|x\|$をxのノルムと呼ぶ

図2 コサイン類似度を求める式

　コサイン類似度は一例として文書間での類似性を計算するときに使われます。文書中に現れる単語の出現頻度を求め、コサイン類似度の計算式に図3のように当てはめることで類似度が計算できます。

	記事a	記事b	記事c	記事d
熊本	0.5	0.4	0	0.5
地震	0.2	0	0.4	0.3
地層	0.1	0	0.4	0
断層	0	0.3	0.2	0.1
雨	0.2	0	0	0
運休	0	0.3	0	0.1

記事a	1.000			
記事b	0.2	1.000		
記事c	0.12	0.06	1.000	
記事d	0.31	0.26	0.14	1.000
	記事a	記事b	記事c	記事d

コサイン類似度により単語の出現頻度を記事間で計算した結果。
記事aと似ている記事は d>b>c の順になり、
記事bと似ている記事は d>c の順になる。

図3 単語と出現頻度の表と類似度の計算結果

- 単語のリストはn個あり、類似度を求める文書1と文書2のすべての単語で構成される
- x：文書1の単語の出現頻度（$i = 1, 2, \cdots, n$）
- y：文書2の単語の出現頻度（$i = 1, 2, \cdots, n$）

　これまでにも示している通り、2変数の数値の組は散布図を使って点の集合として表すことができます。このとき、それぞれの点は座標軸の交点を原点とした

ときの原点からのベクトルで表現できます（図4）。

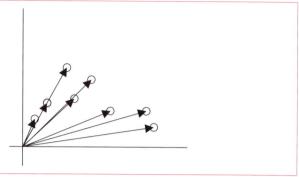

図4 2変数の数値の組の散布図と各点へのベクトル

　先ほどのコサイン類似度を求める式において、xとyに原点としてx_0, y_0を与えると、図5のように書き換えることができます。原点は移動させることができるため、x, yの平均値を使ってもかまいません。この式は、次で説明する相関係数を求める式ともつながりが深いです。

$$\cos\theta$$
$$= \frac{((x_1-x_0)(y_1-y_0)+(x_2-x_0)(y_2-y_0)+(x_3-x_0)(y_3-y_0)+\cdots+(x_n-x_0)(y_n-y_0))}{\sqrt{\sum_{i=1}^{n}(x_i-x_0)^2}\cdot\sqrt{\sum_{i=1}^{n}(y_i-y_0)^2}}$$
$$= \frac{\sum_{i=1}^{n}(x_i-\bar{x})(y_i-\bar{y})}{\sqrt{\sum_{i=1}^{n}(x_i-\bar{x})^2}\cdot\sqrt{\sum_{i=1}^{n}(y_i-\bar{y})^2}}$$

図5 コサイン類似度を求める式を変形した式

相関係数

　日本工業規格によると相関とは「2つの確率変数の分布法則の関係。多くの場合、線形関係の程度を指す。」とされています。2変数の数値の組が確率に従って値をとるものであれば確率変数となりますが、確率変数でない変数においても意味している内容は同じです。一般的に相関係数と呼ばれるものは、ピアソンの積率相関係数を指すことが多いです（図6）。

$$r = \frac{S_{xy}}{S_x S_y} = \frac{\sum_{i=1}^{n}(x_i-\bar{x})(y_i-\bar{y})}{\sqrt{\sum_{i=1}^{n}(x_i-\bar{x})^2}\cdot\sqrt{\sum_{i=1}^{n}(y_i-\bar{y})^2}}$$

図6 ピアソンの積率相関係数の求め方

相関係数は1〜−1の間の数値で示され、プラスの値であれば正の相関、マイナスの値であれば負の相関関係を示します。また、1や−1に近い値であるほど強い相関関係が存在します。

　一般的には「絶対値で0.7以上である」と「相関関係があるほうだ」と考えられています。

　ここで注意しなければならないことは、「相関係数の絶対値が1に近い」ということは「直線回帰を行ったときに点の分布にばらつきが小さく傾向がはっきり表れている」ということ以上のことは示さないことです。逆に、点の分布にばらつきが小さい状態であっても、相関係数が0に近い場合もあります。また、ばらつきがまったくなく標準偏差が0となった場合は、相関係数は計算できません（図7）。

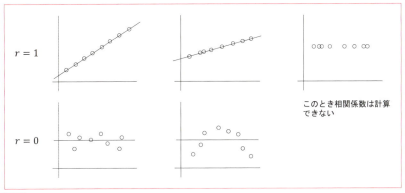

図7　点の分布と相関係数の関係

　このほかに**スピアマンの順位相関係数**や**ケンドールの順位相関係数**といった相関係数があります。順位相関係数は、順位の情報のみを使用して相関係数を求めます。

スピアマンの順位相関係数

　スピアマンの順位相関係数はピアソンの積率相関係数における特別な場合として計算で求めることができます。タイ（同順位）があるときはその分の補正が必要となりますが、タイの数が少ない場合は補正がなくても近い値が求まります（次ページの図8）。

- スピアマンの順位相関係数

$$\rho = 1 - \frac{6\sum_{i=1}^{n} D_i^2}{n^3 - n}$$

D は対応する順位の差を示す
（タイがある場合）

$$\rho = \frac{T_x + T_y - \sum_{i=1}^{n} D_i^2}{2\sqrt{T_x T_y}}$$

$$T_x = \frac{n^3 - n - \sum_{i=1}^{n_x}(t_i^3 - t_i)}{12}$$

$$T_y = \frac{n^3 - n - \sum_{j=1}^{n_y}(t_j^3 - t_j)}{12}$$

n_x, n_y は同順位の数、t_i, t_j はその順位を示す

図8 スピアマンの順位相関係数の式
出典：「スピアマンの順位相関係数」
URL http://www.tamagaki.com/math/Statistics609.html

ケンドールの順位相関係数

　ケンドールの順位相関係数は同じ順位関係であるデータの個数 K、異なる順位関係であるデータの個数 L を使って計算を行います。すべての順位関係が一致するとき、データの個数 n から2つを選ぶ組み合わせの数が K となり、これは求める τ の式の分母と等しくなります。

　ケンドールの順位相関係数は1〜−1の間の数値になり、1や−1に近い値であるほど強い相関関係を示します。無相関なときは0になります（図9）。

- ケンドールの順位相関係数

$$\tau = \frac{(K-L)}{\binom{n}{2}} = \frac{(K-L)}{\frac{n(n-1)}{2}}$$

$$K = \#\left\{\{i,j\} \in \binom{[n]}{2} \,\middle|\, x_i, x_j\text{の大小関係と}y_i, y_j\text{の大小関係が一致}\right\}$$

$$L = \#\left\{\{i,j\} \in \binom{[n]}{2} \,\middle|\, x_i, x_j\text{の大小関係と}y_i, y_j\text{の大小関係が不一致}\right\}$$

図9 ケンドールの順位相関係数を求める式

相関関数

相関係数では数値の組についてその類似性を求めることができました。値だけでなく、関数についても同様に、類似性を求めることができます。関数は時間の関数になることが多く、いわゆる時系列データとして得られるものが多いです（図10）。相互相関関数と自己相関関数がよく使われます。

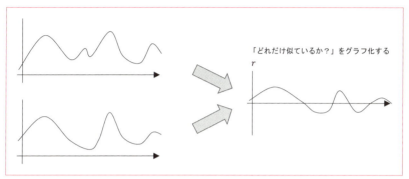

図10 時系列のデータに対して相互相関関数と自己相関関数を使用するイメージ

相互相関関数によりある時間と別の時間の間のデータの変化の様子が相関係数に相当する数値で表現できるようになります。

自己相関関数は相互相関関数において与える関数が両方ともに同じ関数であるときに当てはまります。自己相関関数で相関係数を算出することは、関数の周期性を検証するときに利用されます。ここでは深く触れませんが、畳み込み処理（第9章04の「畳み込み処理」を参照）に関係が深く、フーリエ変換（第10章02の「フーリエ変換」を参照）などの信号処理で使われることが多いです。

編集距離（レーベンシュタイン距離）

あるものとあるものが似ているかどうか、ということは「近い」「遠い」という表現で示される通り、「距離の概念に近い」と言えます。そのため、類似度とは逆に、「距離の値が小さいほど類似度が高い」ということになります。そのなかで「距離」という言葉が入っている類似度を表すものとして、編集距離（Edit distance）があります。編集距離は数値ではなく、文字列同士の類似度に用いられます。別名、レーベンシュタイン距離と呼ばれます。

編集距離

編集距離は置換、挿入、削除の3つの要素についてそれぞれペナルティを設定する形をとり、ペナルティの合計値をスコアとして類似度を規定します。2つの文字列を比較したとき、文字数が同じである場合はレーベンシュタイン距離以外にハミング距離も用いられます。

ハミング距離

ハミング距離は信号距離とも呼ばれ、固定長のバイナリデータなどにおいて異なるビット符号の数に相当し、エラーチェックに用いられています。2つのビット列の排他的論理和を求めたときの1の個数がハミング距離となります（図11）。

図11 ハミング距離とレーベンシュタイン距離

レーベンシュタイン距離はより一般的な文字列の比較に用いられています。例えば入力された英単語について辞書に登録されている単語と比較し、近い綴りの単語を探すことができます。このことにより、スペルミスがあるかどうか簡単にチェックできるだけでなく、正しい単語の候補を提示することが可能になります。

図12 レーベンシュタイン距離の算出方法

英単語の検索をするサービスでは、より発展させて単純な文字の比較だけでなく、発音を考慮して単語の提示を行うシステムも存在しています（図12）。

このほかにも遺伝子を構成する塩基配列やアミノ酸配列の相同性の計算をするときに利用されています。

マハラノビス距離

マハラノビス距離も距離と名前に付く指標です。2次元の散布図で2変数の数値の組の関係性を表現したとき、ある2つの点の座標間の直線距離はユークリッド距離と呼ばれます。ユークリッド距離は、ピタゴラスの定理でもおなじみの式（図13）で求めます。

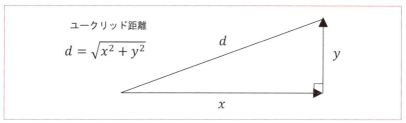

図13 ユークリッド距離の式

ユークリッド距離において、点の数を増やして距離を求めます。つまり散布図の点を3つ以上使用したときの関係性を距離で表現したものが、マハラノビス距離ということになります（図14）。

- マハラノビス距離を求める式

$$d(x, y) = \sqrt{(x - y)^T cov(x, y)^{-1} (x - y)}$$

$x = (x_1, x_2, x_3, ..., x_n), y = (y_1, y_2, y_3, ..., y_n)$のベクトル、$cov(x,y)$は$x$と$y$の分散共分散行列（共分散行列）を意味する。共分散行列の対角成分以外が0である対角行列であれば、xの標準偏差σを使って次のように書ける。$\sigma_i = 1$であれば、マハラノビス距離はユークリッド距離に等しい。

$$d(x, y) = \sqrt{\sum_{i=1}^{n} \frac{(x_i - y_i)^2}{\sigma_i^2}}$$

図14 マハラノビス距離の求め方

マハラノビス距離はデータの相関を考慮した、複数の点で構成される集団からのある点の距離を計算しています。ここで求められる距離は、集団内の点で計算をした標準偏差を基準として補正されたユークリッド距離となります（図15）。この方法を用いることにより、ある点が集団からの外れ値になるかどうかを見積もることが可能になります。

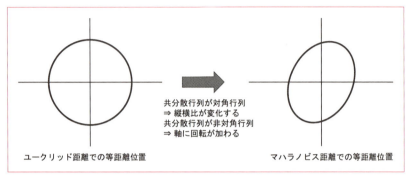

図15　ユークリッド距離とマハラノビス距離の比較図

Jaccard係数

　2つの集合の類似性を求めるときに共通している要素数を数えることで求めることができるのがJaccard係数です。単純にベン図を描くことで求めることができ、集合を構成している要素が数値であるか文字列であるかといったことを考慮しなくてもよいので便利です。

　Jaccard係数は2つの集合の共通している要素数を2つの集合に含まれる要素数で割ることで求められます（図16）。

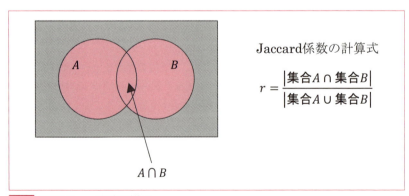

図16　ベン図とJaccard係数の計算式

CHAPTER 5 重み付けと最適化プログラム

ニューラルネットワークやベイジアンネットワークなどを用いた解析ではグラフネットワークについて知る必要が出てきます。そこで前半ではグラフの基礎的な知識と主な解析手法についての説明、特に動的計画法について解説します。

また、グラフを用いた動的計画法と並んでよく利用される最適化を行うプログラムとして、遺伝的アルゴリズムについて紹介します。後半ではグラフを活用した数値最適化プログラムの基本となるニューラルネットワークについて解説します。

CHAPTER 5 重み付けと最適化プログラム

グラフ理論

ここではグラフ理論の基本について解説します。

POINT
- グラフの概要
- グラフ理論の基本

■ グラフとは

　グラフと言うと棒グラフや円グラフなどの表形式のデータを図示したものをイメージする方も多いことでしょう。しかしここでのグラフは点と線を結んだものを指しています。点のことを頂点または節点（Vertex）もしくはノードと呼び、線のことを辺または枝（Edge）と呼んでいます。

　また全体が辺でつながっているグラフを連結グラフ、そうでないものを非連結グラフと呼び、どの頂点ともつながっていない頂点を孤立頂点と呼びます（図1）。

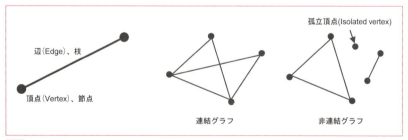

図1　グラフのパーツ

　グラフは頂点同士が結ばれていればよく、その頂点がどの位置にあるかはあまり関係がありません。そのため、見た目には違ったように見えるグラフであっても、頂点を動かすと同じグラフになることがあります。そのようなグラフを同型であると言います（図2）。

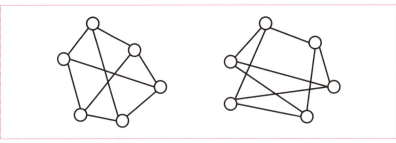

図2　同型のグラフ

複雑なグラフとして図3のようなものも存在します。グラフの2頂点が2本以上の辺でつながっているときその辺は**並行枝**と呼ばれ、1つの頂点に辺の両端があるときその辺は**自己ループ**と呼ばれています。

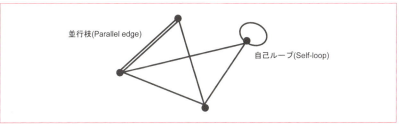

図3　複雑なグラフの図

無向グラフと有向グラフ

グラフは頂点と頂点が辺で結ばれていますが、辺に向きが存在していることがあります。そのようなグラフを**有向グラフ**（Directed graph）と呼び、特にある頂点から出発したときにその頂点へ戻ってくることがない有向グラフは**有向非巡回グラフ**（Directed acyclic graph：DAG）と呼ばれています。辺に向きが存在していないグラフを**無向**グラフと呼びます。

向きが存在しているグラフのほかに、重みの情報が付加されているグラフも存在します。これは**重み付き**グラフと呼ばれており、辺に数値を重みとして付随します。辺に数値を書き出して重みを表現することもあれば、線の太さによって表すこともあります。重みは頂点にも付随することができ、それぞれの場所により**枝重み付き**グラフや**頂点重み付き**グラフと呼ばれることもあります（次ページの図4）。

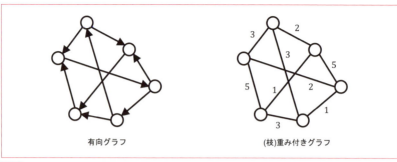

図4 有効グラフと重み付きグラフ

　重み付きのグラフを<mark>ネットワーク</mark>と呼ぶこともあり、そのなかには<mark>ニューラルネットワーク</mark>や<mark>ベイジアンネットワーク</mark>などがあります。これまでに紹介した状態遷移図も、ネットワークグラフの1つと言えます。

行列での表現

　頂点と辺で表現されているグラフはその形状を別の表現に変えることができます。行列での表現はそのうちの1つです。行列での表現方法も複数種類あり、頂点同士の関係を表現したものを<mark>隣接行列</mark>、頂点と辺の関係を表現したものを<mark>接続行列</mark>と呼びます。

　隣接行列は頂点の数がnであれば$n×n$の行列になり、接続行列は辺の数がmであれば$n×m$行列になります。それぞれ、接続されていれば1でされていなければ0になります。辺に重みが付いたグラフであれば、隣接行列の要素が0, 1ではなく重みの数値になります（図5）。

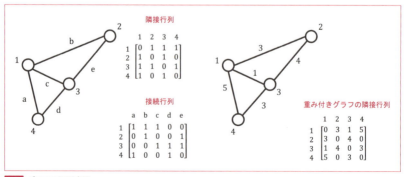

図5 グラフの行列表現

行列でグラフが表現可能であることにより、例えばグラフで表現されている関係性を表形式に変換したり、濃淡のあるヒートマップで表現されるような表形式の数値データを重み付きグラフに変換したりできます。加えて、行列の計算にも利用ができるなど、便利な使い方が可能です。このような重み付きグラフを利用したデータ解析方法全般を ネットワーク解析 と呼ぶことがあります。

木構造のグラフ

グラフの構造には、1つの頂点から出発したときにその頂点には戻ってこない構造のものがあります。有向非巡回グラフはそのようなグラフの1つです。すべての頂点において出発した頂点に戻ることなく行き止まりになってしまう構造のグラフにおいて、ある頂点が出発点になるグラフを 木構造 と呼びます。出発点となる頂点を 根（Root） と呼びます（図6）。

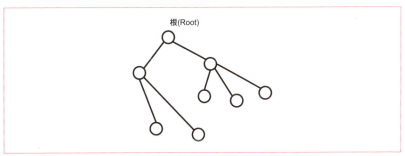

図6 木構造のグラフ

木構造のグラフは使用される目的や成り立ちによって、決定木 や 探索木 と呼ばれます。決定木は統計モデルでの予測を行うための条件分岐に使うルール群、探索木は状態を分割する手段として使われます。

CHAPTER 5　重み付けと最適化プログラム

グラフ探索と最適化

ここではグラフ探索と最適化について解説します。

POINT
- 木構造、二分探索木
- 幅優先探索、深さ優先探索、A*（エースター）アルゴリズム
- 動的計画法

探索木を構築する場面

　木構造のグラフはいろいろな場面で利用されています。樹形図や系統樹などのような形状の、ある出発点を表す頂点から複数の選択可能な状態を表す頂点に向かって辺が伸びているといった様子を描写しやすいことが特徴です。出発点である最初の状態から最終的に固定された終着点、もしくは終着点が多数あるうちの1つの終着点への経路を探し求める際に使いやすいです。

　具体的には、展開型ゲームであるチェスやオセロなどに代表される二人零和有限確定完全情報ゲーム、迷路や乗り換え案内のような経路探索といった問題を解くために手番や位置を頂点として表現し分岐する状態を分割していきます（図1）。

　探索木の場合、頂点をノードと呼ぶことが多く、ノードには利得やコストといった評価値や状態が付随します。

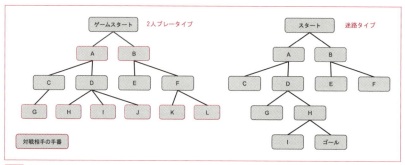

図1　探索木の構築の例

分割した状態によっては、探索結果から辺、すなわち次のノードを選択するためにゲームの目的などから評価値を計算する必要があります。

　また、迷路や乗り換え案内といったような利用場面の場合、探索の途中ではさまざまなイベントが発生することがあります。指定された中継地点を通ることが必要である場合や、乗り換えに必要な時間や運賃といったコストがかかる場合があるためそのような計算も行わなければなりません。このような状態の変化が時間軸上において発生すると考えると、多段階での意思決定問題ととらえることができます。

　現在時刻tにおける状態で採用する行動に対して得られる利得または払うコストによって次の時刻$t+1$の状態を決める作業の繰り返しになり、最終的な時刻Tにおける利得を最大化またはコストを最小化する計画問題となります。この計画問題を**多段決定問題**と呼びます（**図2**）。

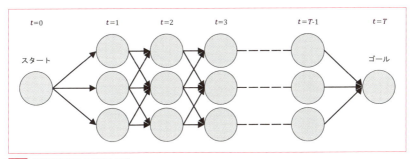

図2　多段決定問題のグラフの例

　データの構造としても木構造は活用されています。例えばデータベースシステムにおいては目的とするデータを探す時間を短縮するため、索引を作るときに木構造を構築します。ソートされたデータを半分に分けた状態で保存し、さらに半分、半分…と分けて保存していくことでデータを効率的に探し出すことが可能になります。このような木構造を**二分探索木**、この方法でのデータ探索を**二分探索**と呼んでいます。

　実際のデータベースシステムにおいては、より柔軟な方法によって構築したB木などを用いています。ほかにも、データの関係性を示す要素を付加させた木構造のデータにはオントロジー（第12章03の「オントロジー」を参照）があり、意味ネットワークと呼ばれるものを構築、参照するために使われることがあります。

探索木を追う方法

木構造のグラフになっている探索木や、ルートが一部分で複数あったり、行き止まりになる脇道があったりするような迷路を表現したグラフの経路探索では、目指している状態になるまでに最短ステップで到達することが目的となります。

基本的な探索をする手法として、大きく2つの種類に分けられます。1つは深さ優先探索、もう1つは幅優先探索です（図3）。その名前の通り、探索する手順がそれぞれに異なっています。

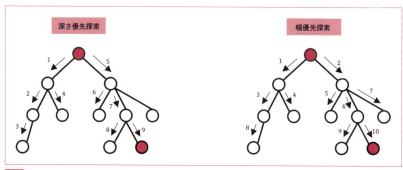

図3 深さ優先探索と幅優先探索の

深さ優先探索では、1つのノードから行き止まりのノードまでひとまず探索を行っていき、行き止まりに着いたら戻って手前の分岐で次の行き止まりまで探索を行うといったことを繰り返す方法です。

一方の幅優先探索では1つのノードからつながっている隣のノードをすべて探索し、続いてさらにつながっている隣のノードを探索する流れを繰り返します。

到達する目標点までそのルートがあらかじめ把握できているとどちらの方法が早く終了するかは自明になりますが、そうでないことのほうが一般的でどちらの方法も一長一短があります。目標点は、そのノードにおける状態の評価値（例えば勝ち負けのフラグや、行き止まりやゴール、スコア値など）やそれを算出する評価関数によって決定します。

探索木の探索に必要なリスト

探索木の探索を行うには、2つのリストを準備する必要があります。1つは探索対象になっているノードとつながっている隣のノードを含む探索する予定のノードのリスト、もう1つは探索済みのノードのリストです。それぞれオープンリス

ト、**クローズドリスト**と呼び、クローズドリストに到達目標のノードが入ると探索は終了となります。

深さ優先探索は探索するノードをオープンリストの先頭に追加して、先頭のノードから順に探索をしていくフローになります。

最後にリストに入れたものを最初に出すことになるので、この方式はLIFO（Last In, First Out）と呼ばれています。

幅優先探索のほうは、探索する頂点をオープンリストの末尾に追加していきます。最初にリストに入れたものを最初に出していくのでこの方式はFIFO（First In, First Out）になります（**図4**）。

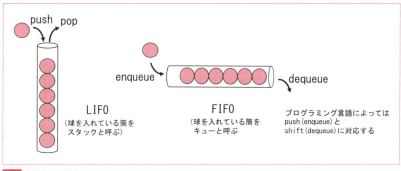

図4 LIFOとFIFO

効率のよい探索法

先ほどの深さ優先探索や幅優先探索では探索をするノードをただ順番に処理していくことをしていましたが、より効率のよい探索をしなければ処理時間を短縮することができません。

処理時間の短縮のため、コストの概念を探索に取り入れています。例えば経路にコストがある場合を考えてみましょう。大阪から東京へ移動するときに東海道を通るか、それとも北陸と新潟を通るかによって時間や費用といったコストに違いが生じます。このような事前の知識や経験（ヒューリスティックな知識）を利用すると、処理時間が短縮できそうです。

コストには次のような種類があります。

- 初期状態→状態sの最適経路にかかるコストの総和　$g(s)$

- 状態s→目標の最適経路にかかるコストの総和　　　$h(s)$
- 状態sを経由しての初期状態→目標の最適経路にかかるコストの総和

$$f(s) \quad (= g(s) + h(s))$$

　ここで累積コストの予測値$\hat{g}(s)$を最小にするよう、オープンリストにあるノードを探索する前に選びながら探索を行うようにアレンジした方法を最適探索と呼び、コストの予測評価値$\hat{h}(s)$を最小にしながら探索する方法を最良優先探索と呼びます。どちらも先ほどのLIFOとFIFOの図で示した筒のなかの球を入れ替えながら探索を行う方法となります。

　ところがこの探索方法では最適探索では探索が多くなりがちになったり、最良優先探索では誤った結果が出る可能性があったりするなど、それぞれデメリットがあります。そこで、$\hat{g}(s)$と$\hat{h}(s)$の両方を用いた予測値$\hat{f}(s)$を最小にするような探索方法を用いるとよいとされています。この手法をA*（エースター）アルゴリズムと呼びます。A*アルゴリズムでは、状態sのノードにつながっている状態s'の頂点の予測値$\hat{f}(s')$がクローズドリストに含まれているときに$\hat{f}(s)$のほうが小さければs'のほうをクローズドリストからオープンリストに戻す操作が入っていることも特徴的です。

経路にかかるコスト

　経路にかかるコストという概念は、迷路や乗り換えがあるようなルートの探索に当てはめやすかったのですが、プレーヤーが2人以上いるようなゲームではどうでしょうか？ここでは単純に2人である場合を考えてみましょう。これまでにも例で挙げているように、オセロやチェスといったゲームは、二人零和有限確定完全情報ゲームと呼ばれており、ゼロサムゲームです。このようなゲームの場合の探索木では、手番が自分と相手の両方でノードを構成しているゲーム木になっており、両者がミスなどをせず、最善の手を選択し続けた場合は引き分けになるようになっています。

戦略に利用する方法

　ゲーム木の末端はその時点での状態つまり、自分にとっての有利不利を示すスコアを情報として保持していることになります。このとき、自分の手番ではスコアを最大（自分が有利）になるよう、相手の手番ではスコアが最小（自分が不利）になるように戦略を立てます。Mini-max法や$\alpha\beta$法といった手法は、このような

戦略に従って探索する頂点をできるだけ減らしていくための方法です。

Mini-max法では仮に自分が先手であるとしたとき、自分の手番でスコアを最大に、相手の手番でスコアを最小にするようにノードを選びます。その結果、図5にあるようなゲーム木では最終的に赤色になっている辺が選択されます。次に探索をする辺を端折って探索時間を短縮するために、最適化を行うことを考えます。

$\alpha\beta$法ではβカット、αカットと呼ぶ「辺の切り落とし」を行います。ノードを左から探索するとしたときにβカットは最大のスコアを選ぶ過程でスコアが小さいノードが出現した時点でそのノードを探索対象から外すことを行い（つまり後手の評価値の最小化局面において後続の先手の行動の評価を端折る）、αカットは同様にスコアが最小のものを選ぶ過程ですでに出現したスコアよりも大きいノードが現れたときにその先につながっているノードを探索対象から外す（先手の評価値の最大化局面で後手の行動の評価を端折る）ことを行います。このときの探索は幅優先探索と深さ優先探索を組み合わせて行うこととなります。

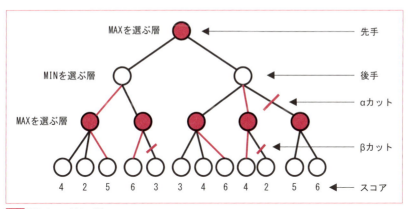

図5 Mini-max法と$\alpha\beta$法

囲碁や将棋などになると探索空間すなわち探索するべきノードの数が膨大になり、メモリや探索時間がいくらあっても足りなくなってきます。そこで、より効率的に探索対象の選び方をアレンジしたモンテカルロ木探索（Monte Carlo Tree Search：MCTS）や探索木の圧縮を行うBDD（Binary Decision Diagram）やZDD（Zero-suppress BDD）といった手法も利用されます。

動的計画法

経路探索においてチェックポイントを通過することが必要であったり、コストがかかったりする場合、ノードからノードを移動していく様子を「時系列上の状態の変化である」と考えたとします。このような「ある状態から次の状態に遷移する」ことを「コストを考慮しながら決定を何度も繰り返す多段決定問題とする」ことができます。

多段決定により得られる経路の評価関数をJとすると、その結果を最大化することが経路探索の目標となります（図6）。

$$J(s_1, s_2, s_3, s_4, s_5, s_6, \cdots)$$

図6 多段決定問題の評価関数の式

しかし、このとき時間$t = 1, \cdots, T$の状態s_tにおいて状態のパターンをNとすると、とりうる状態はN^Tとなり、状態の数$N = 3$であったとしてもステップ数$T = 10$で約6万通り、$T = 20$で約35億通りになってしまいます。すべての経路を列挙して評価する方法では、計算量を表す式が$O(N^T)$になり指数関数的に計算量が増加してしまうため、現実的ではありません。

しかしここで、評価関数Jを2状態の対で表現する2変数関数の和で書くことができれば、計算量が$O(N^2 T)$まで減らすことができます。このとき用いている手法を動的計画法またはDynamic Programming（DP）と呼びます（図7）。

$$J(s_1, s_2, s_3, s_4, s_5, s_6, \cdots) = \sum_{t=2}^{T} h_t(s_{t-1}, s_t)$$

図7 多段決定問題の評価関数を2状態の対で表現した場合の式

図8のように選択する経路によってプラスされるスコアがそれぞれ異なるようなルートがあるとき、この経路から最もスコアがよくなるようなルートを選択することを行うとしましょう。下の段に移動するとスコアは3点プラスされ、上の段に行くと残りステップ数に応じてスコアがプラスされます。しかし、上の段以外からゴールにたどり着くと5点のペナルティが課されます。動的計画法では$t = 1$から$t = T$まで順に$F_t(s_t)$を計算します。

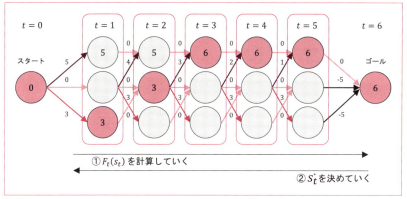

図8 動的計画法の例の図

$$F_t(s_t) = \max_{s_{t-1}}[F_{t-1}(s_{t-1}) + h_t(s_{t-1}, s_t)]$$

図9 F_tの計算式

このとき図9の$F_t(s_t)$はそのノードに到達したときの最高のスコアになっています。s_tにはここでは3つの状態が保存されており、これをメモリに格納していきます。この作業をメモ化と呼んでいます。

最後のステップTにおいて$F_T(s_T)$まで求まったとき、その最大値をJ^*とし、次に逆順に$F_T(s^*_T)$を得るためのs^*_Tをたどっていきます。そうすることで、最良の経路$(s^*_1, s^*_2, s^*_3, \cdots, s^*_T)$と最高スコア$J^*$が求まります。

このような最適な経路を計算する以外にも、テキストの比較を行うことも可能です。実際の例として、バイオインフォマティクスと呼ばれる分野では2つの塩基配列やアミノ酸配列を効率的に比較し相同性を計算するために動的計画法を用いる方法があります。このとき、スコアやペナルティとして、レーベンシュタイン距離を参考にしたり、種間で類似性の高いアミノ酸の相対頻度と置換確率から算出した対数オッズ比の行列を利用したりしています。なおこの手法で高速化が可能ですが、それでも経路が多くなってくると必要とするメモリの量が肥大化するなどの課題があります。そのため、より効率的に処理できるようにグラフを分割したり、分割することによってGPUなどを用いた超並列な処理をしたりするなど、効率的な計算を実現できるよう工夫がされています。

03 遺伝的アルゴリズム

ここでは遺伝的アルゴリズムについて解説します。

POINT
- 遺伝的アルゴリズムとは
- 用語の説明と流れ
- 実際の応用例

遺伝的アルゴリズムの仕組み

生物が生存していくなかで、交叉、突然変異、淘汰しながら環境に適合していくよう進化をしているという説に基づいた最適化の手法を遺伝的アルゴリズムと呼んでいます。

時間軸上で何度も計算を繰り返し、ステップ数を積み重ねることで最終的に求めたい結果へ収束させていきます。そのプロセスのなかで交叉や突然変異といった進化論的なアイデアを取り入れたこのような計算手法を進化計算と呼ぶことがあります。

進化計算には次のような特徴があります。

- 集団性
  多数の個体が集団で同時に探索するため並列計算をしていることと等しい。
- 探索可能性
  探索空間（使用する説明変数と目的変数などがとりうる値域）について深い前提知識を要しない。
- 多様性
  集団が持つ個体の多様性によってノイズや動的な変化に対して適応性があり頑健性の高い解を得ることができる。

使われる言葉と流れ

遺伝的アルゴリズムではこのアルゴリズムに特有の用語がいくつか存在しています。一部は進化論や遺伝学的に使われる言葉を利用していますが、古くに知られた遺伝学的な現象に着想を得たもので、実際に生体内でこの通りの現象が起こっているわけではありません（図1）。

個体	染色体によって特徴づけられる自律的な擬似生命体、実態は解の候補を持つデータ
集団	個体の集合体であり集団内の個体数を集団サイズという
遺伝子	個体の形質を規定する基本構成要素
対立遺伝子（アレル）	遺伝子が採ることのできる状態や値
染色体	複数の遺伝子によって構成される集合体
遺伝子座	染色体上における遺伝子の位置
遺伝子型（ジェノタイプ）	遺伝子が持つ染色体上の内部的表現（文字列やグラフなど）
表現型（フェノタイプ）	染色体によって規定される形質の外部的表現
適合度	個体それぞれの環境に対する適応の度合い、表現型が持つスコア
コード化	表現型から遺伝子型への変換
デコード化	遺伝子型から表現型への変換

図1 遺伝的アルゴリズムの用語

遺伝的アルゴリズムの流れとしては集団サイズを N とする初期化をまず行い、適合度の計算をすることで評価を行います。適合度の評価の結果からあらかじめ決めておいた終了条件の確認を行います。この時点で終了条件に合致した、すなわち収束したと判定できれば、この処理は終了となります。そうでなければ世代交代に当たる次の処理に進みます。

続いて行われる処理は3種類あり、淘汰（Selection）、交叉（Crossover）、突然変異（Mutation）に分かれ個体によって別の処理が割り当てられます。

そのとき残ったり生成されたりした個体は、次の世代の個体となり、再び評価を行うこととなります。あとはこの繰り返しです（図2）。

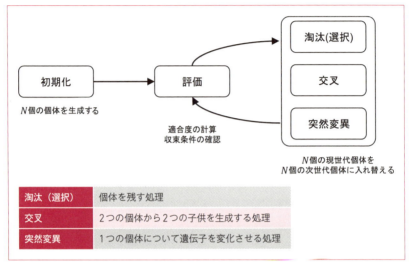

図2 遺伝的アルゴリズムの流れ

評価

適合度の計算によって、世代交代をする処理を終了するかどうかを決定します。このとき次のような条件によって終了するかどうか、つまり収束したとみなすかどうかを決めることが多いです。

- 集団内の適応度のなかで最大になったものがある閾値を超えている
- 集団全体の平均適応度がある閾値を超えている
- 集団内の適応度の増加率が一定期間ある閾値を下回っている
- 世代交代の回数がある一定数に達した（打ち切り）

淘汰（選択）

遺伝的アルゴリズムでは適合度が高い個体を選びそれらを残すという処理を行

うことで次の世代では集団内でより最適解に近い個体が多くなる状態を作ることができます。この処理を淘汰または選択と呼んでいます。

淘汰には図3で示しているようなルーレット選択、トーナメント選択、エリート選択がよく利用されています。

ルーレット選択は個体の適合度によって選択される可能性が変化するようになっており、ランダムに選択をした場合も傾斜がついた状態になっています。

トーナメント選択は集団内の一部の個体をランダムに選び、そのなかで最も適合度の高い個体を残す方式で集団サイズ分の個体が選び出されるまで繰り返します。

エリート選択は集団において適合度の高い順からnG個の個体をそのまま残し、それ以外の$n(1-G)$個の個体について遺伝子に操作を加える方式になっています。Gをエリート率、$1-G$を生殖率と呼ぶことがあります。

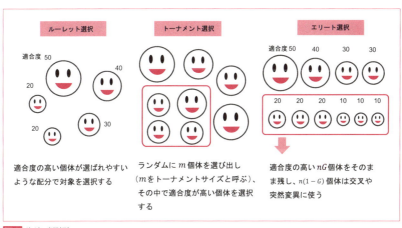

図3 淘汰（選択）

交叉

遺伝子に操作を加える方法として、1つは2つの親から遺伝子を組み換えて2つの子を生成させる方法があります。この方法を交叉と呼んでいます（次ページの図4）。簡単には、遺伝子を組み換えて子を生成するときにどのように親の遺伝子を利用するかにより1点交叉、多点交叉、一様交叉に分類でき、また平均交叉といった1つの子を生成するような交叉もあります。遺伝子が0と1で構成されているような染色体をバイナリエンコーディングと言います。

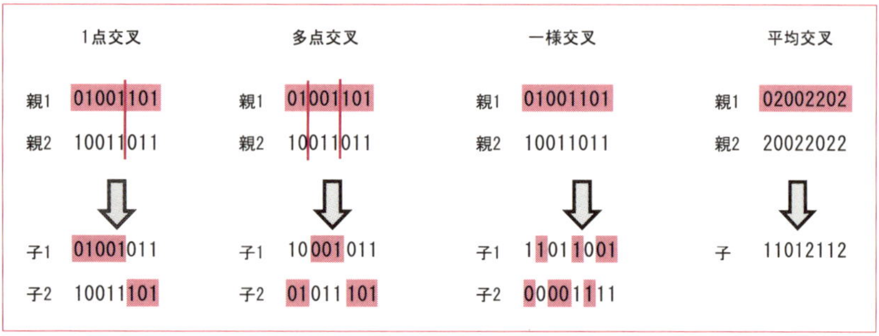

図4 交叉

（1点交叉／多点交叉／一様交叉／平均交叉）

しかし、データの中身の順序を示す値や実数値といったもので表すことが必要な場合はバイナリエンコーディングでは不自由さがあります。そのようなときは遺伝子を順列エンコーディングや実数値エンコーディングといった別の表現で示すことができ、加えてより複雑な交叉が可能となります（図5）。ほかにもさまざまな交叉法が提案されています。

図5 複雑な交叉

一般的に考えられる交叉としては表1、表2のものがあります。

表1 一般的に考えられる交叉

交叉	内容
1点交叉	ある遺伝子を境に親の遺伝子を入れ替えて子を生成する
多点交叉	1点交叉の境を染色体上に複数設定して子を生成する
一様交叉	0に対しては確率p、1に対しては確率$1-p$で親の遺伝子を入れ替えて子を生成する
平均交叉	親の遺伝子の平均値を子の遺伝子とする

表2 順列エンコーディングの場合に利用可能な交叉

順列エンコーディングの場合に利用可能な交叉	説明
循環交叉	親の同じ位置にある遺伝子とその番号の位置を固定して、残りをもう片方の親の番号を詰めて並べる
部分的交叉	親のある位置の遺伝子を入れ替え、続けて対応する番号の遺伝子を入れ替えたものを子の染色体とする
順序交叉	親のある位置に仕切りを作り、仕切りの後はもう一方の親の遺伝子の出現順に遺伝子を並べて、子を生成する
一様順序交叉	ランダムに選んだ親1の遺伝子について、その番号に対応する親2の位置に埋めていき子2の染色体とし、親1において選んだ同じ位置の親2の遺伝子についても親1に同様の操作を行い子1の染色体を生成する
一様位置交叉	ランダムに選んだ親1の遺伝子と同じ位置の親2の遺伝子を入れ替え、そのほかの位置の番号はもとの親の番号で埋めていき子を生成する

突然変異

もう1つの遺伝子に操作を加える方法として突然変異があります。これは1つの親について1つの子を生成する方法となります。

突然変異は適合度を高める方向に働く淘汰や交叉とは異なり、ランダム探索を行うことに近く局所最適解から脱することに効果があります。突然変異が起こる確率を突然変異率と呼び、これは交叉を起こす確率よりもずっと低い値に設定することが一般的です。突然変異には図6、次ページの表3のようなものがあります。

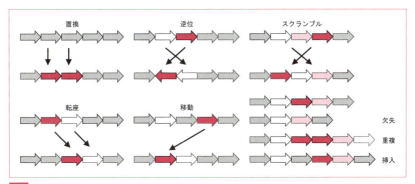

図6 突然変異

表3 突然変異の種類

突然変異の種類	説明
置換	ランダムに選んだ遺伝子を対立遺伝子と入れ替える
摂動	（遺伝子が実数値の場合）ランダムに選んだ遺伝子に微少量を加減算する
交換	ランダムに選んだ2遺伝子の位置を入れ替える
逆位	ランダムに選んだ2遺伝子間の順序を逆にする
スクランブル	ランダムに選んだ2遺伝子間の順序をランダムに入れ替える
転座	ランダムに選んだ2遺伝子間の遺伝子を他の位置と入れ替える
移動	ランダムに選んだ2遺伝子のうち1つをもう1つの遺伝子の前に移動する
欠失	ある長さの遺伝子を除去する（遺伝子長が変化する）
重複	ランダムに選んだ遺伝子を複製する（遺伝子長が変化する）
挿入	ある長さの遺伝子を加える（遺伝子長が変化する）

遺伝的アルゴリズムの利用例

例えば、遺伝的アルゴリズムの利用例としてよく取り上げられる問題としては巡回セールスマン問題（Traveling Salesman Problem：TSP）と呼ばれるものがあります（図7）。これはグラフ探索を最適化する問題でもありますが、応用例としていかにコストを低く目的の場所をたどるかという点から、プリント基板に穴をあける作業の効率的な実施などがあります。

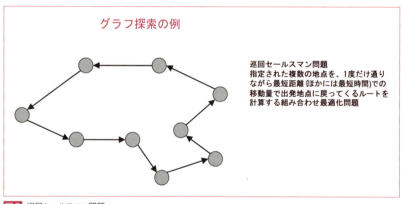

図7 巡回セールスマン問題

ほかにも、蜘蛛の巣の最適な形状を計算させることも遺伝的アルゴリズムの手法で可能です。糸を張るときの角度や総延長などをパラメーターとして設定して、例えば1000程度の集団サイズで個体を作りそのなかから虫を効率よく巣にとらえられるようなものを適合度が高い巣として選抜していきます。数値解析では新幹線のN700系を開発する際に先頭車両の形を決定する方法として用いられました。また、国産初のジェット機の翼の設計においては燃費効率と機外騒音の低減の2つの目標を同時に最適化することに用いられました。工業的な目的以外にも、金融業界においても金融工学の領域においてトレーディングシステムの設計やポートフォリオの最適化に利用されています。

　しかしながら、遺伝的アルゴリズムにおいては適合度をどのように設計するか、また適合度を効率よく高めるような細かい交叉の手法などにおいて、完全に自律的に決まる性質からは遠いため、人手による補助が必要なところが大きいです。

CHAPTER 5 | 重み付けと最適化プログラム

ニューラルネットワーク

ここではニューラルネットワークについて解説します。

POINT
- ニューラルネットワークとは
- 層（中間層、隠れ層）
- 層活性化関数

■ Hebbの法則と形式ニューロン

　遺伝的アルゴリズムと並んで生命現象から着想した手法にニューラルネットワークがあります。これは、1943年に神経細胞（ニューロン）において別の神経細胞からの電気信号を入力として受け取ったときにある閾値を超えると受け取った神経細胞も次の神経細胞へと信号を伝達するという様子を数理モデルとして考案したことに始まります。

　このモデルはMcCulloch-Pittsモデルと呼ばれています（図1）。なお実際には神経細胞と神経細胞はシナプスと呼ばれる部位を介して神経伝達物質が移動することによって受け手側の神経細胞に最終的に細胞膜の内外に微小な電位差が生じ（膜電位）、これが電気信号として可視化されます。

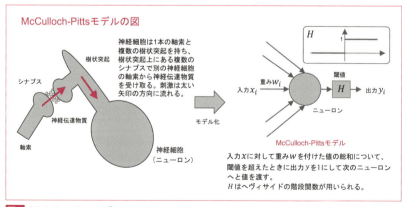

図1　McCulloch-Pittsモデル

このMcCulloch-Pittsモデルで考案された神経細胞の接続モデルを形式ニューロンと呼んでいます。形式ニューロンはグラフネットワークを構成するパーツであるとも考えられます。

形式ニューロンは入力として数値を受け取り、それを合算してさらにフィルタにかけて出力するということを行っており、素子と呼ぶこともあります。

McCulloch-Pittsモデルではニューロンから出力するときに閾値をヘヴィサイドの階段関数Hによって決めています。これは、Hは$x<0$のとき$y=0$、$x>0$のときに$y=1$となる関数であり、$x=0$のときは$0 \leq y \leq 1$の値をとります。

このような形態をより簡略化すると、図2のように表現できます。このときHに相当する関数はfで表されており、この関数は活性化関数と呼ばれます。

$$y = f(\sum xw)$$

図2 形式ニューロン

1949年には、シナプスを介した神経細胞のやり取りが増えるとそのシナプスは増強されより強固になり、逆にやり取りが減るとシナプスは衰えその神経回路は使われなくなるといった現象についての仮説が提唱されました。この現象はシナプスの柔軟な接続、つまり可塑的な変化を意味し、のちに実際に起こっていることが解明されましたが、より関心が向けられたのはシナプスが可塑性を持っていることによる学習とのかかわりでした。

神経細胞同士のつながりがより強固になることで記憶の定着や運動の習得といった学習作用に関連が深いとされました。この提唱者の名前、ドナルド・ヘッブからHebbの法則と呼ばれています。

形式ニューロンにHebbの法則を当てはめると、入力値や出力値によって重みの値が変化することに相当します（図3）。

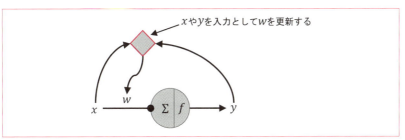

図3 Hebbの法則による形式ニューロンへのフィードバック

ニューラルネットワークとは

形式ニューロンを複数つなげていき「数理的な神経回路網」を構成したものが**ニューラルネットワーク**です。ニューラルネットワークには同じタイプの素子をいくつも並列に並べてユニットを形成することがあり、それらをまとめて**層**と呼びます。よく描かれるニューラルネットワークの表現を図に示しました。1つのノード（丸）がニューロンや入力の状態を示し、矢印の方向に向かって処理が流れます。入力を受け取ったノードに活性化関数を書くこともあります。

ユニットの構成数が多くなるときは、ユニットをひとまとめにして層を四角で表現している場合があります。ノードのなかの活性化関数の部分を別のノードとして表現することもあります。

ユニットの構成数は層によって同じであったり、増減したりすることもあり、また層が3つ以上の場合、入力層と出力層に挟まれた層は**中間層**や**隠れ層**と呼びます。

中間層の数が多くしていったニューラルネットワークは**多層ニューラルネットワーク**や**ディープニューラルネットワーク**と呼ばれるものに当たります（**図4**）。

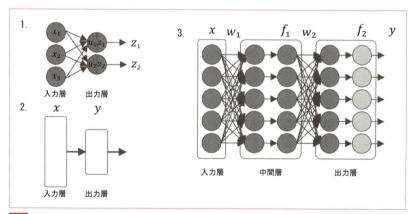

図4 ニューラルネットワークの例

形式ニューロンやそれを多数つなげたニューラルネットワークには、**表1**のような特性があります。

表1 ニューラルネットワークの特性

分散性・並列性	同一あるいは類似のニューロンやニューロンで構成されるユニットが多数ある。互いに接続して情報をやり取りする
局所性	個々のニューロンが受け取る情報は結合している他のニューロンからの入力信号の状態と自身の内部状態、出力信号の状態と場合によっては次の結合先のニューロンの状態となる
荷重和	入力を受け取るときに結合状況に応じた重み付け（結合荷重）を行い、結合荷重した入力の合算またはその値を非線形関数で変換した値を内部状態とする
可塑性	結合荷重はニューロンが得る情報で変化する。これを可塑性と呼び学習や自己組織化に利用する
汎化性	学習した特定の状況に対して望ましい振る舞いをするだけでなく、学習しなかった状況に対しても内挿や外挿などにより対応ができる

活性化関数

形式ニューロンにおいて受け取った入力値を出力するときに閾値により出力値を変化させる非線形の関数のことを活性化関数と呼んでいます。活性化関数にはMcCulloch-Pittsモデルではヘヴィサイドの階段関数を使用していましたが、ほかにステップ関数やシグモイド関数も使われます（図5）。

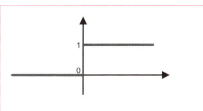

ヘヴィサイドの階段関数
ステップ関数

シグモイド関数

- ヘヴィサイドの階段関数

$$y = f(x) = \begin{cases} 1, & x > 0 \\ c, & x = 0, 0 \leq c \leq 1 \\ 0, & x < 0 \end{cases}$$

- シグモイド関数

$$y = f(x) = \frac{1}{1 + e^{-x}}$$

- ステップ関数

$$y = f(x) = \begin{cases} 1, & x \geq 0 \\ 0, & x < 0 \end{cases}$$

図5 活性化関数

ステップ関数はヘヴィサイドの階段関数と似ており、どちらもディラックのデルタ関数について$(-\infty, +\infty)$の積分をとった結果に等しいです。

　シグモイド関数は$x=-\infty$で0、$x=+\infty$で1に限りなく近づき、$x=0$で0.5となるような連続関数になっており、ロジスティック回帰で用いたロジスティック関数の逆関数と同じ式で計算できます。シグモイド関数は$\mathrm{sigmoid}(x)$や$\sigma(x)$のように表記されます。

　またシグモイド関数に似た関数として、$x=-\infty$で-1、$x=+\infty$で1に限りなく近づき、$x=0$となる双曲線正接関数 $\tanh(x)$ という関数もあります。

■ パーセプトロン

　ニューラルネットワークの初期の研究において、1950年代に提案されたのがMcCulloch-Pittsモデルに基づいたパーセプトロンと呼ばれる学習機械でした（図6）。

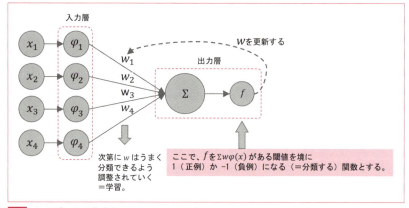

図6　パーセプトロンの模式図

　学習アルゴリズムに関しては、Hebbの法則が適用されました。パーセプトロンでは出力の値に従って、プラスとマイナスに振れるよう重み係数が更新される仕組みにします。

　2種類の状態を正例と負例として設定して、出力の値$w\varphi(x)$について正例のときはプラスへ、負例のときはマイナスのほうへ重み係数の値を更新することを行います。ηは学習係数と呼ばれています（図7）。

• プラスの場合	• マイナスの場合
$w \Leftarrow w + \eta \cdot \varphi(x)$	$w \Leftarrow w - \eta \cdot \varphi(x)$

図7 重み係数の更新の式

単純パーセプトロンでは、次のような定理が知られています。

- パーセプトロンの収束定理
  学習データが正例と負例で線形分離可能ならば、必ず有限回の繰り返しで収束して平面分離を見つけることができる。

しかし、データが線形分離不可能であればパーセプトロン学習は収束しない、線形分離可能であっても収束までに非常に時間がかかる、という限界があることも知られています（図8）。

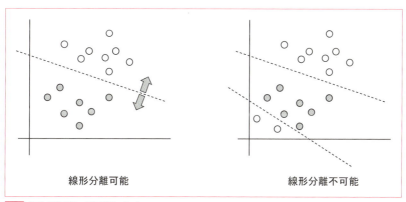

図8 線形分離可能・不可能なデータ

ボルツマンマシン

パーセプトロンは入力から出力の流れる方向があり、ノード1つに接続する辺は一方向でした。これに対してボルツマンマシン（次ページの図9）は1986年にヒントンらが提案したニューラルネットワークの構造で、ノードがそれぞれ双方向に結びついています。つまり隣のノードが受けた自分の出力した値を、再び自分が受け取るフィードバック機構が働いていることになります。

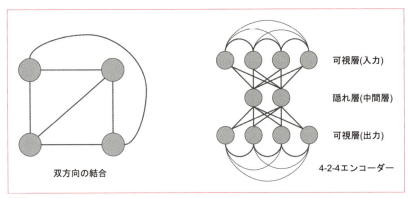

図9 ボルツマンマシン

　ボルツマンマシンでは、受け取った値を出力する段階で確率的な操作を行います。通常使われるシグモイド関数にパラメーターTを入れて$f\left(\dfrac{x}{T}\right) = \dfrac{1}{1+e^{-x/T}}$と計算します。この$T$はネットワークの温度と呼ばれており、$T$の値によってシグモイド関数の傾斜が急峻になったり緩やかになったりします。$f(x/T)$の値を出力する値を1にする確率Pとします。$1-P$の確率で、出力は0になります。

　最初は温度Tを高くし、徐々に温度を低くしていき最終的に$T=0$にするよう計算を繰り返していくとネットワークの持つエネルギーが極小値にとらわれることなく最小値に収束するようになります。この方法を、金属材料などを加熱しその後徐々に冷却することで内部の欠陥を取り除く「焼きなまし」に似ていることから シミュレーションによる焼きなましまたは焼きなまし法 （Simulated Annealing：SA）と呼んでいます。

　ボルツマンマシンという名前は、それぞれのノードにおける確率分布関数を計算するとその分布がボルツマン分布となることからとられています。

　ボルツマンは統計力学の分野を切り拓き、特に熱力学の第2法則と確率計算の関連性の研究において、エントロピーが気体中の原子や分子などの乱雑さの尺度であることを示しました。エントロピーは大きいと不安定で小さいと安定する、といったことがネットワークのエネルギーが最小値に収束することとそのままリンクしています。

　ボルツマンマシンにおいても、パーセプトロンと同様に学習することができます。例えば、ノードがデータの入出力に関するノードである可視層と内部自由度を上げるための隠れ層に分かれているボルツマンマシンがあるとしましょう。このようなボルツマンマシンを各層のノード数を使って、N-M-Nエンコーダーと

呼びます（$M < N$）。図10の式で示される情報量基準で2つの層における環境の差を考えます。

$$G = \sum_\alpha P_\alpha^+ \ln \frac{P_\alpha^+}{P_\alpha^-}$$

※lnは底がeの対数、自然対数

図10 ボルツマンマシン学習の情報量基準の式

ボルツマンマシンの学習は学習期と反学習期のフェーズを繰り返すことで行われ、P_α^+とP_α^-はそれぞれ、学習期において可視層を学習データで固定したときの状態αが得られる確率、反学習期においてすべてのノードを自由に動作させたときに状態αが出現する確率を示しています（図11）。

$$p_{ij}^+ = \sum_\alpha P_\alpha^+ x_i^\alpha x_j^\alpha$$

$$p_{ij}^- = \sum_\beta P_\beta^- x_i^\beta x_j^\beta$$

$$\Delta w_{ij} = \eta(p_{ij}^+ - p_{ij}^-)$$

図11 重み係数の更新の式

αはノードの状態のセットを意味し学習データの数だけ存在します。Gは学習期と反学習期の確率分布が一致するときにのみ0となり、それ以外では正の値になります。この値が最小になるよう最急降下法などを用いて重み係数の更新を何度も繰り返します。重み係数の更新のためノードの状態からΔw_{ij}を求めます。このときηは学習係数になりますが、Δw_{ij}の値は定数で定めることもできます。ここでβはすべてのノードを自由に動作させているので組み合わせは状態が0, 1の2通りであるため$2^{(2N+M=ノードの数)}$あることになります。

この一連の流れを表すと次ページの図12のようになります。

ボルツマンマシンは1982年にホップフィールドが提案したニューラルネットワークの形態であるホップフィールド・ネットワークの1種として考えることができ、1970年代に提案された連想記憶モデル（アソシアトロン）やコネクショニズムとの関連性もあると見ることができます。そのため、ノードが持つ状態を変化させていくことでネットワーク自体がネットワークを組んだ人間にも予想がつ

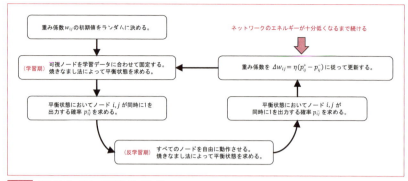

図12 ボルツマンマシンの学習アルゴリズム

かない、何かしらの能力や機能を保有する機能創発につながるのではないかと期待されました。

バックプロパゲーション

ボルツマンマシンでは接続しているノード同士に方向性がないことから、フィードバック機構を持っていることが見てとれます。このような機構は流れが一方向になっているニューラルネットワークにおいても作り出すことができます。

すでに示したようなパーセプトロンでの重み係数の更新がその機構に当たりますが、特に1つ以上の中間層を持つ階層型のニューラルネットワークにおいて、出力層での学習データとの値の誤差を利用して中間層のニューロンの特性を変化させる仕組みを誤差逆伝播法（バックプロパゲーション）と呼んでいます。バックプロパゲーションは1980年代に提案された学習手法です。

多層パーセプトロン

入力層と出力層のみを持つ単純パーセプトロンでは、その弱点として線形分離可能な分類に対してのみ有効でありまた時間がとてもかかる場合があるということがありました。この課題を克服したものが多層パーセプトロンです（図13）。

これはどういうことかというと単純パーセプトロンをいくつもつなぎ合わせることで、一見非線形に見える分布であっても無理やりに写像を繰り返し線形分離ができるような分布に変換する操作を行っていることを意味します。

多層パーセプトロンでは、順方向に階層ごとでの出力を計算したのちにバック

プロパゲーションによって出力層側の層から逆方向に重み係数の更新を行っていきます。この流れはネットワークに学習させることを前提として正解データがあるときの挙動です。

正解データとのすり合わせは、回帰分析でも使った最小二乗誤差などを反映した誤差関数を作り、最急降下法などを利用します。

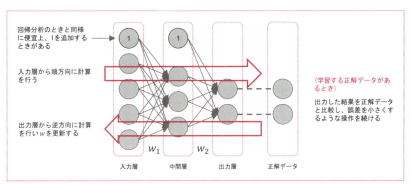

図13 多層パーセプトロン

ニューラルネットワークにおいて出力層のノードが1つであるようなときは、2値分類（0または1）や実数で表現し、複数あるときは多値クラス分類をすることができます。

自己組織化

ニューラルネットワークの学習過程においてネットワークが外界との情報のやり取り、つまりデータの入力や出力後の重み係数の更新をすることによって自らが整合性の合うように変化していくことを自己組織化と呼びます。この現象は、ニューラルネットワークの話に限らず、高分子化学物質や生物の構造でも見ることができます。

例えば有機薄膜などを形成するときには、薄膜を構成する高分子がそれぞれ同じタイプのものが集まりやすくなる性質を利用して無駄にエネルギーを消費することなく自然に膜を作り上げることができます。特に、膜を形成するときに温度や圧力などの条件を変えることでさまざまに操作することも可能である点で有益です。

生物においては、ネズミなどのげっ歯類での髭に結びついた神経細胞が大脳皮質の体性感覚野という部位で髭1本1本に対応してバレル（樽）構造と呼ばれる同

じような構造を隣接している位置に有していることが知られています（図14）。似ている物質や機能は、ミクロな視点においてもマクロな視点においても近接した領域に位置するといった現象から、ニューラルネットワークにおいても学習をすることによって同じような現象が起こっているのではないかということがイメージされやすいです。

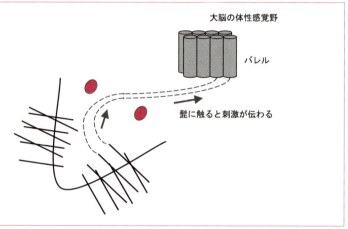

図14 ラットのバレル構造の図

COLUMN おいしいと食欲増進、なぜ？ 阪大グループ、仕組み解明

URL http://www.asahi.com/articles/ASJ916GG8J91PLBJ003.htmlを参照

　おいしいものを食べたときに胃腸の働きが活発になり食が進むといったことが、脳のなかにおいて味覚の領域と隣接している胃腸を刺激する領域で刺激が伝わることで起こるのではないかということが実験によって示されました。

　食欲に関しては視床下部という別の領域からの指令でコントロールされていることが知られていますが、「味覚の領域に与えられた刺激が胃腸を刺激する領域に伝播するルートに関しても存在するのではないか」ということが発見となります。

　自己組織化においてバレル構造のように触覚の同じような場所からの刺激を受ける機能体が同様に同じような場所に集まっているにもかかわらず混線せず分離されているものもあれば、味覚と消化器官という関連していそうな機能に連絡経路があることでマクロな観点での作用をもたらすものもあります。

　このような、脳のなかの各機能の空間的配置と機能性はニューラルネットワークにおいての各コンポーネントの配置になぞらえて考察を加える人工知能研究者は多いと予測できます。とはいえ、配置したからそのような機能の分担が自然に発生するかというとそれはまた別の話かもしれません。

CHAPTER 6 統計的機械学習（確率分布とモデリング）

ニューラルネットワークを存分に利用した機械学習はコンピュータリソースを多く使用するため21世紀に入るまでは導入に限界がありました。

一方で確率分布関数と数理モデルを基本とした統計的機械学習が利用され、各種データに対して研究開発が行われてきました。各種確率分布やベイズ統計学の基本であるベイズの定理からベイズ推定やMCMC（マルコフ連鎖モンテカルロ）法などについて紹介を解説します。

01 統計モデルと確率分布

ここでは統計モデルと確率分布について解説します。

POINT
- 機械学習
- 一般化線形モデルと基底関数
- 主な基底関数
- そのほかの非線形関数

現象は確率的に起こる

　世界で起こっていることは何かしらの確率の下に起こっていることがほとんどです。例えばわかりやすいところでは、「コイン投げをしたときに表と裏どちらが上になるか」「台風が北上しているときの予報円や天気」、さらには「明日交通事故が起こるかどうか」「明日太陽が昇るか」ということまでもが確率によって表現できます。

　第4章では回帰分析について、2次元平面上に説明変数と目的変数をプロットした点に当てはまりのよい線形関数などを求めるための方法として紹介しました。

　確率などは、あまり関係なさそうに見えますが、実際のところは当てはまりのよい関数を求めるとき、設定した誤差関数に確率が関係しています。というのも、何かを測定した結果をプロットしたときには、何らかの確率分布に従って誤差が発生するからです。このような誤差を測定誤差と呼び、正規分布などの分布になるとされています。

　あるいは、説明変数と目的変数自体がある確率に基づいた関係性を持っていることももちろんあり、確率分布モデルと呼ぶこともありますが、これも何らかの分布を持つ誤差によって、「ばらけて」いることがあります（図1）。

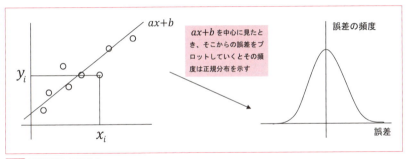

図1 測定誤差と正規分布

機械学習

機械学習と言うと「機械が学習する」ことになりますが、第5章で紹介したニューラルネットワークにおいても、ニューラルネットワークがデータの入力により自らのネットワークの重み係数などを変化させることを学習と呼んでいました。

機械学習では、入力データの特徴や分布の傾向などから、それらが最も説明がつきやすい形にデータの分割や再構成を自動的に行います。統計的機械学習では、ここに確率の概念が大きくかかわってきます。

少々乱暴な形ですが、回帰分析からのアプローチによってどのように機械学習に結びついているかを図2で検討してみましょう。

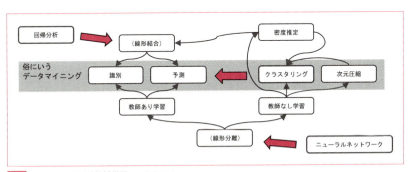

図2 回帰分析と統計的機械学習とのかかわり

ここにニューラルネットワークからのアプローチも入れてみました。入力データについて回帰分析を行う場合は主に識別や予測といったことを目的とすること

が多く、データを線形結合によって表現する特性を利用しています。これはデータに正解情報が結びついている教師データ（または訓練データ）によってデータの特徴をモデル化する教師あり学習に近いです。

　一方で、ニューラルネットワークを用いた入力データの学習は、線形分離ができるような表現に変換する特性を活かしています。線形分離ができれば、回帰分析のような線形結合の手法も利用できます。

　また、ニューラルネットワークを介さず、入力データを教師あり学習や教師なし学習の手法で使うこともできます。

　教師なし学習は入力データの正解がわからない状態で使用するもので、クラスタリングや次元圧縮といったものが相当します。ほかにも密度推定といった処理も「教師なし学習の1つである」と言うことができます。識別や予測、クラスタリングといった処理を行ってデータの新たな特徴を見出す作業はデータマイニングとも言われています。クラスタリングや次元圧縮といったことはその結果を目視で考察を加えることが主要な作業になりますが、最終的には人間の解釈を通さず、識別や予測を行うことが目標になっています。

一般化線形モデルと基底関数

　説明変数と目的変数が1対1で対応している場合に、それをグラフで表現するときは正規直交基底で表現できます。正規直交基底は、「直交している座標軸上でのベクトルによる表現をするための座標軸を指している」と考えてください。

　正規直交基底では、次元の数だけ変数を増やすことができるので、3次元以上でも表現ができます。それぞれの座標軸は直交しており、これを線形独立である

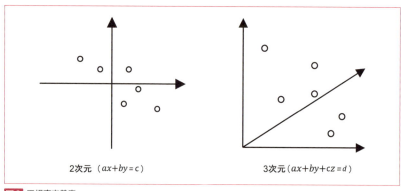

2次元 ($ax+by=c$) 　　　3次元 ($ax+by+cz=d$)

図3　正規直交基底

と言います。線形独立な説明変数の和（線形結合）でもって目的変数を表現しようとするのが回帰分析であり、線形独立でない場合、説明変数に交絡があることを意味します。なお説明変数のことを独立変数、目的変数を従属変数と呼ぶことがあります（図3）。

説明変数は関数になってもかまいません。このときの関数を、基底関数と呼んでいます。正規分布以外の分布も取り扱う一般化線形モデルや混合正規分布などの混合モデルでは、基底関数や基底関数の線形結合によってモデルを表現します（図4）。

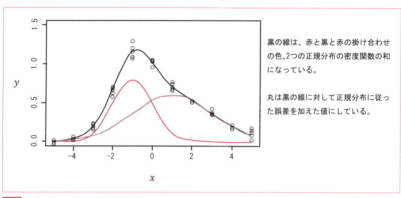

図4 混合正規分布

主な基底関数

基底関数は、使用したいと考える確率分布モデルによって連続確率分布と離散確率分布に分けられます（図5）。

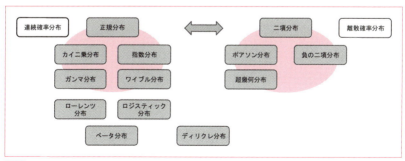

図5 モデルとなる主な関数

1. 正規分布

ガウス分布とも呼ばれています。自然界の事象は正規分布に従うものがあり、実験の測定誤差や社会現象などはこの分布に従うとされています。また二項分布の近似でも使われることがあり、最もよく使われる分布です。

厳密にはこの分布に従わない場合でも、計算やモデルの簡略化などのために正規分布を仮定することが多いです。$E(x)$ は平均（期待値）、$V(x)$ は分散を示します（図6）。

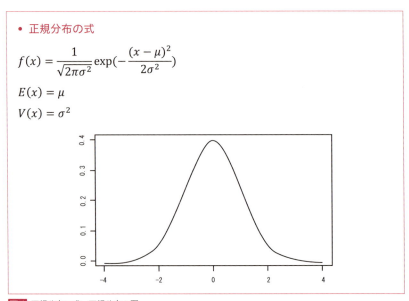

- 正規分布の式

$$f(x) = \frac{1}{\sqrt{2\pi\sigma^2}} \exp(-\frac{(x-\mu)^2}{2\sigma^2})$$

$$E(x) = \mu$$

$$V(x) = \sigma^2$$

図6 正規分布の式、正規分布の図

2. ガンマ分布

ガンマ分布（図7）に使用されているガンマ関数 Γ は、自然数 N を与えたときは N の階乗 $N!$ と等しくなることが知られています。

ガンマ分布の特別な場合として、$k=1$ のとき指数分布、k が整数のときアーラン分布、k が半整数 $((2n-1)/2)$ で θ が 2 のときカイ二乗分布となります。

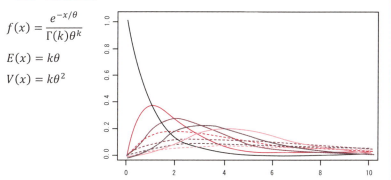

図7 ガンマ分布の式、ガンマ分布の図

3. 指数分布

指数分布はガンマ分布の特別な状態です（**図8**）。指数分布は事象が起こる時間間隔に関する確率分布となっており、λは単位時間に起こる平均の回数を示しています。これはポアソン分布とも深いつながりがあります。また似たような形状の分布として**ラプラス分布**があります（次ページの**図9**）。

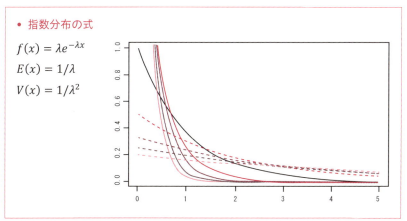

図8 指数分布の式、指数分布の図

- ラプラス分布の式

$$f(x) = \frac{1}{2\sigma}\exp(-\frac{|x-\mu|}{\sigma})$$

$$E(x) = \mu$$

$$V(x) = 2\sigma^2$$

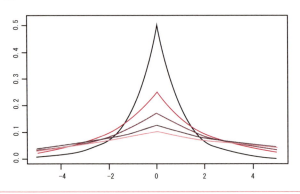

図9 ラプラス分布の式、ラプラス分布の図

4. ベータ分布

ベータ分布はベータ関数を用いた分布で、$\alpha > 0$、$\beta > 0$、$0 \leq x \leq 1$ となっています。

α と β を変えることでさまざまな分布を表現できることから、ベイズ統計学では事前分布のモデルとして利用されることが多いです（図10）。

- ベータ分布の式

$$f(x) = \frac{x^{\alpha-1}(1-x)^{\beta-1}}{B(\alpha,\beta)}$$

$$B(\alpha,\beta) = \Gamma(\alpha+\beta)\big/[\Gamma(\alpha)\Gamma(\beta)]$$

$$E(x) = \frac{\alpha}{\alpha+\beta}$$

$$V(x) = \frac{\alpha\beta}{(\alpha+\beta)^2(\alpha+\beta+1)}$$

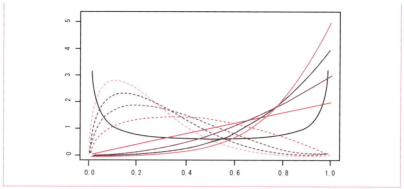

図10 ベータ分布の式、ベータ分布の図

5. ディリクレ分布

ディリクレ分布は多変量ベータ分布とも呼ばれており、ベータ分布の多変量への拡張とされています。連続関数ですが、2次元平面上では連続関数として表現できません。ある事象が出現する回数を確率変数としている分布が多項分布であるのに対して、確率を確率変数とする分布で、自然言語処理などで用いられることも多いです（図11）。

> - ディリクレ分布の式
> $$f(x) = \frac{1}{B(\alpha)} \prod_{i=1}^{K} x_i^{\alpha_i - 1}$$
> $$B(\alpha) = \frac{\prod_{i=1}^{K} \Gamma(\alpha_i)}{\Gamma(\sum_{i=1}^{K} \alpha_i)}$$

図11 ディリクレ分布の式

6. 二項分布

コイン投げなどの表裏2種類のうちどちらかが出現するような実験をベルヌーイ試行と呼んでいます。ベルヌーイ試行を何度も繰り返したときの確率の分布が二項分布となります（次ページの図12）。例えば、確率pで成功する試行において、p^kはk回成功する確率を表し、n回の試行中では${}_n\mathrm{C}_k$の組み合わせの分だけ発生する可能性があります。これを失敗する回数の確率と合わせて計算することにより、n回の独立した試行でk回成功する確率を表します。正規分布やポアソン分布に近似することができます。

- 二項分布の式

$$P(X = k) = \binom{n}{k} p^k (1-p)^{n-k}$$

$$E(X) = np$$

$$V(X) = np(1-p)$$

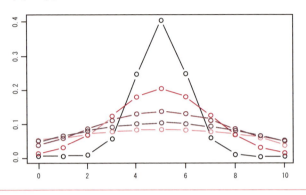

図12 二項分布の式、二項分布の図

7. 負の二項分布

二項分布とは異なり、r回成功するために必要な試行回数nの分布を表しています。生命科学の分野ではこの分布が使われることがあります（**図13**）。

- 負の二項分布の式

$$P(X = k) = \binom{k-1}{r-1} p^r (1-p)^{k-r}$$

$$E(X) = r/p$$

$$V(X) = r(1-p)/p^2$$

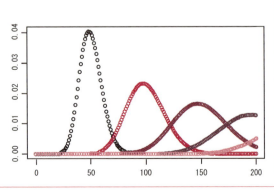

図13 負の二項分布の式、負の二項分布の図

8. ポアソン分布

ポアソン分布とは、一定時間間隔において平均λ回起こる現象において、それがx回起こるときの確率の分布です（図14）。ポアソン分布が単位時間に対して事象が起こる確率を表しているのに対して、指数分布は事象が起こって次に起こるまでの時間間隔に関する確率密度を表しています。このことから、「同じ事象の発生確率に対してポアソン分布と指数分布とでは別の側面から見ている」ということができます。

- ポアソン分布の式

$$P(X = k) = \frac{\lambda^k e^{-\lambda}}{k!}$$

$$E(X) = \lambda$$

$$V(X) = \lambda$$

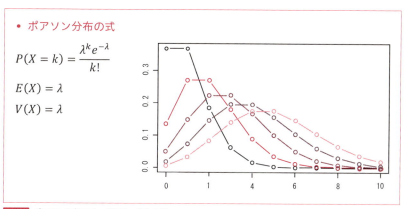

図14 ポアソン分布の式、ポアソン分布の図

9. カイ二乗分布

カイ二乗分布は、ガンマ分布の特別な状態です。推計統計学ではカイ二乗検定などにおいてよく利用されています。カイ二乗検定は独立性の検定とも呼ばれ、複数のデータ集団においてさらに集団がいくつかに分けられるときに、それらの小集団に普遍性があるかどうかを見ることができます。臨床試験や社会調査などによく用いられています（図15）。

- カイ二乗分布の式

$$f(x) = \frac{(1/2)^{k/2}}{\Gamma(k/2)} x^{k/2-1} e^{-x/2}$$

$$E(x) = k$$

$$V(x) = 2k$$

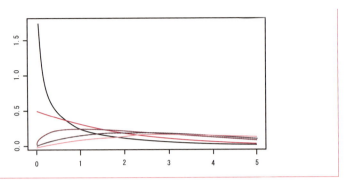

図15 カイ二乗分布の式、カイ二乗分布の図

10. 超幾何分布

超幾何分布は非反復試行においてある事象が発生する確率分布を表しています。例えば、袋のなかに赤い玉と白い玉が入っていたときに、n 回玉を袋から出す試行をしたときの赤い玉が k 個取り出すことができる確率を意味します（図16）。

- 超幾何分布の式

$$P(X=k) = \binom{n}{k}\binom{N-n}{K-k} \Big/ \binom{N}{K}$$

$$E(X) = nK/N$$

$$V(X) = (N-n)n(N-K)K/(N-1)N^2$$

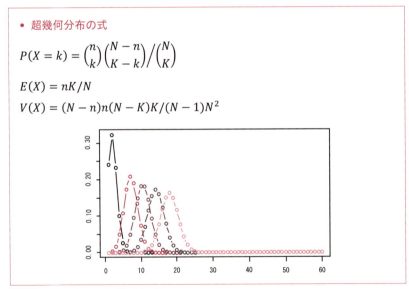

図16 超幾何分布の式、超幾何分布の図

取り出した玉を袋に戻す反復試行の場合は、二項分布と同じになります。また、カイ二乗検定と同じような検定に利用することがあります。

11. ローレンツ分布（コーシー分布）

ローレンツ分布は、一般にはコーシー分布と呼ばれ、物理学分野ではローレンツ分布やブライト・ウィグナー分布と呼ばれています。分光学での共鳴現象など、電磁波や放射線のスペクトル分析などにおいてはローレンツ分布がよく用いられています（図17）。

正規分布と形状は似ていますが、正規分布よりも減衰の仕方が緩く、裾が重いため、平均や分散が発散してしまい算出できません。

- ローレンツ分布（コーシー分布）の式

$$f(x) = \frac{1}{\pi\gamma\left\{1 + \left(\frac{x-\mu}{\gamma}\right)^2\right\}}$$

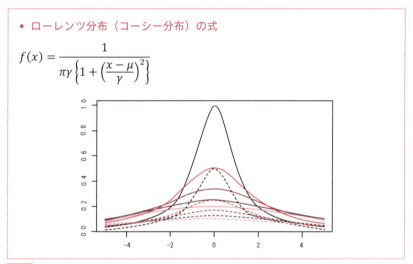

図17 ローレンツ分布の式、ローレンツ分布の図

12. ロジスティック分布

累積分布関数がロジスティック関数となることからロジスティック分布と呼ばれています。形状は正規分布と似ていますが、正規分布よりも裾が長く平均から離れても正規分布ほど曲線が下がりません（図18）。

- ロジスティック分布の式

$$f(x) = \frac{e^{-\frac{x-\mu}{s}}}{s(1+e^{-\frac{x-\mu}{s}})^2} \qquad s > 0$$

図18 ロジスティック分布の式

13. ワイブル分布

ワイブル分布は物体の体積と強度の関係を表す分布として提案され、機器の寿命や故障時間などの信頼性を表す指標としても用いられることがあります（図19）。

また、ワイブル分布やワイブル分布の特別な状態であるレイリー分布をレーダー信号や散乱した信号強度の分布モデルとして用いることがあります。

- ワイブル分布の式

$$f(x) = \frac{m}{\eta}\left(\frac{x}{\eta}\right)^{m-1} \exp\left\{-\left(\frac{x}{\eta}\right)^m\right\}$$

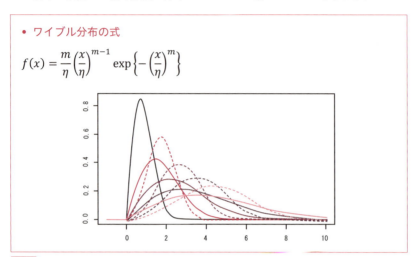

図19 ワイブル分布の式、ワイブル分布の図

損失関数と勾配降下法

回帰しようとするモデル関数があったとして、回帰分析のときは誤差の二乗和の関数を目的関数として設定し、目的関数の値が最小になるように計算を行ったとしましょう。この目的関数に似た関数として損失関数と呼ぶものがあります。損失関数の最小値を求めるときに使用する手法は勾配降下法や最尤法（もしくは最尤推定）と呼ばれるものが用いられます。

損失関数は重み係数ベクトル w の関数 L として書かれます。損失関数を w_i について偏微分を行ったものを L の勾配 $\nabla L(w)$ と呼びます。勾配の値が $\nabla L(w^*) = 0$ になったとき、w^* が求める重み係数となります（図20）。

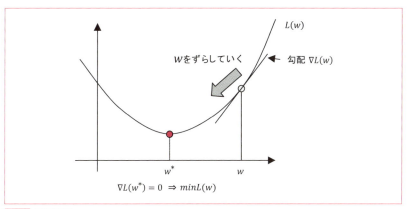

図20 勾配降下法

勾配降下法の1つ**最急降下法**（Steepest Descent Method）はw_kにおける勾配$\nabla L(w_k)$とw_k, w_{k+1}との関係と**リプシッツ条件**により$|L(w_{k+1}) - L(w_k)| \leq G |w_{k+1} - w_k|$となる$G$を規定することで、$|\nabla L(w_k)| \leq G$となることを**収束条件**としています（**図21**）。

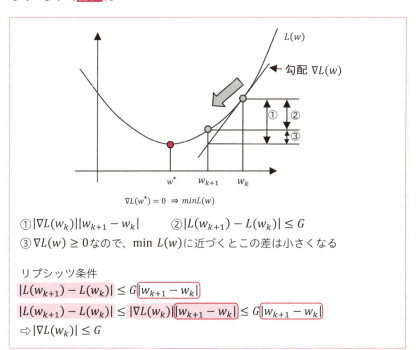

① $|\nabla L(w_k)||w_{k+1} - w_k|$ ② $|L(w_{k+1}) - L(w_k)| \leq G$
③ $\nabla L(w) \geq 0$なので、$\min L(w)$に近づくとこの差は小さくなる

リプシッツ条件
$|L(w_{k+1}) - L(w_k)| \leq G|w_{k+1} - w_k|$
$|L(w_{k+1}) - L(w_k)| \leq |\nabla L(w_k)||w_{k+1} - w_k| \leq G|w_{k+1} - w_k|$
⇨ $|\nabla L(w_k)| \leq G$

図21 最急降下法

通常の計算ではGやw_kとw_{k+1}の間隔（ステップサイズ）などは**ヒューリスティック**に決めることが多く、収束条件に合致したときのwの値が局所最適解となり真の最適解であるw^*とは異なることもあります。またステップサイズが小さすぎると、w^*に到達するまでに時間がかかりすぎることも起こりえます。

　こういったことを避けるため、遺伝的アルゴリズムや別の勾配降下法が使われたり、ニュートン法のようなステップサイズを機動的に変化させることが行われています。

　最急降下法では与えられたすべてのデータに対して損失関数を計算し、重み係数を算出していました。これはバッチ処理的な手法と考えることができます。

　しかしその方法では局所最適解に到達してしまったり、データ量が多いとリソースが足りなくなってしまったりすることが起こります。そのため、データの一部を抜き出して繰り返し重み係数を更新していく学習と同じ効果を得られる方法として、**確率的勾配降下法（Stochastic Gradient Descent Method）**と呼ばれるものがあります。

CHAPTER 6 | 統計的機械学習（確率分布とモデリング）

02 ベイズ統計学とベイズ推定

ここではベイズ統計学とベイジアンネットワークについて解説します。

POINT
- ベイズの定理
- ロジット関数
- 最尤推定
- EMアルゴリズム
- ベイズ推定
- ベイズ判別分析

ベイズの定理

　ベイズ統計学の基本となるのがベイズの定理とされています。ベイズの定理は条件付き確率に関する法則です。

　トーマス・ベイズは無知を表す事前分布が経験を重ねることで、確かさを増していく過程に関心を持っており、ベイズの定理に関しては最初に研究をしていたとされ、二項分布におけるベイズの定理の特殊形を発見していました。しかしながら今日知られているベイズの定理の一般化にまでは至っていませんでした。

　本格的に理論と応用を進めたのは、ピエール＝シモン・ラプラスであり、ラプラスは独自にベイズの定理を発見し利用していました。

　ベイズの定理は2種類の条件付き確率の間の関係を与えます。

　1つ目の式は B という条件下で A が起こる条件付き確率についての定義を示したものです。2つ目の式がよく目にする形の式であり、1つ目の定義の式について表現を変えたものに等しいです。$P(A \cap B)$ も $P(A \mid B) P(B)$ も $P(B \mid A) P(A)$ も、A と B が一緒に起こる同時確率を表しています。2つ目は $A_1, A_2, \cdots, A_n$ が互いに排反な事象であるときの表現になります（次ページの図1）。

$$P(A|B) = \frac{P(A \cap B)}{P(B)}$$

$$P(A|B) = \frac{P(B|A)P(A)}{P(B)}$$

$$P(A_i|B) = \frac{P(B|A_i)P(A_i)}{\sum_{j=1}^{n} P(B|A_j)P(A_j)}$$

図1 ベイズの定理

　競馬などの賭け事ではオッズという言葉が使用されます。これは確率pについて$p/(1-p)$を計算した数値であり、数値が高くなればなるほど可能性は低いことを示します。この値の対数をとったものがロジット関数と呼ばれ、ロジスティック回帰などで利用されます。このオッズを2つ使用して比をとったものが、オッズ比と呼ばれるもので、2つの集団で2つの事象が起こったときのその事象の起こりやすさを表すときに用いられます。

　例えば、臨床試験で投与した新薬について効果がどの程度あったか、ある2つの時期において男女の人口の傾向に大きな違いがあったか、などの指標として使われることがあります。オッズ比についても、図2のようにベイズの定理で表現ができます。

$$\frac{P(A|B)}{1-P(A|B)} \bigg/ \frac{P(A)}{1-P(A)} = \frac{P(B|A)}{P(B|A^c)}$$

（A^cのcはcomplement、事象Aの余事象を意味する）

図2 オッズ比に対するベイズの定理の式

例1：検査の陽性的中率

　病気の検査における陽性的中率を考えてみましょう。ある病気になる確率は0.01であったとします。病気になった人が検査をすると0.99の割合で陽性になり、健康な人でも0.10の割合で陽性になります。

　病気になった人の陽性の度合いが高いので、よい検査であると思われますが、検査を行って陽性であった人が実際に病気である可能性を計算すると0.091となり10％に満たないことになります（図3）。

$$P(病気|陽性) = \frac{P(陽性|病気)P(病気)}{P(陽性)} = \frac{0.99 \times 0.01}{0.01 \times 0.99 + 0.99 \times 0.10} = 0.091$$

図3 陽性的中率の計算式

例2：目撃したタクシーの色

　タクシーによるひき逃げ事件が発生し、目撃者の証言ではタクシーの色は青色だったとしましょう。その街にはタクシーが青と緑の色をした2種類のみが走っており、それぞれ15%、85%を占めています。実験を行い、同様の状況では青と判断されて実際に青だった割合は80%でした。このとき「目撃者が見たタクシーの色はどちらの可能性が高いか」ということを計算すると、59%の確率で緑になってしまいます（図4）。

$$\frac{P(青|目撃)}{P(緑|目撃)} = \frac{P(目撃|青)}{P(目撃|緑)} \times \frac{P(青)}{P(緑)} = \frac{0.8}{0.2} \times \frac{0.15}{0.85} = \frac{12}{17}$$

$$P(青|目撃) + P(緑|目撃) = 1 \text{ より}$$

$$P(緑|目撃) = \frac{17}{12+17} \cong 0.59$$

図4 タクシーの色の計算式

最尤推定とEMアルゴリズム

　観測データが「真の値」＋ノイズであるとしたとき、真の値を求めるために最小二乗法などを用いる場合は損失関数を設定しましたが、代わりに尤度関数を設定することがあります。

　尤度関数が最大になるようなθの値を決めたとき、そのθは最尤推定量（Maximum Likelihood Estimation：MLE）となります（次ページの図5）。尤度関数では、出てきやすいデータが観測されている、と考えます。またはノイズが最もバランスよくばらけている、エントロピーが高い状態を最尤推定量として求めている、と考えることもできます。

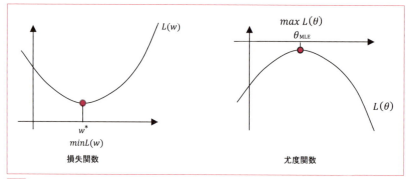

図5 損失関数と尤度関数

尤度関数は積の形になることが多いので、対数尤度方程式の形にすると解きやすいことが多いです（**図6**）。

$$\frac{\partial \log L(\theta)}{\partial \theta_1} = \frac{\partial \log L(\theta)}{\partial \theta_2} = \cdots = \frac{\partial \log L(\theta)}{\partial \theta_k} = 0$$

図6 対数尤度方程式の式

複雑な尤度関数からは直接的に最尤推定量を求めることができないことが多いため、一般的には反復計算によって求める方法が選ばれます。真の値を完全データ x としたときに、観測することができたデータ y を不完全データと呼びます。x に加わる何らかの作用 s が未知のため、データ y からデータ x は一意に求めることができません（**図7**）。

$$\begin{array}{ccc} x & \xrightarrow{\quad y=s(x) \quad} & y \\ \text{完全データ} & \xleftarrow{\text{一意には求まらない}} & \text{不完全データ} \end{array}$$

図7 完全データと不完全データの関係図

このような隠れ変数を含むモデルに対して用いる、仮想的な完全データの尤度関数をもとに不完全データから最尤推定量を求める方法はEMアルゴリズムと呼ばれています。

EMアルゴリズムは、下界（かかい）を決めるための θ に依存する凸関数 Q を決定するEステップと、Q において θ を最大化するMステップを繰り返すことで

対数尤度関数の最大値を探索します。Eステップで求めるQは事後分布とも言えます（図8）。

- EMアルゴリズム

E（Expectation）ステップ：$Q(\cdot|\theta_m)$を決める。θ_mは$\hat{\theta}_{\mathrm{MLE}}$の$m$番目の近似値
M（Maximization）ステップ：$\theta_{m+1} = \mathrm{argmax}_\theta\, Q(\theta|\theta_m)$

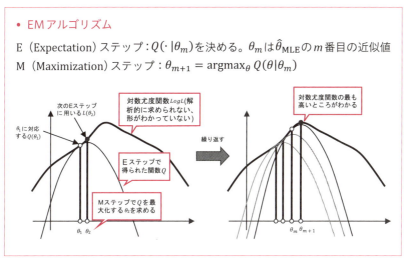

図8　EMアルゴリズムの式とEMアルゴリズムの図

ベイズ推定

ベイズ推定法ではデータの母集団分布は唯一ではなく、密度$\pi(\theta)$で曖昧さがあるものとします。このときのπを事前分布（prior distribution）や主観分布（subjective distribution）と呼んでいます（図9）。

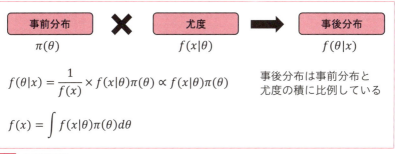

図9　ベイズ推定法

事後分布を特徴づけるパラメーターとして、ベイズ推定量、事後メディアン推定量、最大事後確率（MAP）推定量の3つがあります。

■ベイズ推定量

事後分布の平均二乗誤差を最小にする値で事後分布の平均となります（図10）。

$$\hat{\theta}(x) = \underset{t}{\operatorname{argmin}} \int_{\Theta} |t - \theta|^2 f(\theta|x) d\theta$$

図10 ベイズ推定量の式

■事後メディアン推定量

事後分布の平均絶対誤差を最小にする値で事後分布のメディアンとなります（図11）。

$$\hat{\theta}(x) = \underset{t}{\operatorname{argmin}} \int_{-\infty}^{\infty} |t - \theta| f(\theta|x) d\theta$$

図11 事後メディアン推定量の式

■MAP推定量

事後密度を最大にするθの値で事後最頻値推定量となります（図12）。

$$\hat{\theta}(x) = \underset{\theta}{\operatorname{argmax}} \frac{f(x|\theta)\pi(\theta)}{f(x)}$$

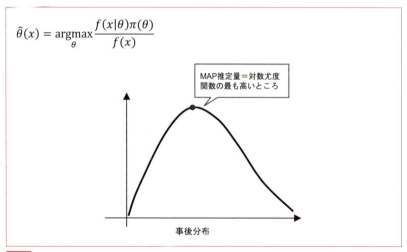

図12 MAP推定量の式とMAP推定量の図

現代で利用するようなベイズ推定の場合、多くは$1/f(x)$が求められませんが、$f(x|\theta)\pi(\theta) = f(x,\theta)$と表すことができるため、MAP推定量はデータ$x$と最も

相性がよいパラメーターとなっています。

ここで、事前分布$\pi(\theta)$と事後分布$f(\theta|x)$が同じタイプの分布であったとき、これらを**共役事前分布**（conjugate prior distribution）と呼びます。

事後分布が機械的に求められ、扱いやすいことが特徴です。$\pi(\theta|\alpha)$のように追加のパラメーターが入ることがあり、これは事後分布では$f(\theta|x,\alpha)$といった形で表記されます。このとき、αを**超（ハイパー）パラメーター**と呼びます。

共役事前分布にはいくつも知られたものが存在しており、英語版Wikipedia（**URL** https://en.wikipedia.org/wiki/Conjugate_prior）にはたくさんの例が記載されています。また「ベイズ法の基礎と応用」にもいくつか取り上げられています。

- **参考**：『ベイズ法の基礎と応用 - 条件付き分布による統計モデリングとMCMC法を用いたデータ解析 -』（間瀬 茂著、日本評論社）

    URL https://www.nippyo.co.jp/shop/book/7038.html

例えば、二項分布とベータ事前分布からなる共役事前分布では、両分布の関係は**図13**のように表すことができます。

- 尤度関数：二項分布$B(N_i, p)$

$$f(x|p) = \prod_{i=1}^{n} \binom{N_i}{x_i} p^{x_i}(1-p)^{N_i - x_i}$$

- 事前分布：ベータ分布$Beta(\alpha, \beta)$

$$\pi(p|\alpha, \beta) = \frac{1}{B(\alpha, \beta)} p^{\alpha-1}(1-p)^{\beta-1}$$

$$B(\alpha, \beta) = \Gamma(\alpha + \beta) \big/ [\Gamma(\alpha)\Gamma(\beta)]$$

- 事後分布：ベータ分布$Beta(\alpha_*, \beta_*)$

$$\alpha_* = \alpha + \sum_{i=1}^{n} x_i, \beta_* = \beta + \sum_{i=1}^{n}(N_i - x_i)$$

- 事後予測分布：

$$f(x|\alpha, \beta) = \prod_{i=1}^{n} \binom{N_i}{x_i} \frac{B(\alpha_*, \beta_*)}{B(\alpha, \beta)}$$

図13 共役事前分布 二項分布 - ベータ事前分布の式

事後予測分布（posterior predictive distribution）は、新しいデータ D を与えたときの事後確率密度 $f(\theta|D)$ で確率密度 $f(x|\theta)$ を平均したときに得られる x の密度関数を示しています（図14）。

$$f(x|D) = \int f(x|\theta)f(\theta|D)d\theta$$

図14 事後予測分布を得る式

これは、「事後予測分布 $f(x|D)$ は真の密度関数 $f(x)$ に近いであろう」という考えのもとに、データ D を基準にして現れる次の x を予測する式を生成していることになります（図15）。

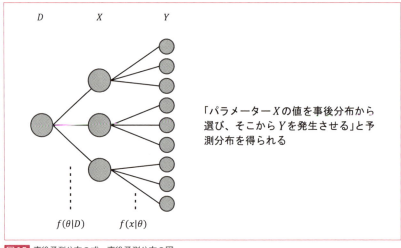

「パラメーター X の値を事後分布から選び、そこから Y を発生させる」と予測分布を得られる

図15 事後予測分布の式、事後予測分布の図

ベイズ判別分析

ベイズ推定法の例として、ベイズ判別分析があります。判別分析はデータ x がどの母集団分布由来であるかを得るときに使われます。ほかにも線形判別分析などがあり、教師データをもとに判別することが多いです。これにベイズ的なアレンジを加えたものが、ベイズ判別分析です。

データ x が N 種類ある母集団分布 $f(x|i)$ と事前分布 $\pi(i)$ から事後確率が最大になる母集団分布 $f(x|\hat{i})$ 由来と判定する方式となります。したがって、$\hat{i}$ は MAP

推定量となります（図16）。

$$f(i|x) = \frac{f(x|i)\pi(i)}{\sum_{j=1}^{N} f(x|j)\pi(j)} \propto f(x|i)\pi(i)$$

図16　ベイズ判別分析の式

このとき、事前分布が未知、すなわち未決定であるとした場合は、$\pi(i) = 1/N$ となり $\hat{i}$ は最尤推定量となります。また $f(x|i)$ が未知のパラメーター θ を含むと、$f(x|i,\theta)$ といった形になることになり、この場合は教師データから推定値 $\hat{\theta}$ を求めて真のパラメーター θ の代わりとして用いられます。

R言語における線形判別や二次判別分析

R言語ではldaやqdaといった関数を用いて線形判別や二次判別分析をすることができます。Rに標準で入っているアヤメのデータ「iris」と「lda」を使用し、**URL** https://www1.doshisha.ac.jp/~mjin/R/17.html を参考にRで計算を行いました。

- サンプル：**ch06-rsample-lda.zip**

  URL http://www.shoeisha.co.jp/book/download よりダウンロード

3種類のアヤメに関するデータが50行ずつ150行あるので、奇数行と偶数行のデータをそれぞれ学習用とテスト用に振り分け、setosa、versicolor、virginicaの3種類のラベルを"s"、"c"、"v"と付け替えています。

1つ目のlda関数では、事前分布を無知（それぞれ1/3の確率）としてそれをZとしています。学習データにおけるZの誤判定は2/75となりました。ここで得た判別器Zでテスト用データの判別を行ったところ、3/75が誤判定となりました。

2つ目のlda関数では事前分布としてそれぞれの種類に対して（1/6, 3/6, 2/6）を与えて判別器Z2としました。このとき学習データにおけるZ2の誤判定は、1/75、テスト用データにおいては2/75となりました。

判別器にはLD1、LD2という判別係数が格納されており、判別係数を重みとした判別関数を導くことができます。そこからLD1をもとにした第1判別関数得点をヒストグラムで描くことができます。この結果から判別器が誤判定を行った原因が、2種類のアヤメのデータの分布に重なりがあり、重なっているところのデータについては正しく判別できない可能性があるということがわかります（次ページの図17、図18）。

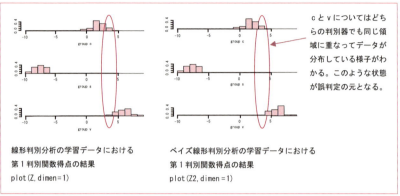

図17 線形判別分析とベイズ線形判別分析の図

Zの教師データ学習結果		c	s	v
	c	24	0	1
	s	0	25	0
	v	1	0	24

$Z2$の教師データ学習結果		c	s	v
	c	24	0	1
	s	0	25	0
	v	0	0	25

Zのテストデータ判別結果		c	s	v
	c	24	0	1
	s	0	25	0
	v	2	0	23

$Z2$のテストデータ判別結果		c	s	v
	c	24	0	1
	s	0	25	0
	v	1	0	24

図18 ベイズ判別分析の教師データ学習結果とテストデータ判別結果

CHAPTER 6 | 統計的機械学習（確率分布とモデリング）

03 MCMC法

ここではMCMC法について解説します。

POINT
- 円周率の近似値計算の問題
- モンテカルロ法
- 階層ベイズモデル
- MCMC法
- 階層ベイズモデル

円周率の近似値計算の問題

　ベイズ推定を行うにあたっては、組み立てたモデルに対して何度も何度も繰り返し計算を行うことが重要です。最終的に最適化された「点」を求めたい最小二乗法や非ベイズの最尤推定といった方法では収束するまでの繰り返しに大量のリソースが必要になることはあまりなかったのですが、「分布」を求めようとしている現代的なベイズ推定では解析的に解くことのできない関数に関して予測や最適化に近い操作を行わなければならないため、人力では困難であることに加えて、試行を大きく増やす必要が出てきます。

　大量に試行を発生させる際には少しずつ異なっているパラメーターをランダムにサンプリングできることが重要となります。ランダムな試行を大量に繰り返すことによって、求めたい数値に収束ができるということはビュフォンの針実験をはじめとする円周率の近似値計算の問題が知られています（次ページの図1）。

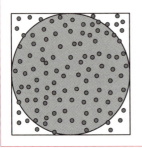
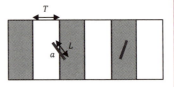

図1 円周率の近似値計算

モンテカルロ法

モンテカルロ法と呼ばれるアルゴリズムの例として、よく取り上げられているのがこの円周率の近似値計算ですが、ランダムな試行により円周率の近似値計算ができることは1812年にピエール＝シモン・ラプラスにより報告されています。

モンテカルロ法は、1946年頃に原水爆研究の過程で生まれたアイデアがきっかけとなっています。スタニスワフ・ウラムが核物質内の中性子の動きの解明にランダム試行を適用できると気付き、フォン・ノイマンらが提案を受けて計算機による疑似乱数の発生方法や決定論的問題を確率モデルに変形する方法を考案しました。このアイデアがモンテカルロ法として1949年にニコラス・メトロポリスとスタニスワフ・ウラムによる論文として発表されました。

> **MEMO　モンテカルロ法の命名由来**
>
> ウラムの叔父が賭博好きであることからギャンブルの国モナコの地区名にちなんでいるとされています。

モンテカルロ法が生まれたのと同時期に、同じく原水爆研究の過程で生まれたものが乱数のサンプリング方法です。ニコラス・メトロポリスらにより提案されたメトロポリス抽出法がMCMC（マルコフ連鎖モンテカルロ）法のきっかけとなりました。

大戦中は機密扱いとなっており、発表されたのは1953年になってからです。その後、ウィルフレッド・ヘイスティングにより多次元乱数を発生する一般的方法

に拡張され<mark>メトロポリス-ヘイスティングアルゴリズム</mark>と呼ばれています。

MCMC法で用いられているメトロポリス-ヘイスティングアルゴリズムは、確率分布$P(x)$の確率密度分布関数に比例する関数が計算できるときどのような$P(x)$からもサンプルを抽出することができます。この一致する関数でなくとも比例する関数が計算できればよいという点で、ベイズ統計学と相性がよいです。

このアルゴリズムはサンプル列を生成し、サンプルがあればあるほどその分布は目標の分布$P(x)$を近似することになります。サンプルは反復して生成されますが、次のサンプルが生成される確率は現在のサンプルにのみ依存します。このサンプル列の生成過程はマルコフ性があり、マルコフ連鎖です。つまり、MCMC法はマルコフ連鎖を用いて高次元乱数を漸近的に発生する手法となります（図2）。

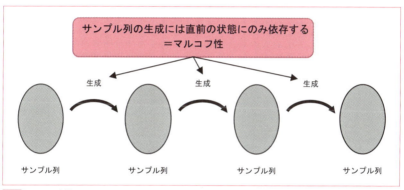

図2　マルコフ連鎖

ある尤度関数やMAP推定量の計算において、同心円状の楕円の中心点が最尤推定量やMAP推定量であったときに、黒い点は赤の矢印で示しているように同心円の中心方向へ向かっていきます。そのとき、メトロポリス-ヘイスティングアルゴリズムなどを用いたMCMC法ではランダムに移動しますが、その際に移動する前の状態よりも尤度が低い状態であれば移動が棄却されることとなり、黒の矢印の方向へは実際に移動せず、赤で示している高い状態へは移動が起こります（次ページの図3）。

第二次世界大戦中から電子計算機を前提とした手法として発達してきたMCMC法が、コンピュータの処理能力の向上とともにより複雑なモデルに対しても現実的な処理時間でサンプリングが行えるようになってきました。このこともふまえMCMC法の実際の利用では異なった初期値から独立に実行した複数の系列を発生して、比較し、結果を統合するほうが安全です。

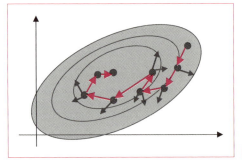

図3 メトロポリス-ヘイスティングアルゴリズム

階層ベイズモデル

　MCMC法を用いた方法により、これまでは難しかったパラメーターの次元の高い複雑なモデルを扱うことが可能になりました。特に、階層ベイズモデルはこれまでのモデルのなかでも特に自由度が高い設計が可能になっています（図4）。

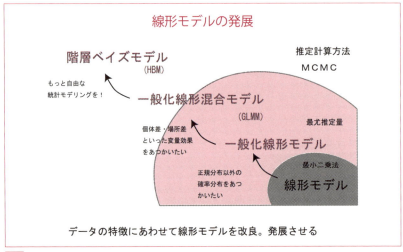

図4 階層ベイズモデル
　　出典：「MCMCと階層ベイズモデル　データ解析のための統計モデリング入門」
　　URL http://hosho.ees.hokudai.ac.jp/~kubo/stat/2014/nicoFeb/kubo2014nicoFeb.pdf

　階層ベイズモデルのモデル式は図5のようになります。

$$f(\theta, \lambda | x) = \frac{f(x|\theta)\pi(\theta|\lambda)\rho(\lambda)}{\int f(x|\theta)\pi(\theta|\lambda)\rho(\lambda)d\theta d\lambda} \propto f(x|\theta)\pi(\theta|\lambda)\rho(\lambda)$$

図5 階層ベイズモデルのモデル式

階層化する前のベイズモデルの式と比較してみると、事前分布であるπにλがパラメーターとして加わり、そして新たな分布ρが加わっています。階層化を行ったことで、θがより高次元の複雑な構造を持つようになることから、より低次元のパラメーターλが超（ハイパー）パラメーターとして、超事前分布ρが超パラメーターの事前密度として追加されました（図6）。

$$f(\theta, \lambda | x) = \frac{f(x|\theta)\pi(\theta|\lambda)\rho(\lambda)}{\int f(x|\theta)\pi(\theta|\lambda)\rho(\lambda)d\theta d\lambda} \propto f(x|\theta)\pi(\theta|\lambda)\rho(\lambda)$$

階層化前　$f(\theta|x) = \frac{f(x|\theta)\pi(\theta)}{\int f(x|\theta)\pi(\theta)d\theta} \propto f(x|\theta)\pi(\theta)$

図6　階層ベイズモデルのモデル式の比較図

　このようにモデルを拡張することで拡張する前に比べてデータが大局的に支配されているであろう法則の層と、局所的な比較的個別の事情で変動していると思われる層に分離して表現できるようになります（図7）。

　具体的には、生態学における統計モデルでは個体差の影響がデータに出てしまう部分がありますが、そういったところを局所的な階層に分離してしまうことで柔軟にモデルを作ることができます。ほかにも、地震計から得られる地震のデータを利用して地震の規模と任意地点の地表の震度の関係性を階層ベイズモデルによってモデル化を試みている研究などがあります。

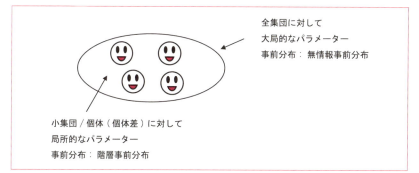

図7　大局的・局所的なパラメーターの図

CHAPTER 6 | 統計的機械学習（確率分布とモデリング）

HMMと ベイジアンネットワーク

ここではHMMとベイジアンネットワークについて解説します。

POINT
- 隠れマルコフモデル（Hidden Markov Model：HMM）
- ベイジアンネットワーク

隠れマルコフモデル

有限オートマトンなどの時間経過による状態変化の法則にマルコフ性を取り込んだものがマルコフ過程であったり、マルコフ連鎖であったりしました。このようなマルコフモデルでは、状態 X の確率はマルコフ性を利用することで $P(X_1, X_2, X_3, \cdots, X_n) = P(X_1)P(X_2|X_1)P(X_3|X_2)\cdots P(X_n|X_{n-1})$ のように簡略化して記述することができるなどの便利な性質があります（図1）。

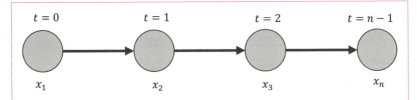

図1 マルコフモデル

ところが、状態 X は実は観測できている状態が見えているだけであってその裏ではさらにマルコフ連鎖に従ったプロセスが働いているとします。観測することのできない、見えない部分がある場合には、これをまとめて潜在変数として扱います。

状態Xをいくつかのパターンから構成されていると考えてそれらがそれぞれどのような特徴を持っているかを推定することができ、各パターンの間での遷移の様子を確率で表現することもできます。このような時系列データの混合分布推定に用いられるモデルが隠れマルコフモデル（Hidden Markov Model：HMM）です（図2）。

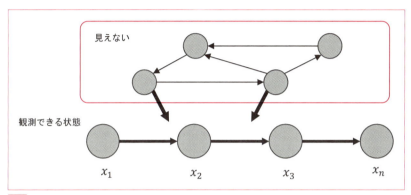

図2　隠れマルコフモデル

　隠れマルコフモデルにはモデルの最適な（最大確率を持つ）状態系列を求めるViterbiアルゴリズムと、学習データからモデルの尤度を最大化しパラメーターの最尤推定量を求めるBaum-Welchアルゴリズムと呼ばれるものがあります。
　Viterbiアルゴリズムは出力記号列から状態系列を推定し、動的計画法に基づいて計算されます。構文解析などに利用されます。
　一方のBaum-Welchアルゴリズムは、EMアルゴリズムを利用しており、出力記号列からパラメーターを推定します。音声認識システムにおける音素の切り出しや自然言語処理での単語の品詞の推定などのほかにもさまざまな分野で利用されています。

ベイジアンネットワーク

　エキスパートシステムでは、与えられた条件に関して当てはまる回答を行うという仕組みで特に推論規則は柔軟性に欠けていたため適用できる場面が限定されていました。そこで、確率的な概念を取り入れた改良版エキスパートシステムとも言える推論システムとして提案されたものがベイジアンネットワークです。
　ベイジアンネットワークは不確実性を含む事象の予測や観測結果からの障害診

断に利用することのできるグラフィカルな確率モデルです。

ベイジアンネットワークでは、それぞれのノードが確率変数となっており、確率変数間の確率依存関係情報を有向グラフで保持しているネットワークによってシステムを形成しています。

それぞれ隣接しているノード間においては条件付き確率表が割り当てられています。この点は、隠れマルコフモデルに類似しています。例えば、「R: 雨が降る」「W: 風が強い」「D: 電車が遅れる」「C: 遅刻する」といった確率変数があり、それぞれのノード間で確率が定義されているとき、雨が降っていて風が強い日の遅刻する確率が計算できます（図3）。

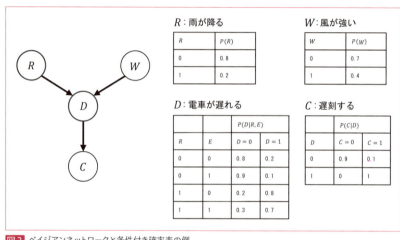

図3 ベイジアンネットワークと条件付き確率表の例

ところが複雑なネットワークになると条件付き確率表がより複雑になってしまい、また一般的なネットワーク構造になると確率推論は難しく手法も多岐にわたるといった面倒さがあります。

無向グラフにしたときにループがない単結合なネットワークであれば、ベイズの定理を利用して、比較的楽に任意の事後確率を求めることが可能ですが、そうでない複結合の場合は確率計算が複雑になり、計算コストが増大します。

効率化する方法としては、事前に単結合の木構造グラフに変換しておいて精度良く計算するなど、さまざまなサンプリング手法を利用した近似解法が研究されています。一方で、ノイズが含まれた不確実性のある状況において、センサー等による観測をベースとした診断や認識などの推論を行うことができるツールとなっています。

CHAPTER 7 統計的機械学習（教師なし学習と教師あり学習）

前章までで紹介した確率分布関数を基本とした数理モデルやデータ分布の分離識別について、機械学習の観点から説明します。正解情報、すなわち教師データのない機械学習手法である教師なし学習と、教師データのある教師あり学習それぞれについて、主に利用されているアルゴリズムを解説します。

CHAPTER 7　統計的機械学習（教師なし学習と教師あり学習）

教師なし学習

ここでは教師なし学習について解説します。

POINT
- クラスタリング
- k-means法
- 主成分分析
- 特異値分解
- 独立成分分析
- 自己組織化マップ（SOM）

教師あり学習と教師なし学習について

　学習、教師データ、といった言葉がこれまでにも何度か出てきました。学習とは繰り返し計算をすることで、重み付けをする係数を更新しながらモデルとなる基底関数や分布に近づけることでした。教師あり学習（supervised learning）では、正解となる情報が付加されているデータを基準にモデルを作り上げていく処理を行っています。一方の教師なし学習（unsupervised learning）では正解となる情報が付加されていない状態でモデルを作り上げる処理となります。教師なし学習においては、クラスタリングや次元圧縮などが主な利用方法となり、これらの結果から図に表現をするなどして、人力によってデータの特徴をつかむことがよく行われています。このような作業をデータマイニングと呼んでいます。

クラスタリングとk-means法

　クラスタリングは教師なし学習の代表的なアプローチです。平面上にプロット

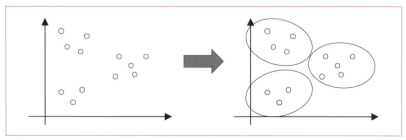

図1　クラスタリング

されている点に対してグルーピングを行います。グルーピングを行う際には、どの点とどの点がどの程度離れているかということが指標になります（前ページの図1）。

クラスタリングを行う際によく使われる手法がk-means法と呼ばれるアルゴリズムです。k-means法は、まずk個のグループに分けることを決めておきます。最初は各点に対してランダムにグループを割り当てておき、それぞれのグループの中心（通常は重心）との距離（ユークリッド距離など）を計算します。

対象の点に割り当てられているグループよりも近いグループがあるときは、グループを変更します。このような操作を繰り返すことにより、近い点同士でk個のグループに分割ができます（図2）。

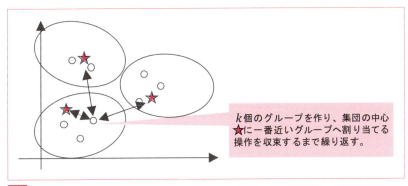

図2 k-means法

k-means法にはグループの中心点に依存して間違ったグループの割り当てや計算の長時間化が問題点としてあることから、何度かk-means法によるグルーピングを行ってよい結果を採用する方法や、グルーピングの前処理として中心点をなるべく離れているような状態へ設定するk-means++法などがあります。また最初に決めるkの値は感覚で決めることが多いですが、これも計算で求めることができないわけではありません。

kを決めるには、例えば混合ディリクレ過程を用います。混合ディリクレ過程を用いる方法はベイズ法のアプローチであり、ディリクレ分布が多項分布の共役事前分布であることを利用しています。多項分布が発生する事象ごとの確率を表す分布であるのに対して、ディリクレ分布は発生する事象の個数を表現することに適した分布で、ポアソン分布と指数分布のような対応関係に近いと言えます。

ディリクレ過程にあてはめることでグループへの割り当てを行います。このと

き既存のグループに近いものがそのグループに割り当てられるといったことも起こります。このような混合ディリクレ過程に沿った割り当てを、EMアルゴリズムと同様な手法で繰り返すことで、グループの個数とそれぞれのグループに割り当てられるデータの分布を観察することができます（図3）。

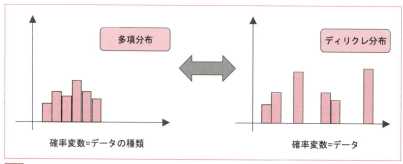

図3 多項分布とディリクレ分布の関係

主成分分析

クラスタリングと並んでよく利用される処理に主成分分析（Principal Component Analysis：PCA）と呼ばれるものがあります。これは、高次元のデータを低次元にまとめる次元圧縮（次元削減）を行っています。

例えば、野球選手の身長や体重、打率や出場試合数などさまざまなデータをもとに試合成績との比較を行いたいときに何を基準に比較をすればよいか、説明変数を選ぶのは難しいものです。このようなときに主成分分析を行うと、いくつかある説明変数についてまとめられた軸ができあがります。これらを第1主成分、

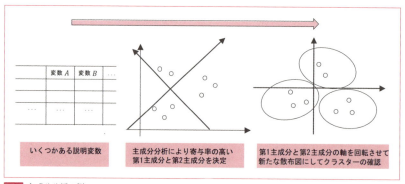

図4 主成分分析の例

第2主成分などと呼び、より多くの主成分で構成される直交座標系を構築していくことが主成分分析の本体です（図4）。

ここで得られた第1主成分や第2主成分などのベクトルの向きは固有ベクトルと呼ばれ、また計算時に一緒に得ることができるそれぞれの固有値によって寄与率が決まります。

固有値は物理学ではエネルギーの大きさを示していますが、主成分分析では主成分軸上における分散の大きさを表しています。寄与率が大きいものから第1主成分、第2主成分…となっています。

主成分を上から採る場合は寄与率が大きい順、足切りをする場合は固有値が1以上の主成分を採用するといったことを行い、次元圧縮としています（図5）。

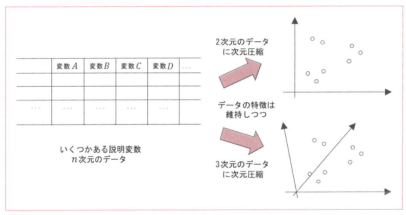

図5 次元圧縮

主成分分析によって得られた主成分は、各説明変数の重み係数が付いた線形結合の式で表すことができ、これを利用してデータの再構築が可能です。つまり、データの特徴量のうち寄与率が大きいものだけを使って再構築することで、データの特徴を失わずにサイズを落としたり、データに関して細かい特徴、例えばピークなどの局所的な特徴を持つ部分を抽出したりといったことができます（次ページの図6）。

高次元のデータを次元圧縮する手法として主成分分析のほかにt-SNE (t-Distributed Stochastic Neighbor Embedding) という手法があります。t-SNEは高次元のデータを正規分布に従った確率として距離を計算し、低次元に移した後は自由度が1のt分布に当てはめることで近似をします。

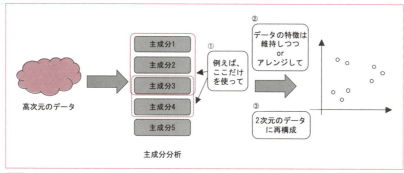

図6 主成分分析を使ったデータ再構築

　t分布は正規分布よりも裾が長い分布であるので、このことにより低次元に写像したときには距離が近いものは近い状態を維持したままに、遠い関係にあるデータはより遠ざけることができます。主成分分析よりもきれいにクラスタができる手法として使われます（**図7**）。

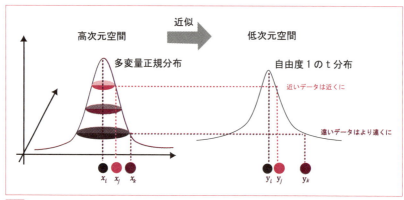

図7 t-SNE
出典：株式会社ALBERT：「t-SNEを用いた次元圧縮方法のご紹介」の図
URL http://blog.albert2005.co.jp/2015/12/02/tsne/

特異値分解

　主成分分析を行うときには行列でデータを表現し、共分散行列を計算することによって固有値と固有ベクトルを算出します。この操作は、言い換えると**特異値分解（Singular Value Decomposition：SVD）**と呼ばれる行列の操作を行ってい

ることと等しいです。

主成分分析で取り扱う行列では、固有値分解を行っていたため、行と列の数が同じ正方行列に形を整える必要がありましたが、特異値分解では正方行列である必要がないので、その点便利です。

特異値分解は、$M = U\Sigma V^*$となるようなm行n列の行列Mをm次ユニタリー行列（MEMO 参照）のUとn次随伴行列（MEMO 参照）のV^*、対角成分が$\sigma_1, \cdots, \sigma$ ($\sigma_1 \geq \sigma_2 \geq \cdots \geq \sigma_q > 0$)($q \leq \min(m, n)$)で構成されている行列に分解する操作を指しています。このとき得られるσを特異値と呼びます（図8）。

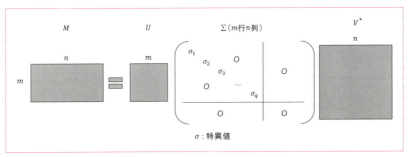

図8 特異値分解

主成分分析の代わりとなるほかに、特異値分解を使うと、擬似逆行列を計算することができ、この擬似逆行列を使って最小二乗法の計算をすることができます。

> **MEMO　ユニタリー行列**
> 随伴行列が逆行列となる行列（直交行列）で固有値の絶対値、特異値、行列式の絶対値が1となります。

> **MEMO　随伴行列**
> ユニタリー行列Aの転置行列でかつ複素共役をとった行列A^*です。

独立成分分析

主成分分析や特異値分解によって白色化や次元削減を行う処理に加えて、さらに予測される成分の統計的独立性を最大化するように成分を見つけることを独立成分分析（Independent Composition Analysis：ICA）と呼んでいます。

音源データなどの信号においてノイズはガウス雑音と呼ばれる正規分布に従うガウス性を持ったものや、ホワイトノイズを指すことが多いことから、独立性を測定するときには非ガウス性を計算します。

ブラインド信号分離といった未知の複数の信号が混じっている信号、例えば複数の位置に取り付けたマイクで拾った複数の音源からなる音声や雑音が混ざった音源データを別々に分けるような用途で使われます。

自己組織化マップ（SOM）

ニューラルネットワークによる教師なし学習での出力を利用したクラスタリングを表現したものを自己組織化マップ（Self Organization Map：SOM）と呼んでいます。これは、ニューラルネットワークが与えられる入力データや学習を通して、それ自体が整合性の合うように変化していくという自己組織化のイメージに合わせています。

ニューラルネットワークに入力ベクトルを与えることで、それが最も近いクラスに分類されます。そのとき、各クラスの代表ベクトルとの距離によって分類されます。分類と同時に、代表ベクトルは新たに分類された入力ベクトルによって更新されます。

自己組織化マップはその繰り返しにより似たベクトルが近いところに寄っている状態が可視化されることとなります。自己組織化マップは1次元でも2次元、3次元でもかまいません。仮に入力ベクトルが何らかの表現によって空間上に配置されていたとき、結果として得られた自己組織化マップはニューラルネットワークによって作られた写像空間と呼ぶことができます（図9）。

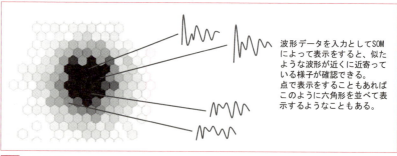

図9 SOMの例

CHAPTER 7 統計的機械学習（教師なし学習と教師あり学習）

02 教師あり学習

ここでは教師あり学習について解説します。

POINT
- サポートベクターマシン
- ベイジアンフィルタ・単純ベイズ分類器
- ID3（決定木の構築）
- ランダムフォレスト
- 妥当性の検証
- 識別モデルの評価とROC曲線
- ROC曲線の評価法
- ホールドアウト検証と交差検証

■ サポートベクターマシン

サポートベクターマシン（Support Vector Machine：SVM）は、データの分布を分ける溝を決めることを行う手法の1つです。回帰分析などではデータに合わせた直線や曲線を決めるといったことをしていましたが、SVMはパターン認識におけるデータの分類をすることができます。多層パーセプトロンのようなニューラルネットワークを用いたデータの分類と似ています（図1）。

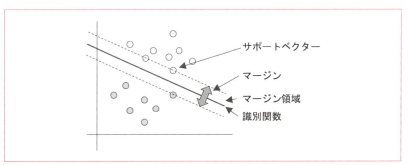

図1 SVM

サポートベクターマシンでは正例と負例のデータからの距離を最大にして真ん中を通る識別関数を解析的に求めます。この距離をマージンと呼んでおり、マージン最大化を行いながら識別関数を決めます。このとき、マージン領域の端に相

当する場所に位置するデータを サポートベクター と言います。また線形の識別関数だけでなく、カーネルトリックと呼ばれる方法を用いることで非線形の識別関数を決めることができます。

　単純な場合として、線形識別関数を考えてみましょう。マージン最大化されているときの線形識別関数は、すべての訓練データを正しく識別できていることと、訓練データと識別関数の値が0となる識別超平面との最小距離が最大になるよう決めます。この最適化問題は ラグランジェの未定常数法 と呼ばれる解法で解くことができ、識別関数はサポートベクターによってのみ決まることが導き出せます。

　また識別関数は入力データの内積のみを用いた形となります。このことを利用して、非線形の識別関数を作る方法が見つけられています。もとの空間でのデータの分布を、カーネル関数を用いて線形分離ができるような空間へ写像します。この方法をカーネルトリックと呼び、カーネル関数は多項式やガウス型の関数などを用います。この手法は主成分分析やクラスタリングなどにも応用されており、総称して カーネル法 と呼ばれています（図2）。

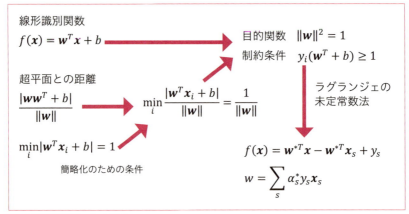

図2　線形識別関数とその最適化

　実際のデータではきれいに分離できるといったことは多くないため、誤って識別されたデータに対してペナルティを設定します。マージンを最大化することに加えて、ペナルティも考慮しながら最適化を行うこのような方法を ソフトマージン と呼んでいます。ペナルティとして用いる損失関数はヒンジの形をしていることから、ヒンジ関数やヒンジ損失関数 と呼ばれています（図3）。

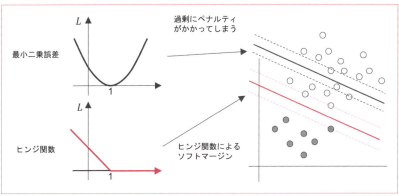

図3 ヒンジ関数

ベイジアンフィルタ・単純ベイズ分類器

ベイズの定理は学習ととても親和性が高いです。このアプローチを用いた教師あり学習のアルゴリズムにはベイジアンフィルタ、とりわけ単純（ナイーブ）ベイズ分類器が有名です。

ベイジアンフィルタと言えばメールのスパム判定で特に有名です。ある文書中から抽出した単語について、あらかじめ保持している辞書と照らし合わせてスパムとされている単語が入っていると「スパムである」と判定されますが、そこに確率を導入したのがベイジアンフィルタです。これはそのまま、文書のカテゴリー分類にも適用ができます（図4）。

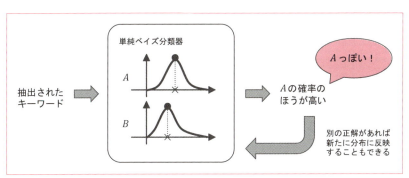

図4 ベイジアンフィルタ

文書中に単語iが含まれているかいないかについて、$X_i = \{0, 1\}$で構成されて

いるとき、その文書のクラス c で単語が含まれている同時確率は図5のように表すことができます。

$$p(x,c) = p(x|c)p(c) = p(c|x)p(x)$$

図5 それぞれのクラスでの単語の出現における同時確率の式

学習用の文書の数を m、クラスそれぞれの文書数を $freq(c)$ とするとある文書におけるクラスが c であるクラス確率 $p(c)$ は図6のように表現できます。

$$p(c) = \frac{freq(c)}{m}$$

図6 クラス確率の式

このことから、クラスごとにおける単語の出現確率は図7のように推定できます。

$$p(x_i = 1|c) = \frac{freq(x_i = 1, label = c)}{freq(c)}$$

図7 クラスごとの単語の出現確率

ほかにも、タンパク質を構成しているアミノ酸配列が突然変異などにより変わってしまっているときの影響の大きさを計算するプログラムPolyPhen-2も単純ベイズ分類器による判定を行っています。過去に病原となっていると報告されているタンパク質のアミノ酸変化の情報をもとに、調べたいアミノ酸変化を指示します。そうするとタンパク質のモチーフなど単純に報告と一致しているアミノ酸以外であっても、関連しているデータを解析しながら既報のアミノ酸変化とそれが疾患にかかわりが大きいか、機能への影響が大きいかを出力します（図8）。

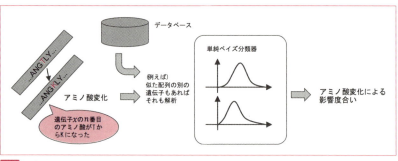

図8 PolyPhen-2

ID3(決定木の構築)

正解データを用いて決定木を作ることができ、その方法を取り入れたシステムの1つはID3と呼ばれています。ID3ではからの決定木からスタートし、すべてのデータが正しく分類されるまでノードを付け加えていきます。このとき、正しく分類されるような決定木は複数できあがりますが、分類の効率や決定木の一般性を考えて、できるだけ単純な形になるように目指します(図9)。

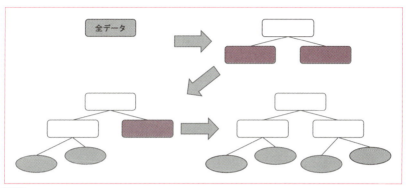

図9 決定木構築

ID3による決定木の作り方

次の手順で作成します。

- 集合Aのなかのデータがすべて同一クラス(例えば正例、負例)に属するときはそのクラスのノードを作り終了
- 集合Aにおいて属性を1つ選び(属性B)、識別ノードを作る
- 属性Bの属性値により集合Aを部分集合に分割し、それぞれの子ノードを作る
- 子ノードそれぞれについて、再帰的に1から繰り返す

属性を選ぶときの基準は、エントロピーを低い状態にすること、つまりできるだけ同じようなデータが集まるように分類できることとなります。使われるものとしては、情報量の期待値($-\Sigma p_i \log_2 p_i$, iはとりうる属性やクラスの値)であり、これを集合Aのクラスについてと、そこから分けられる各属性について計算していき、これが最も小さい属性が次に選ばれる属性となります。このように全

体の最適化のために集合を分割して小集団の最適化を繰り返す方法を**分割統治法**と呼んでいます。

決定木を作ったとき、そのデータの分布と重ね合わせると決定木のノードの境界線が図10のような形として見えます。

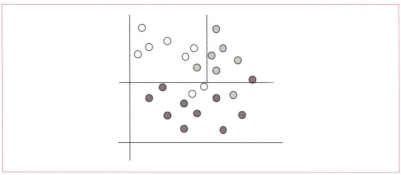

図10 決定木の状態（分類木）

ランダムフォレスト

SVMと並んでデータの分布を分ける手法の1つとして有名なものとして**ランダムフォレスト**があります。ランダムフォレストはデータに対してたくさんの決定木を構築します。構築する決定木はデータのうちからランダムに取り出したデータを用いており、決定木を作るたびにその構成が若干変化することになります。最終的に作り出した決定木のモデルから代表を選びます（図11）。

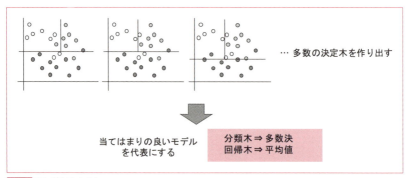

図11 ランダムフォレスト

🔲 妥当性の検証

モデルを作ったときには、そのモデルがどの程度正しい結果を計算しているかを客観的に測定する必要があります。そういったときに行うのが妥当性の検証（validation）と呼ばれるものです。

🔲 識別モデルの評価とROC曲線

識別モデルを作ったときに、それがどの程度の性能を持つかということを評価するにはROC曲線（Receiver Operating Characteristic curve）を描くことで見るができます。

もともとROCは第二次大戦のときに米国のレーダーの研究から生まれた概念で、受信したレーダーの信号から敵機を見つける方法として開発されました。受信者操作特性あるいは受信者動作特性などと訳されることがあります。

ROC曲線を作るためには、データの正解（正例、負例）と識別結果のセットを用意します。そこから、混同行列（confusion matrix）と呼ばれる表を作ります。簡単にするため、識別結果は2種類とすると、混同行列は2×2の分割表となります（表1）。

表1 混同行列

	識別結果 陽性（+）	識別結果 陰性（-）	合計
正例 （+）	TP (TP/(TP+FN) ⇒ 真陽性率＝感度) (TP/(TP+FP) ⇒ 精度) (TP/(TP+TN) ⇒ 再現率)	FN (FN/(TP+FN) ⇒ 偽陰性率)	TP+FN
負例 （-）	FP (FP/(FP+TN) ⇒ 偽陽性率)	TN (TN/(FP+TN) ⇒ 真陰性率＝特異度)	FP+TN
合計	TP+FP	FN+TN	TP+FN+FP+TN

混同行列の表のなかはそれぞれ、TP（True Positive）、FN（False Negative）、FP（False Positive）、TN（True Negative）に分けられます。識別結果が陽性の数を分母としたときのTPの割合は精度（または陽性的中率）、FPの割合は偽陽性率、FNの割合は偽陰性率、識別結果が陰性であった数を分母としたときのTNの割合は真陰性率または特異度、そして正例の数を分母としたときのTPの割合は真陽性率または感度と呼ばれています。

また、全数のうちで識別結果が正しかった数の割合を正解率、正例がどの程度の割合で正しく識別されているかを示す再現率も計算することができます。加えて、精度と再現率はトレードオフの関係に当たるため、これらの調和平均をとったF値（F measure）が総合的な指標として用いられます（図12）。

$$感度 (sensitivity) = \frac{TP}{(TP + FN)}$$

$$精度 (precision) = \frac{TP}{(TP + FP)}$$

$$再現率 (recall) = \frac{TP}{(TP + TN)}$$

$$特異度 (specificity) = 1 - \frac{FP}{(FP + TN)}$$

$$F値 (F measure) = 2 \times \frac{(Precision \times Recall)}{(Precision + Recall)}$$

図12 混同行列から各種指標を計算する式

ROC曲線は図13のようにして作ることができます。識別結果と正解のセットを識別結果のスコアの順に並べていき、閾値を設定します。そのとき閾値より上を例えば陽性として、このときの結果を混同行列として作成し、真陽性率と偽陽性率を計算します。閾値を変化させていくことで、ROC曲線ができあがります。

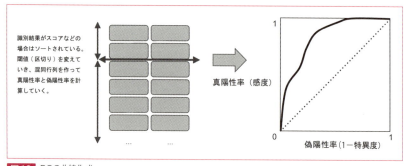

図13 ROC曲線作成

ROC曲線の評価法

ROC曲線の評価法としては主なものとして3つあります（図14）。

- AUC（Area Under Curve）の値
AUCはROC曲線の下の部分の面積値を意味する。この値が0.9以上のときは確度（accuracy）が高いとされている。複数のモデルがあったときは、この値同士を比較することが多い。
- 左上から曲線までの距離
これはAUCが高くなればなるほどROC曲線は左上に突き出すような形状になるので左上から曲線の距離 a が短くなればなるほど性能がよいのは自明である。この a が最も短いところでモデルが効率的なパラメーター（＝曲線を作ったときの閾値に相当）であると推測することができる。
- Youden Index
AUCが低性能を示す0.5の斜めの線からの距離 b が最も離れているところでの真陽性率＋偽陽性率＝ c をYouden Indexと呼び、この値をモデルでの最も成績がよいパラメーターと推測することができる。

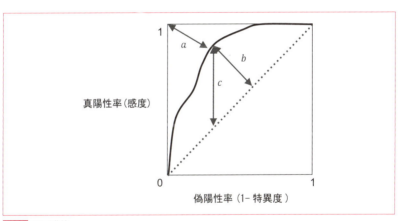

図14　ROC曲線

ホールドアウト検証と交差検証

　学習した結果識別がどの程度うまくできているかということはROC曲線のほかにデータセットを分けて検証をする方法があります。データセットは、学習時に使用する教師データや訓練データと呼ばれる正解セットと、評価検証時に使用するテストデータに分けることができます。このようにデータセットを分けておくと、過学習を避けることができます。

同様のことはランダムフォレストにおいてデータをランダムに抽出して大量の決定木を生成することともつながります。

検証方法には次のようなものがあります（図15）。

- ホールドアウト検証（holdout method）
  データを2つに分け、それぞれ訓練データとテストデータにしてしまい、テストデータは使用しない方法。テストデータを使用したときの精度を評価して性能を判断する。一般的には交差検証には含めない。
- K分割交差検証（K-fold cross-validation）
  データをK個のグループに分割し、1つのグループを除いたデータを訓練データとして使用していない1つのグループでテストを行う。テストデータから得られた精度について、平均や標準偏差をとることで評価を行う。Kは5～10にすることが多い。
- LOOCV（leave-ont-out cross-validation）
  K分割交差検証においてKがデータ数に等しい場合を指している。データ数が少ない場合などに行われる。

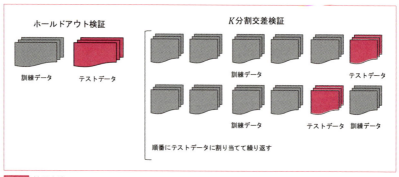

図15 検証方法

CHAPTER 8 強化学習と分散人工知能

統計的機械学習によって学習器が入力するデータに合わせて重みを変化させ、適応していくことで人工知能プログラムの分類や識別の性能が向上していきます。この人工知能プログラムの性能をより上げるために考えられる手法の1つとして学習器をたくさん生成するアンサンブル学習などがあります。また別の手法には、プログラムが外界との相互作用を起こすことで環境からのフィードバックを得ながら自律的に学習を行う強化学習、転移学習などがあり、これらについて解説します。

アンサンブル学習

ここではアンサンブル学習の基本について解説します。

POINT
- アンサンブル学習
- ブースティング
- バギング

アンサンブル学習

統計的機械学習の手法などで作り出した学習器や分類器で分類や識別を行うとき、1つの学習器でそれなりの性能が得られるよう、学習器を構築するときにできるだけ学習器の数を少なくするようにモデルを構築することが多いです。

理由は「人間が学習器の挙動を理解するためには、できるだけ単純な仕組みであることが望ましい」からであり、逆の見方をすれば、複雑なものは挙動が予測しにくいからです。しかし単純な学習器では性能が出にくい場合は、アンサンブル学習が有効です。

アンサンブル学習を利用すれば、個々に学習した複数の学習器を組み合わせて、これらの力を合わせることで、汎化性能（MEMO参照）を上げることができます。

> **MEMO 汎化性能**
> より多くの未知の問題に対応できる能力のことです。汎化性能が低いと過学習が起こっている状態となります。

バギング

アンサンブル学習のうちの1つが、バギングと呼ばれるものです（図1）。バギングは、ブートストラップ法（MEMO参照）を用い、学習データから m 回の復元抽出を B サイクル繰り返すことにより、小分けにした m 個のデータを含む B 群

の学習データが生成できます。

それぞれの学習データで学習を行うことで弱学習器hを構築し、それらを統合することで学習器Hとします。識別や判別の場合、Hは最も優秀な結果を選択して、回帰の場合、Hはhの平均を用いるなどを行います。

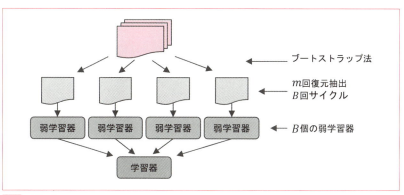

図1 バギング
出典:「アンサンブル学習」
URL http://www.slideshare.net/holidayworking/ss-11948523

MEMO ブートストラップ法とブートストラップ方式

ブートストラップ法とは、データのサンプリングを行うことで擬似データセットを生成するリサンプリング法(再標本化法または、再標本抽出法)です。統計量の偏りや分散の推定を行うことに用いられます。あるプログラミング言語のコンパイラをそのプログラミング言語により構築することや、OSの起動過程で用いられるブートストラップとは意味が異なります。
ブートストラップ方式は、もともと「pull oneself up by one's bootstrap」という19世紀の故事が語源であるとされています。「自分のブートストラップを引っ張り上げて、柵を越える」という不条理や不可能であるさまを意味していたものが、20世紀に入り、「他人の助けなしに自らの努力と能力によって可能になるタスク」といった意味が加わりました。

ランダムフォレストとの違い

決定木を大量に生成しそれらのよいところを選択することで、性能のよい識別を行うランダムフォレストにおいても、バギングと同様にランダムにデータを抽出して小さなデータセットで学習を行います。バギングでは学習データの説明変数をすべて用いる一方で、ランダムフォレストでは説明変数においてもランダムに抽出を行う点で異なっています。

ブースティング

複数の弱学習器を同時に生成しそれらを公平に利用しているバギングに対して、逐次的に弱学習器の選択を行う方法がブースティングです（図2）。期待した認識をさせたいデータセットとそうでないデータセットに対して、ブースティングを利用して逐次的に弱学習器を選択することで、認識漏れの少ない強学習器を得ることができます。代表的なアルゴリズムとして、AdaBoostがあります。

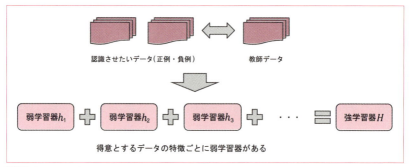

図2 ブースティング

AdaBoost

AdaBoostは2値分類についての弱学習器構築のアルゴリズムとなっています。

正例と負例を正解として持つ教師データXと正解Yの組(X, Y)があり、ここで$x_1, \cdots, {}_m \in X$、$y_1, \cdots, {}_m \in Y=\{-1, 1\}$となります。ブートストラップ法などを利用して、弱学習器を複数構築しておきます。

このあと弱学習器を選択しますが、このとき確率分布$D_t(i)(i=1, \cdots, m)$に従って選抜を行います。重みの初期値は$D_1 = 1/m$としておきここから、$t=1, \cdots, T$とステップ数を増やしていく過程に入ります。以下はその繰り返しの内容です。

- 構築した複数の弱学習器についてその誤り率ϵ_tを計算してϵ_tが最小の弱学習器h_tを選抜します。

$$\epsilon_t = \sum_{i:\, h_t(x_i) \neq y_i} D_t(i)$$

- ここで$\epsilon_t > 0.5$となった場合に終了。

- h_tの重要度α_tを計算します。

$$\alpha_t = \frac{1}{2}\ln\left(\frac{1-\epsilon_t}{\epsilon_t}\right)$$

- 重みの更新を行います。

$$D_{t+1}(i) = \frac{D_t(i)\exp(-\alpha_t y_i h_t(x_i))}{Z_t}$$

誤り率は選抜した弱学習器において認識がどの程度うまくいっているかを表します。このとき、誤り率が0.5を超えるということは、当てずっぽうよりも精度が低くなっていることを意味するので、その時点で弱学習器の生成を終了します。

誤り率から重要度を計算して、その値を用いて重みDの更新を行いますが、このとき、正解と一致したデータについては重みを減らして、そうでないデータについては重みを増やすように更新します($h_i(x_i) = \{-1, 1\}$、$y_i = \{-1, 1\}$となるため)。これにより、最初の弱学習器から順番に、データから識別しやすい特徴に対応した学習器からそうでない特徴に対応した学習器までができあがる構造になっています。なおZ_tは更新後の重み$D_{t+1}(i)$の合計値を1とするための値です。

このようにして得られたT個の弱学習器の識別結果を重要度で重み付けをして合わせることで強学習器Hが完成します（図3、図4）。

$$H(x) = \text{sign}\left(\sum_{t=1}^{T}\alpha_t h_t(x)\right)$$

図3 学習器Hの式

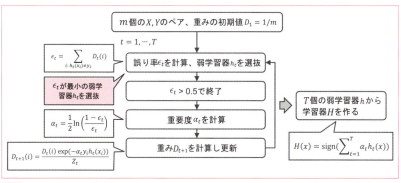

図4 AdaBoostのアルゴリズム

AdaBoostを2値分類以外に多値分類にも適用したAdaBoostなど別のブースティングアルゴリズムもあります。そのほかにも、強学習器Hの式における$\sum(-\alpha_t h_t(x_i))$を損失関数としてとらえ、AdaBoostを一般化して拡張を行った、MadaBoostやU-Boostといったアルゴリズムなどもあります。

> **MEMO ブースティング**
> - **アンサンブル学習**
>   URL http://www.slideshare.net/holidayworking/ss-11948523
> - **OpenCVで学ぶ画像認識：第3回　オブジェクト検出してみよう**
>   URL http://gihyo.jp/dev/feature/01/opencv/0003
> - **Boostingの幾何学的構造と統計的性質**
>   URL http://www.murata.eb.waseda.ac.jp/noboru.murata/slide/mura02_smapip.pdf

02 強化学習

ここでは進化的学習を中心に解説します。

POINT
- 強化学習理論
- 確率システム
- 報酬と価値関数
- ベルマン方程式
- Q学習

強化学習理論

　人間は生まれたときすでに「すべての情報を持ち合わせている」というわけではなく、成長の過程で外界の環境との相互作用により経験を得ることで学習を行います。

　これは機械においても同様で、脳型コンピュータと呼ばれるものが、このような環境との相互作用により自律的な学習を目指したシステムであるとされています。

　しかしながら現実的には、人間が知識ベースやルール、統計モデルなどに基づいた学習器を用意しておき、機械はそれを参照することで人間が行う判別処理を代行する形となっています。未知のデータに対しても、人間のようにできるだけ機械が自力で学習器を変化できるようにする仕組みが、強化学習と呼ばれるものです。

　試行錯誤を通して報酬を得ることで行動パターンを学習していく過程をモデル化し、数学的に表現したものを強化学習理論(reinforcement learning theory)と呼びます。これは、心理学におけるオペラント条件付け(MEMO参照)に基づいており、自発的な行動の頻度が上昇することを強化(reinforcement)と呼ぶことからきています。

> **MEMO 心理学におけるオペラント条件付け**
>
> 自発的な試行錯誤の結果として得られる報酬により行動形成がなされます。例えば、スイッチを押すことで餌が出てくるスキナー箱を用いた実験が代表的で、鳩などの動物は餌という報酬によって、スイッチを押すことを覚えます。

確率システム

第7章までの機械学習では、ベイズ推定を除いてバッチ処理的な最適化手法を利用することが多くありました。動的計画法などの手法では、バッチ処理的な方法の代表例で、このような方法を用いる対象は確定システムと呼ばれています。

それに対して、強化学習が扱うような対象はマルコフ決定過程（Markov Decision Process：MDP）と言い不確実性があることを前提としており、確率システムと呼ばれています（図1）。

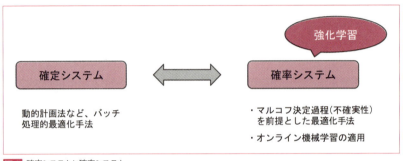

図1　確定システムと確率システム

確率システムではデータが次々と追加投入されるストリーミング処理による機械学習を行うことが可能です。またストリーミング処理の対応が望ましい場合が多いことも特徴です。

このようなストリーミング処理に適応した機械学習をバッチ処理的な機械学習（バッチ学習もしくはオフライン学習）に対応して、オンライン機械学習（オンライン学習）と呼び、「ベイズ統計や強化学習との相性がよい」と言われています。

方策と強化学習

強化学習では外界から入力を受け取ったエージェント（ここではプログラムとします）が学習器によって生成されたルール群のなかからルールを選択して、外界に対して行動をします。行動をしたことにより、エージェントは外界から報酬を得ることができ、それによって学習器が更新されます（図2）。

エージェントがある状態のとき、次にとる行動をどのように決定するかについては確率的に決定されます。そのときのルールにあたる指針を方策（policy）と呼び、ここではπで表します（図3）。

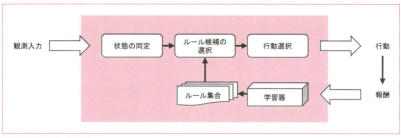

図2　強化学習の枠組み

　時刻tにおいて状態がs_tであり、方策がπであるときに、採択される行動a_tによって状態遷移確率が規定され、その結果として時刻$t+1$における状態s_{t+1}が決まります。

　このように、強化学習は時刻tでの状態と行動のみに依存するマルコフ決定過程に基づいて定式化されます。そして、行動の結果として報酬r_{t+1}を与えられます。

　報酬は、状態と行動の対で決まります。強化学習とはよい方策を採択し続けることを目指すものですので、「将来にわたって得られる報酬の期待値を最大化する方策を定めること」とも言えます。

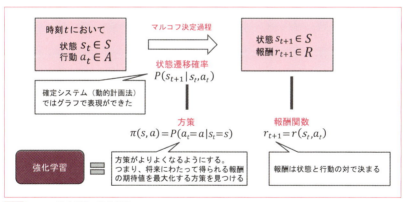

図3　マルコフ決定過程と強化学習

報酬と価値関数

　行動の結果として得られる報酬が最大になるようにするには、将来得られると予想される報酬についても、考慮する必要があります。

割引累積報酬

最初の状態から最後の状態までの間に得られる報酬の総計を**累積報酬**（MEMO参照）と呼び、途中のある状態から累積報酬を最大化するために将来の状態や行動を評価するときに用いる式を**価値関数**（value function）と呼びます。これは**動的計画法**や**A*アルゴリズム**における、利得やコスト（評価関数）に相当します。

> **MEMO 累積報酬**
>
> 累積報酬の式は以下の通りです。
> $$\sum_{k=0}^{T} r_{t+k+1}$$

しかしながら、累積報酬は $T \to \infty$ になったときに発散してしまう可能性があります。ここで割引累積報酬 R_t を使用します（図4）。γ を割引率（MEMO参照）と呼び、γ を小さくすると将来の報酬を低く見積もり、影響を小さくすることとなります。γ の値により、R_t が最大となる方策は変わります。通常は 0.9 などの大きめの値をとることが多いです。

$$R_t = \sum_{k=0}^{\infty} \gamma^k r_{t+k+1} \quad (0 \leq \gamma < 1)$$

図4 割引累積報酬の式

> **MEMO 割引率**
>
> 割引率の考え方は、商業における商品価値の計算とも共通します。割引累積報酬の指標は、投資意思決定理論にも利用されており、**正味現在価値**（Net Present Value; NPV）と呼ばれています。

よりよい方策を見つけるためには、正しい状態とその状態における行動の価値を価値関数から正しく見積もることが必要となります。

価値関数には**状態価値関数**（state-value function）$V_\pi(s)$ と**行動価値関数**（action-value function）$Q_\pi(s, a)$ があります。

状態価値関数

状態 s において、方策 π に従う場合に得られる割引累積報酬の期待値であり、

状態sからスタートしたときに、将来どれだけの割引累積報酬を得られるかを示しています（図5）。

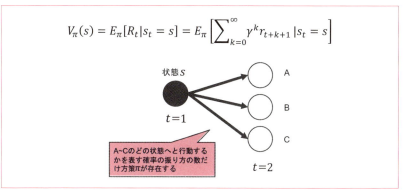

$$V_\pi(s) = E_\pi[R_t|s_t = s] = E_\pi\left[\sum_{k=0}^{\infty} \gamma^k r_{t+k+1} | s_t = s\right]$$

図5 状態価値関数

行動価値関数

方策πに従って状態sにおいて行動aをとった後に得られる割引累積報酬の期待値を示し、$Q_\pi(s, a)$をQ値（Q-value）と呼びます。状態価値関数$V_\pi(s)$は、方策πと行動価値関数$Q_\pi(s, a)$で表すことができます（図6）。

$$Q_\pi(s, a) = E_\pi[R_t|s_t = s, a_t = a]$$
$$V_\pi(s) = \sum_a \pi(s, a) Q_\pi(s, a)$$

図6 行動価値関数の式

そして行動価値関数を最大にするときの関数を**最適行動価値関数**（optimal action-value function）$Q^*(s, a)$と呼び、このときの方策を**最適方策**π^*として表します（図7）。

$$Q^*(s, a) = Q_{\pi^*}(s, a) = \max_\pi Q_\pi(s, a)$$

図7 最適行動価値関数の式

ベルマン方程式

状態価値関数や行動価値関数は見えることのない将来の報酬に対して計算ができるように割引累積報酬を用いて対応していますが、このことは試行錯誤しながら学習を行うオンライン機械学習への対応が行いやすく相性がよいです。

マルコフ決定過程において、状態価値関数 $V_\pi(s)$ は再帰的に表現できることが知られており、ベルマン方程式と呼ばれます。価値関数に対するベルマン方程式は図8のように記述することができ、状態 s と行動 a そして次の状態 s' によって表します。

$$V_\pi(s) = \sum_a \pi(s,a) \sum_{s'} P(s_{t+1} = s' | s_t = s, a_t = a)[r_{t+1} + \gamma V_\pi(s')]$$

$$Q_\pi(s,a) = r(s,a) + \gamma \sum_{s'} V_\pi(s') P(s'|s,a)$$

$$V_\pi(s') = \sum_{a'} \pi(s',a') Q_\pi(s',a')$$

図8 価値関数に対するベルマン方程式

時刻 t における価値関数が報酬 r_{t+1} と $V_\pi(s')$ によって決まることから、r_{t+1} や $V_\pi(s')$ を近似することで解を得ることができます。解を求める方法にはいくつかあり、SARSA（State-Action-Reward-State-Action）法、アクタークリティック（Actor-Critic）法、Q学習（Q-learning）などがあります。

Q学習

強化学習での代表例としてQ学習（Q-learning）について取り上げます（図9）。Q学習は、最適行動価値関数 $Q^*(s, a)$ のQ値を推定することで方策を最善のものにします。

方策 π が最適方策 π^* の下にあるとすると、常に行動価値を最大にするように行動を選択するとよいことになります。このとき、次の状態でのQ値と現実のQ値との差をとるとTD誤差(Temporal Difference Error) δ_t が生じ、これは収束していないので0とはなりません。

TD誤差に $\alpha(0 < \alpha \leq 1)$ で示している学習率（学習係数）を掛けて、平衡状態へ近づける勢いを指定します。α は大きくすると勢いよく更新されますが、不安

定になりやすいため、0.1程度に設定することが多いです。

> Q学習は最適行動価値関数の Q 値を推定する
>
> **行動価値関数**
> $$\delta_t = \left(r_{t+1} + \gamma \max_{a_{t+1} \in A} Q(s_{t+1}, a_{t+1})\right) - Q(s_t, a_t) \quad \text{TD誤差}$$
> $$Q(s_t, a_t) \leftarrow Q(s_t, a_t) + \alpha \delta_t$$
>
> **方策**
> $$a_t^* = \underset{a}{\operatorname{argmax}} Q(s_t, a)$$
> $$\pi(s_t, a_t) = P(a_t|s_t)$$
>
> $P(a_t|s_t)$の中身によって、グリーディー法、ランダム法、ε-グリーディー法、ボルツマン選択などになる

図9 Q学習

TD誤差を0に近づけることで最適行動価値関数の Q 値を推定することがQ学習ですが、一方で方策についても別途検討しなければなりません。

学習結果を最大限活用するためには、高い Q 値を持つように行動を選択すればよいことになります。このとき行動の選び方により、次にあげるようなアルゴリズムなどがあります。

グリーディー法

グリーディー法は貪欲法とも言います。この場合は Q 値の最も高い行動のみを選択し続けます（図10）。

$\delta(a, b)$はクロネッカーのデルタと呼ばれる関数です。この手法では、もしかしたらほかの行動がよい結果をもたらす可能性があっても、そのとき最善とされる行動のみを選択するため探索をしません。一種の思考停止状態とも言えます。

$$P(a_t|s_t) = \delta(a_t, a_t^*)$$
$$\delta(a, b) = \begin{cases} 1 & (a = b) \\ 0 & (a \neq b) \end{cases}$$

図10 グリーディー法

ランダム法

ランダム法は、行動をランダムに選択します。そのため、探索的に行動を選択することができるものの、いつまでも割引累積報酬が高くなりません。

ε-グリーディー法

ε-グリーディー法はランダム法とグリーディー法を取り混ぜた方法です。確率 ε で探索的なランダム法、$(1-\varepsilon)$ で知識利用のグリーディー法によって行動を選択することで、「ε の値によりどちらかの性質を強めに持たせる」といったことができます（図11）。

$$P(a_t|s_t) = (1-\varepsilon)\delta(a_t, a_t^*) + \frac{\varepsilon}{\#(A)}$$

図11 ε-グリーディー法

ボルツマン選択

ボルツマン選択は逆温度（inversive temperature）β と呼ばれる係数を与えます（図12）。前述の ε-グリーディー法では、Q 値の大小に関係なく ε によって行動の選択を行っていましたが、ボルツマン選択では Q 値の大きいものが選ばれやすく、小さなものは選ばれにくくなっている点で「改良されている」と言えます。また β の値を大きくすると知識利用の面が強く、小さくするとランダム性が強く出ます。

$$P(a_t|s_t) \propto \exp(\beta Q(s_t, a_t))$$

図12 ボルツマン選択

強化学習やTD誤差を利用した学習であるTD学習については以下が参考になります。

- **参考：強化学習型タスクにおける人間の行動決定に関する研究**
  URL http://www.hi.is.uec.ac.jp/rcb/paper/PDF/H16_sasaki.pdf
- **参考：強化学習について学んでみた。（その1）**
  URL http://yamaimo.hatenablog.jp/entry/2015/08/17/200000
- **参考：強化学習について学んでみた。（その18）**
  URL http://yamaimo.hatenablog.jp/entry/2015/10/15/200000
- **参考：一般化TD学習**
  URL http://ibisml.org/archive/ibisml001/2010_IBISML01_Ueno.pdf

Q学習において、TD誤差を計算する部分に対してニューラルネットワークによる最適化を行い、さらに深層学習に対応させたものがDeep Q-network（DQN）と呼ばれる方法です。

　Googleの子会社であるDeepMindが開発したことで知られており、ブロック崩しやパックマンに始まり、AlphaGoで囲碁の訓練にも利用されました。

> **MEMO　DQNについて**
>
> DQNについては以下のサイトを参考にしてください。
>
> - **ゼロからDeepまで学ぶ強化学習**
>   URL http://qiita.com/icoxfog417/items/242439ecd1a477ece312
> - **DQNの生い立ち＋Deep Q-NetworkをChainerで書いた**
>   URL http://qiita.com/Ugo-Nama/items/08c6a5f6a571335972d5
> - **Deep Q-LearningでFXしてみた**
>   URL http://recruit.gmo.jp/engineer/jisedai/blog/deep-q-learning/

03 転移学習

ここでは転移学習について解説します。

POINT
- ドメインとドメイン適応
- メタ学習

ドメインとドメイン適応

　あるタスク（課題）について学習済みの学習器ができており、それなりによい性能が出ているとき、解決したい新たなタスクが既存の学習器を使って対処できそうであるとしましょう。しかし、新たなタスクはもとのタスクそのものではないために汎化性能では不十分で、学習用のデータもたくさんあるわけではないような場合に適用できる手法が、転移学習（transfer learning）です。

　転移学習は、新規タスクについて効果的な仮説を効率的に構築するための1つ以上のタスクで学習された知識を適用する問題、つまり「効率的に新しいタスクを解くために別のタスクで得た学習データや学習結果を再利用すること」と言えます。そしてこの問題に対する手法を総称してドメイン適応とも呼びます。

　すでに学習を行ったタスクの側について特化した知識や学習器の領域を元ドメイン（source domain）、それに対してこれから対応する新しい領域を目標ドメイン（target domain）と呼びます。お互いのドメインは、共通しているところもあれば、そうでないところもありますが、できるだけ元ドメインの情報を活かしながら目標ドメインに対応した精度のよい学習器を効率よく得ることが転移学習の目標です。

　例えば、元ドメインとして日本語に関しての言語モデルがあるときに、これを日英翻訳のための翻訳モデルを構築するときの素材として利用するような使い方があります（図1）。

　転移学習は元ドメインの知識を目標ドメインの持つ新規タスクに対して利用することに当たりますが、この手法の呼び方にはいくつかの種類があります。

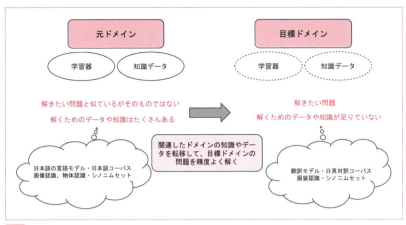

図1 転移学習の枠組み

元ドメインと目標ドメインでそれぞれ学習データに対してラベル付けがされているかいないかによって区分することができるとされており、帰納転移学習 (Inductive Transfer Learning)、トランスダクティブ転移学習 (Transductive Transfer Learning)、自己教示学習 (Self-Taught Learning)、教師なし転移学習 (Unsupervised Transfer Learning) と呼ばれています。

通常、解決したい課題としてトランスダクティブ転移学習や自己教示学習に当てはめるように設定することが多いです (図2)。

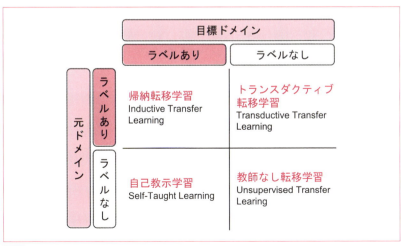

図2 転移学習の種類

問題へのアプローチのとして、大まかに知識の送信側である元ドメインと、受信側である目標ドメインでの対処に分かれ、元ドメイン側ではさらに、事例ベースと特徴ベースの手法を検討することができます。目標ドメイン側ではモデルベースでの対応となります。主な手法については図3の通りです。

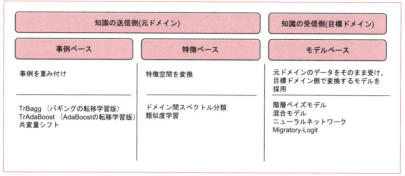

図3 転移学習のアプローチ

深層学習を用いた画像認識タスクでは、新たな画像認識タスクに対処する際にもともとある知識を再利用する転移学習を行うことが一般的となってきています。

- **参考：Kerasで学ぶ転移学習**
  URL https://elix-tech.github.io/ja/2016/06/22/transfer-learning-ja.html

元ドメインと目標ドメインにおいて、ラベル付けがされていないようなデータからの転移学習である教師なし転移学習においては、元ドメインでクラスタリングを行い得られる距離と目標ドメインでの距離との関連性から、「2つのドメイン間での対応付けが行われている」と言えます。このことは類似度学習の1つとすることができます。

- **参考：付加情報を用いた教師なし転移学習手法の提案**
  URL http://www.nlab.ci.i.u-tokyo.ac.jp/pdf/miru2014okamoto.pdf

半教師あり学習との違い

識別したいデータと教師データが異なる分布に従っている（ことが多い）場合で考えてみましょう。識別したいデータに対する汎化性能を向上させたいときは、転移学習を利用します。少数の教師データと多数のラベルなしデータがある

場合、半教師あり学習を利用します。主にラベルなしデータを使用して、学習器の汎化性能を上げるときに利用します。

マルチタスク学習

転移学習では知識を送る側の元ドメインと受け取る側の目標ドメインが存在しますが、それぞれのドメインが相互に知識を送り合い、共通した部分の知識を向上し合う手法をマルチタスク学習と呼んでいます。マルチタスク学習を行うことにより、すべてのドメインにおいて学習器の性能が向上することを目指しています。

メタ学習

ある学習器やアルゴリズムについて、該当する学習器は特定のドメインに対し、とてもよい汎化性能を持つものの、それ以外のドメインについては対応が難しく、平均的に見ると汎用的な用途に作られた学習器やアルゴリズムと比較してそれほど変わらないことがあります。これをノーフリーランチ定理（MEMO参照）と言います。ドメインを限定することで起こるフレーム問題を説明する際、この定理を使うとうまく表現できます。

メタ学習（MEMO参照）は、端的に言えば「学習の仕方を学習する」ということができます。例えば、観測されるデータに基づいて、数ある仮説空間やモデルのなかから、適切なモデルを選択するための学習器があるとしましょう。このとき、さらに上位のドメインに基づいた学習器の選択を行うためにメタ知識を獲得して、学習器を構築することに相当します。

- 参考：メタ学習
    URL http://ibisforest.org/index.php?cmd＝read&page＝メタ学習&word＝メタ学習

MEMO ノーフリーランチ定理

コスト関数の極値を探索するあらゆるアルゴリズムは、すべての可能なコスト関数に適用した結果を平均すると同じ性能となります（Wolpert and Macready）。

- ノーフリーランチ定理
    URL https://ja.wikipedia.org/wiki/ノーフリーランチ定理

MEMO メタ学習

心理学や認知科学において、自分自身の試行や行動を客観的に把握することをメタ認知と呼ぶことがあります。

04 分散人工知能

ここでは分散人工知能について解説します。

POINT
- 知的エージェント
- 黒板モデル

知的エージェント

　学習する能力を得たプログラムは、環境を認識して自分で行動を決定して行動できるようになります。一般的にはロボットがイメージしやすいですが、このような動作主体を知的エージェントもしくは単にエージェントと呼びます。

　装置などの実体を持たなくとも、定期的、不定期的に入力駆動などで動作するソフトウェアをエージェントとすることができます。

　エージェントは合理的エージェント、自律エージェント、マルチエージェントといった種類に分けられます（図1）。

　自律エージェントは、エージェントの外で準備された知識ベースなどよりも、自身が学習した経験である知識を優先して利用するようになります。これはシステムの設計者が本来意図していた以上の予想外の挙動を発現する「創発システムの1つ」とも言えます。

　マルチエージェントでは同じタイプの複数のエージェントが働く均質（homogeneous）タイプのものと、異なったタイプのエージェントがそれぞれ分担をする非均質（heterogeneous）タイプのものが存在します。

　分担の方法、すなわち交渉プロトコルとしてリソースを管理するエージェントであるマネージャーに対しての要求と入札を行う、契約ネットプロトコル（contract net protocol）が広く一般的に利用されています。

```
┌─────────────────────────────────────────────────────────────┐
│  ┌──────────────┐   ┌──────────────┐   ┌──────────────┐    │
│  │ 合理的エージェント │   │ 自律エージェント │   │ マルチエージェント │    │
│  └──────────────┘   └──────────────┘   └──────┬───────┘    │
│                                            ┌──┴──┐          │
│                                         ┌──┴─┐ ┌─┴──┐       │
│                                         │均質│ │非均質│      │
│                                         └────┘ └────┘       │
│   蓄えている知覚履歴    知識ベースに蓄えら   同じ処理を分担ま   │
│   と得られている知識    れている基準よりも   たはデータを異な   │
│   やモデルを利用して    自分の経験を優先    る基準で識別して    │
│   性能測度が最大にな   ⇒ 創発システム     協働              │
│   るように行動                                               │
└─────────────────────────────────────────────────────────────┘
```

図1 エージェントのタイプ

黒板モデル

複数のエージェントが協調してあるタスクに対応する必要があるときに、共通した記憶領域を共有するといったことが行われます。これは黒板モデルと呼ばれています。

黒板を共有メモリとして、黒板上にはデータや仮説が記録されている場合で考えてみましょう。これらの記録を利用するエージェントは、共有メモリから読み出し、推論などをした結果を今度は共有メモリに書き出します。それをまた別のエージェントが利用して……と続けることで、簡単には解決が難しいようなタスクにも対応することができるようになります。

- 参考：黒板モデル（1）
    URL http://www.info.kindai.ac.jp/DAI/index.php?plugin=attach&refer=%B9%F5%C8%C4%A5%E2%A5%C7%A5%EB&openfile=BlackBoard.pdf

CHAPTER 9 深層学習

ニューラルネットワークの層やユニットの数を多数に増加した構成で学習を行うことを深層学習（ディープラーニング）と言い、2010年代に入って注目を集める技術となりました。ニューラルネットワークを用いた学習との対比に触れながら、現在ブームとなり代表例となっている深層学習のネットワーク構造である畳み込みニューラルネットワーク（CNN）と再帰型ニューラルネットワーク（RNN）について解説します。

01 ニューラルネットワークの多層化

ここではニューラルネットワークの多層化について解説します。

POINT
- 多層パーセプトロン
- 活性化関数と勾配消失問題
- 確率的勾配降下法
- 訓練誤差とテスト誤差
- 正則化とドロップアウト
- 学習時の工夫

多層パーセプトロン

　深層学習（ディープラーニング）の話題に入る前に、ニューラルネットワークについて簡単に振り返りつつ、深層学習にかかわりのある点を加えて説明します。

　教師あり学習におけるニューラルネットワークによる学習は入力層、中間層、出力層を備えた多層パーセプトロン（図1）を用いることが大きな突破口となりました。また、教師データとの差を縮めるためネットワークの入力に対する重み

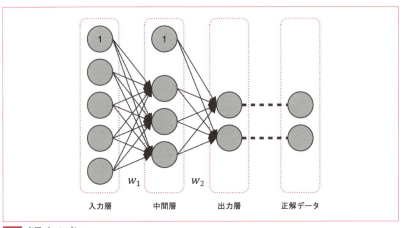

図1 多層パーセプトロン

係数を更新する誤差逆伝播法（バックプロパゲーション）も重要な役割を果たしています。

活性化関数と勾配消失問題

ニューラルネットワークの活性化関数では、ヘヴィサイドの階段関数やロジスティック関数といった出力層からの出力値が大きくなると、その最終出力が1に収束するような関数が用いられていました。

ただし深層学習においては、それらの関数ではうまく学習ができないことがあります。正規化線形関数（Rectified Linear Unit：ReLU）は、一般的にはランプ関数と呼ばれています。

2011年にXavier Glorotらが、双曲線正接関数やソフトプラスなどよりもよい結果が得られると報告しました。

シグモイド関数や双曲線正接関数では、微分した関数にもとの関数が含まれているのに対して、ReLUでは0か1という単純な数字になることから計算に便利です。加えて、深層のニューラルネットワークでは、シグモイド関数などを順伝播や逆伝播で何重にも掛け合わせると、重み係数が発散してしまうことや、曲線の傾きが0になってしまい勾配消失問題（vanishing gradient problem）が発生してしまうことから、ReLUが使用されています（図2、図3）。

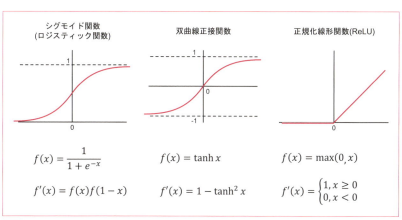

図2　活性化関数

$$f(x) = \log(1 + e^x)$$

図3　ソフトプラスの式

確率的勾配降下法

統計的機械学習によるモデル関数への当てはめには最尤法や勾配降下法が利用されています。また、モデル関数に当てはめるときに設定する損失関数や誤差関数に対しては最急降下法を用いることがあります。この方法は、全データに対して用いるバッチ学習に向いています。

ニューラルネットワークの学習においては、データの一部を抜き出してミニバッチとして、ミニバッチを利用して繰り返して重み係数を更新していく確率的勾配降下法 (Stochastic Gradient Descent：SGD) を利用します (図4)。

ミニバッチのデータ D_i は最初に準備しておき、その数は10〜100とすることが一般的とされています。

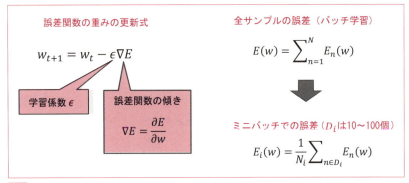

図4 勾配降下法

訓練誤差とテスト誤差

学習を行う過程において、どれだけ教師データに対して誤差が生じているかを表す値を訓練誤差と呼びます (図5左)。学習器を構築する過程ではこの値を小さくしていくことが目的となります。このときパラメーターの更新を行った回数を横軸にとり縦軸に誤差をとったときの曲線を学習曲線と言います。

サンプルの母集団に対する誤差の期待値を汎化誤差と呼び、本来であれば学習器がどれだけの性能を持っているかを確認するために未知のデータに対しての誤差である汎化誤差を得ることが必要となります。

しかし未知のデータを準備することは難しいことからテストデータを利用して、誤差を確認します。このときの値をテスト誤差と呼びます (図5右)。

学習がうまくいっているときは、訓練誤差とテスト誤差の学習曲線は同じ傾向を示します。しかし、テスト誤差が乖離していると学習がうまくいっておらず、過剰適合（過学習）を起こしている可能性が高いです。このような場合は、テストを途中で止める早期打ち切り（早期終了）をすることが多いです。

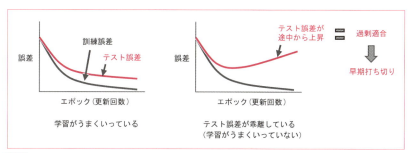

図5 訓練誤差とテスト誤差

正則化とドロップアウト

学習時に過剰適合を抑制する手法として、重み係数に制限を加える正則化があります。また正則化と似たような重み係数へのペナルティとして、重み上限を設定する方法があります。ニューラルネットワークにおける過剰適合の抑制方法として、もう1つドロップアウトと呼ばれるものがあります（図6）。

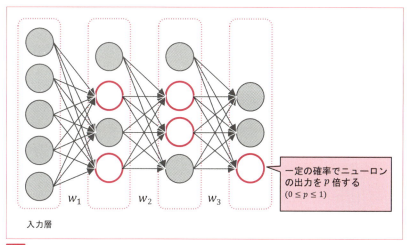

図6 ドロップアウト

ドロップアウトは多層ネットワークのユニットを確率的に選別した状態で学習を行います。ユニットの選別は重み係数の更新ごとに行います。ドロップアウトの対象になったユニットでは、出力時の重みが一律にp倍$(0 \leq p \leq 1)$されます。このことにより、学習時にネットワークの自由度を強制的に小さくし過剰適合を抑制します。

学習時の工夫

ニューラルネットワークでの学習時に利用できる工夫としては、ほかに以下のようなものがあります。

データの正規化

データの平均や分散を揃えることを正規化（規格化）（normalization）や標準化（standardization）と言います。具体的には「平均を0にする」、「分散（標準偏差）を1にする」という操作を行うことが多いです。

また、「相関を0にする」という操作を白色化（whitening）と言います。一般にこのような処理は前処理と呼ばれ、前処理を行って学習をした場合は識別するときにも同じ前処理を行います。

データ拡張

画像認識などでは平行移動、鏡像、回転、濃淡や色合いの変更、ノイズの付加などを行って教師データとして学習することで、画像の質が低い状態でも認識精度が向上するようにしています。

複数のネットワークの利用

構造の異なった複数のニューラルネットワークを構築し、それぞれで学習を行い、モデル平均を得る（model averaging）ことで学習の汎化性能を向上させます。アンサンブル学習を行っていることに近いと言え、ドロップアウトでも同様の効果が得られます。

学習係数ϵの決定方法

学習係数は学習が進むにつれて小さくしていくことや、層ごとに異なる値を用いることで学習が効率的になることがあります。学習係数を自動的に決定するア

ルゴリズムもあり、AdaGradがよく使用されています。AdaGradでは更新量を

$$-\epsilon \nabla E_t \quad \to \quad -\frac{\epsilon}{\sqrt{\sum_{t'=1}^{t}(\nabla E_{t'})^2}} \nabla E_t$$

のように置き換えます。

　ニューラルネットワークの学習の改善については、以下のサイトを参照してください。

- **参考：ニューラルネットワークと深層学習：**
  第3章ニューラルネットワークの学習の改善
  `URL` http://nnadl-ja.github.io/nnadl_site_ja/chap3.html

CHAPTER 9 | 深層学習

制約付きボルツマンマシン（RBM）

ここでは制約付きボルツマンマシン（RBM）について解説します。

POINT
- ボルツマンマシンと制約付きボルツマンマシン
- 事前学習

ボルツマンマシンと制約付きボルツマンマシン

ボルツマンマシン（図1左）はグラフのノード同士が無向グラフとして接続されたネットワークになっており、これらを層構造に連結することができます。そのとき、可視層と隠れ層に分けることができます。

パーセプトロンのような入力と出力を伴う有向グラフではないため、計算が困難になりやすいです。そこで提案されたものが制約付きボルツマンマシン（Restricted Boltzmann Machine：RBM）（MEMO参照）です（図1右）。RBMは可視層と隠れ層の2層構造となっており、同じ層のユニットは連結しないようになっています。

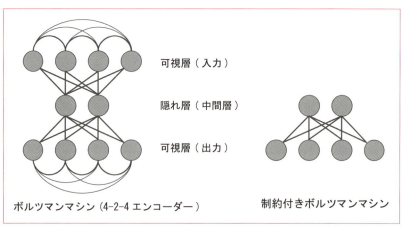

図1 ボルツマンマシンと制約付きボルツマンマシン

> **MEMO 制約付きボルツマンマシン**
>
> ほかに制約ボルツマンマシン、制限ボルツマンマシンなどの呼び名があります。

事前学習

　多層のネットワークでは勾配消失問題が発生してしまい学習がうまくいかなくなることがあります。層を深くするとその傾向がより顕著に表れます。その原因としては、重みのパラメーターとして初期値で与える値がランダムに決定されていることがあるとされています。その解決方法として**事前学習**があります。

　事前学習では、多層のネットワークを入力側から順番にRBMの形態のような2層のネットワークに分離して、教師なし機械学習を行うことで初期値を決定します。それぞれに分離されたネットワークを**オートエンコーダー（自己符号化器）**とする方法です。最後に出力層を追加するときにのみ、重みをランダムに設定します。これにより、出力層の手前までの多層ネットワークを特徴抽出器として機能させて、勾配消失問題を抑制し、学習をうまく進めることができるようになります。

Deep Neural Network (DNN)

ここでは Deep Neural Network（DNN）について解説します。

POINT
- 教師あり学習と教師なし学習
- Deep Belief Network
- オートエンコーダー
- スパースコーディング

教師あり学習と教師なし学習

ここまでで紹介した多層パーセプトロンやボルツマンマシンはより層を厚く、深くすることができます。ユニット数で3桁以上、層の数でも3桁以上となるような多層構造をとるようなニューラルネットワークはDeep Neural Network（DNN）、ディープネットなどと呼ばれます。

DNNを使用した学習を深層学習（ディープラーニング）と言います。深層学習においても教師あり学習と教師なし学習に分けることが可能ですが、利用するネットワークの形態それぞれの手法でははっきりとした区別は難しいです（図1）。

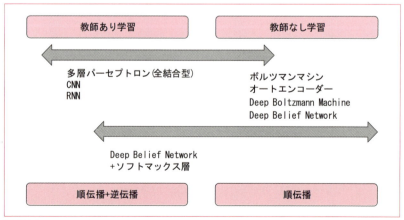

図1 教師あり学習と教師なし学習の分類

しかしながら、教師なし学習では基本的に順伝播のみを利用することが多く、教師あり学習では順伝播に加え、逆伝播によって重みの更新をして、学習を行います。

◆ Deep Belief Network

2006年にヒントンらはRBMを利用した多層化の考案をして、Deep Belief Network（MEMO参照）とすることで学習を行いました（図2）。この手法は可視層から順番にRBMの構造を取り出して学習を進める、事前学習とオートエンコーダーに密接に関係しています。

Deep Belief NetworkはRBMの積み重ねによる部分だけでは教師なし学習となりますが、最上位の層としてソフトマックス層を追加することで教師データとのすり合わせを行い、下層の全ネットワークに対して逆伝播を行うようにすることができます。この操作により教師あり学習として振る舞うことが可能になります。

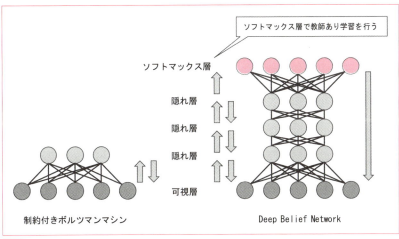

図2 Deep Belief Network

> **MEMO** Deep Belief Network
>
> Deep Belief Networkについては、以下のサイトを参照してください。
>
> - **RBMから考えるDeep Learning　〜黒魔術を添えて〜**
>   URL http://qiita.com/t_Signull/items/f776aecb4909b7c5c116

オートエンコーダー

入力データを与えて得られたデータについて、さらに入力として与えて出てきた出力を入力データと比較し、より近い状態になるよう特徴を獲得し、よりよいデータの表現を得るための順伝播型ネットワークをオートエンコーダー（自己符号化器）と呼びます（MEMO参照）（図3）。これは教師データのない教師なし学習の1つとなります。ネットワークの形としてはRBMと似たようなものであり、事前学習に利用されます。

まずはエンコードと呼ばれる入力層（RBMでは可視層）側から $y = f(Wx + b)$ の計算を行い、特徴（中間層、隠れ層での特徴表現）を得ます。そして、さらに入力層と同じユニット数を持つ出力層を作り、重み係数 W とそのバイアス b を変えた $\widetilde{W}$ と $\tilde{b}$ を利用してデコードと呼ぶ計算を行います。これにより入力データを復元するような処理を行うことができます。

ただし、中間層のユニット数が同じだったり、$W\widetilde{W} = I$（単位行列）だったりすると、恒等写像になってしまうため、「より少ない表現で特徴を表す」という目標からは外れてしまいます。したがって、中間層のユニット数は入力層より少なくすることが求められます。そしてここで得られる誤差関数を最小にする W や $\widetilde{W}$ は、入力データに対する、教師データのない主成分分析と実質同じとなります。

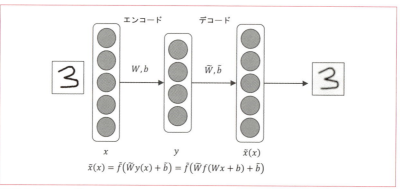

図3　オートエンコーダー

MEMO　オートエンコーダー

オートエンコーダーについては以下のサイトを参照してください。

- 人工知能伝習所
  URL http://artificial-intelligence.hateblo.jp/entry/2016/10/14/080000

MEMO　基底

主成分分析で得られるようなデータを構成する特徴表現。主成分分析では直交基底によりデータを分解して表現をします。

✚ スパースコーディング

人間や猿、猫などの生物を用いた実験により、「視覚から得られる情報は脳の内部で単純なフィルタに対応した少数の細胞群が反応することにより認識しているのではないか」と言われています。

ベクトルや行列においてその要素の多くが0であるものをスパース（疎）であると言います。例えば画像を入力としたときの入力データには正則化などによりスパース性を持たせることができるとされて、画像の基底（前ページの MEMO 参照）を計算したときに脳の一次視覚野で見られるような局所性、方位選択性、周波数選択性を説明できる状態を確認することができました。このことから、「脳では少数のニューロンが反応することで複雑な表現をする機構があるのではないか」という仮説があります。この機構をスパースコーディングと呼んでいます。

スパースな構造のデータの解析は「多くの要素のなかから0でない要素がどれであるか」という、組み合わせとその値を探し出す必要があるために、計算量がとても多くなる「NP困難な問題」と言われています。しかしながらこのような構造でデータの特徴表現が可能であれば特徴抽出やデータ圧縮に有効です。

ディープラーニングにおいては、最終的に得たい結果が複雑であっても、ニューラルネットワークの内部では単純な特徴表現を持っています。それらが疎スパース、すなわち特徴としては「ほとんどが0」として持ちスパースであることが、「汎化性能と効率の向上の鍵ではないか」と言われており、スパースコーディングがディープラーニングをはじめとした機械学習においては重要なテーマとなっています。

- 参考：スパースモデリング、スパースコーディングとその数理
  （第11回WBA若手の会）
  URL http://www.slideshare.net/narumikanno0918/11wba-55283892

- 参考：ディープラーニングの原理とビジネス化の現状
  URL http://news.mynavi.jp/series/deeplearning/001/

- 参考：scikit-learnでSparse CodingとDictionary Learning -理論編-
  URL http://d.hatena.ne.jp/takmin/20121224/1356315231

- 参考：日本音響学会2015年秋季研究発表大会
  ビギナーズセミナー：スパース信号表現って何？
  URL http://asj-fresh.acoustics.jp/wordpress/wp-content/uploads/2015/12/2015f_beginners_koyama.pdf

CHAPTER 9 | 深層学習

04 Convolutional Neural Network（CNN）

ここではConvolutional Neural Network（CNN）について解説します。

POINT
- 畳み込み処理
- CNNの構成

畳み込み処理

　CNNのC（コンボリューション）は畳み込みを意味します。これは演算の一種で2つの関数のうち1つを平行移動させながら合成積をとった積分値を計算します。機能が豊富な画像編集ソフトウェアではこの処理を行うことができ、行列によってパラメーターを指定することで画素値の編集ができます。

　一般的には、このような処理を行うと画像に対しては平滑化（ぼかし）やエッジ抽出、エンボスなどとして反映されます（図1）。

0	0	0	0	0
0	1/9	1/9	1/9	0
0	1/9	1/9	1/9	0
0	1/9	1/9	1/9	0
0	0	0	0	0

平滑化フィルタ

0	0	0	0	0
0	−1	−1	−1	0
0	−1	9	−1	0
0	−1	−1	−1	0
0	0	0	0	0

鮮鋭化フィルター
（アンシャープマスキング）

図1 畳み込みフィルタの例

CNNの構成

CNNは主に4種類の層によって作られています。入力画像に対しては、畳み込み層、プーリング層によって特徴の抽出を行い出力画像である特徴マップを得ます（図2）。

畳み込み層とプーリング層の間に、正規化層を含めるときもあります。正規化層は畳み込み層で処理された画像について全画素値の平均を0にする減算正規化や分散を揃える除算正規化などの正規化を行います。これらの層をいくつも繰り返し、最後は全結合層を経る（MEMO参照）ことで出力を行います。

出力が分類結果や識別結果でありラベル付けされた物体の名前を得たいときは、ソフトマックス（softmax）関数により、ラベルごとの数値をすべて合計した値を1とした値に変換（正規化）すると、確率として表現できます。

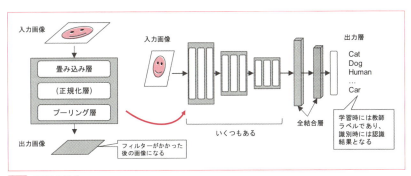

図2 CNNの構成

MEMO CNNにおける全結合層

2016年現在、Network in network（NIN）と呼ばれる手法により全結合層が不要になっている形態も存在し、こちらが主流になってきています。

畳み込み層ではフィルタを通していることと同じになりますが（次ページの図3左）、ここで得られる特徴マップは、フィルタのサイズに依存して画像サイズが小さくなります。このとき画像のサイズを変化させないためには、フィルタをかける対象の画像についてパディングを設定します。

パディングは0で埋めたり、画像に応じた数値に設定したりします。そうして得られた特徴マップをプーリング層に渡します（次ページの図3右）。

プーリング層では、簡単には画像の縮小処理を行います。縮小処理は必須では

ないものの、後に続くネットワークでの処理の負担を軽くすることと、縮小処理による特徴量の圧縮の効果があります。特に特徴量の圧縮は物体認識においては有利に働きます。

プーリングは着目領域の画素値について、平均値プーリング、最大値プーリング、Lpプーリングといった方法によって行います。Lpプーリングは、着目領域の中心の値がより強調されて反映されるような方法となっています。

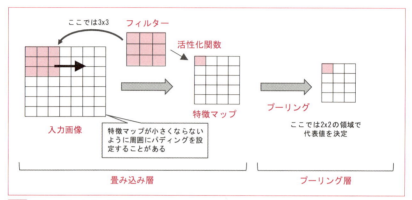

図3 特徴マップとプーリング

以下のWebサイトでは、実際に画像に描かれた数字を認識する様子を目で見ることができます。

- 参考：ニューラルネットワークを活用した文字認識のプロセスを三次元で可視化したWebGLデモがすごい！
  URL https://webgl.souhonzan.org/entry/?v=0510

- 参考：An Interactive Node-Link Visualization of Convolutional Neural Networks
  URL http://scs.ryerson.ca/~aharley/vis/

CNNを用いた画像認識（MEMO参照）では2012年のImageNetのコンペティションにて、トロント大学のチームが開発したAlexNetと呼ばれるネットワークによる画像分類タスクが、これまでの特徴量抽出を利用した手法を精度で大きく引き離して、好成績を収めました。2014年のコンペティションではGoogleによるGoogLeNetが優勝しており、2015年にはマイクロソフトリサーチによるResNet （deep residual learning）が優勝しています。

いずれもCNNを利用しており、GoogLeNetからは全結合層をなくした形態のCNNが一般的になってきました。

> **MEMO　CNNを用いた画像認識**
>
> ディープラーニングと画像認識については、以下のサイトを参照してください。
>
> - **Deep Learningと画像認識～歴史・理論・実践～**
>   URL http://www.slideshare.net/nlab_utokyo/deep-learning-40959442

05 Recurrent Neural Network（RNN）

ここではRecurrent Neural Network（RNN）について解説します。

POINT
- RNNの構造
- Long Short-Term Memory（LSTM）

RNNの構造

Recurrent Neural Network（RNN）は再帰型ニューラルネットワークと呼ばれ、数ステップ前にさかのぼってデータを反映することのできるニューラルネットワークです。このことから、時系列データなどの「文脈」を考慮した学習が可能であるとされており、実際に波形データである音声や自然言語などの学習に利用されています。なお、Recursive Neural Networkも同じRNNと略されますが、異なるネットワークとなっています。

RNNはCNNと異なり、重み係数に対応する線形作用素がWとHの2種類存在しています。中間層が帰還路Hを持ち、再帰的にかかっていることがRNNの特徴となっています。

時系列上のデータの流れをネットワークに表現すると図1上のようになります。

入力xに対応する出力yがそれぞれの時刻tで存在し、時刻tに沿ってxの入力が起こります。hは時刻ごとの中間層への入力を表しています。

ネットワークへの入力はx_tとh_{t-1}、出力はh_tとy_tとなっており、h_tは理論上それ以前の時刻でのxの影響を受けていることになります。

h_tとy_tを求める式それぞれにおいて、b_h、b_wはそれぞれH、Wのバイアスと呼ばれるものを表し、fは活性化関数、sは活性化関数やsoftmax関数を示しています。これらの流れをまとめると図1下のような構造となります。

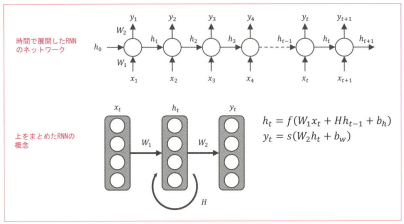

図1 RNNの構造

RNNの学習は確率的勾配降下法が利用されており、RTRL（RealTime Recurrent Learning）法やBPTT（BackPropagation Through Time）法によって重みの更新を行います。

BPTT法はバックプロパゲーションをアレンジした手法となっており、ステップ数をさかのぼって更新を行うことができます。しかし、遠くさかのぼろうとすると勾配消失問題が発生し学習は難しくなります。

よりアレンジされたRNNとして、深層化されたDeep RNNや双方向性RNN（Bidirectional RNN）といったものもあります（図2）。

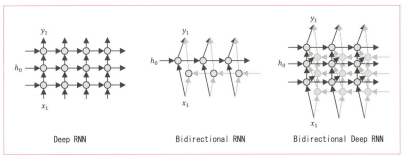

図2 Deep RNNとBidirectional RNN

❖ Long Short-Term Memory（LSTM）

　RNNはさかのぼるステップ数が多くなるとき、勾配消失問題によって学習がうまくいかなくなります。その問題点を改善した手法が長・短期記憶（LSTM）と呼ばれています（図3）。

　RNNの中間層での各ユニットをLSTMブロックと呼ばれるメモリユニットに置き換えた構造をしています。LSTMブロックには、入力ゲート、忘却ゲート、出力ゲートの3種類のゲートがあり、記憶セルに保存している1ステップ前の状態を忘却ゲートで参照（要素積）（MEMO参照）しながら、また入力ゲートや忘却ゲートをうまく開閉しながら、出力を調整します。

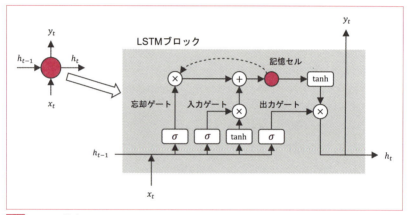

図3　LSTMの構造

> **MEMO　要素積（アダマール積）**
> 行列の同じ位置の要素同士を掛け算する演算です。

CHAPTER 10 画像や音声のパターン認識

機械学習によるパターン認識の代表的な応用例として取り上げられるシーンが画像認識や音声認識です。これらの認識技術は古くから培われており、解析学的な側面が重要な位置を占めます。そのためフーリエ変換などのデータ表現の置き換えについて前半に解説を加えています。ここでは、解析学的なアプローチによる古典的な機械学習による手法と、最近脚光を浴びている深層学習を用いた手法について解説するとともに、画風変換などの応用事例についても簡単に触れます。

CHAPTER 10 　｜　画像や音声のパターン認識

パターン認識

ここではパターン認識の代表的な構築方法を説明します。

POINT
- 古典的な機械学習による方法
- 深層学習による方法

パターン認識について

　ここまでに解説した内容から、教師あり学習をすることにより機械が与えられたデータに対してこれまで教師データとして与えられた情報からそれらしい答えを導き出し出力することができるようになることが理解できたかと思います。

　特に画像や音といったデータについてはわかりやすく、データのなかに現れる一定のパターンを抽出し照合することに当たります。これはつまりパターン認識をするプログラムということになります。パターン認識プログラムには、古くから利用されてきた古典的な機械学習を用いた構築方法と近年のトレンドとなっている深層学習を用いた構築方法があります（図1）。

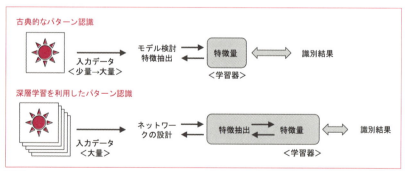

図1　パターン認識プログラムの構築方法

　古典的な機械学習を利用したパターン認識では、特徴を抽出する手法が数々あり、それらから有効そうなものを選択し、モデルを検討します。その結果、得ら

れた特徴量の情報を学習器として用いることで古典的なパターン認識プログラムができあがります。

　一方で、深層学習を利用した方法では、ネットワークの設計を行うことが、モデルの検討に相当します。深層学習の場合、特徴の抽出を行う部分については、設計されたネットワークに基づいて自動的に行われ、得られた特徴量の情報を学習器として使用します。

　古典的な方法として、特徴の抽出において、深層学習ではネットワークの設計に試行錯誤のための労力を割く必要があります。また、深層学習においては「設計したネットワークがどのように機能しているか」という、考察を加えにくいことがあるため、「学習が想定していない結果となったときに、原因を追求することが難しい」といったことがあり、その点については古典的な方法に比べて難度が高いと言えます。

　ただし、深層学習における画像認識の場合は利点として、すでにさまざまなネットワークが公開されていることから、それらを再利用し転移学習などにより、「認識する対象をアレンジする」といったことの検討が可能です。

02 特徴抽出の方法

ここでは特徴抽出について解説します。

POINT
- 特徴抽出について
- 古典的な解析学によるアプローチ
- フーリエ変換
- ウェーブレット変換
- 行列分解による特徴抽出

古典的な解析学によるアプローチ

伝統的な手法としては、解析学によるアプローチが基本となります。よく知られているものとして、ある関数の近似のために、さらに多数（無限個）の無限回微分可能関数の合成式で表現するテイラー展開（Taylor expansion）があります。この Σ で表される式を級数（ここではテイラー級数）と呼び（図1）、$f^{(n)}$ は関数 f を n 回微分した関数を示します。テイラー展開では関数 f の a における近似を求めるのに対して、$a = 0$ としたときはこれをマクローリン展開（Maclaurin expansion）と呼んでいます（図2）。主成分分析のときと同様に、1つのデータ（関数）を多数の構成成分（関数）に分解して表現していることに相当します。

$$f(x) = \sum_{n=0}^{\infty} \frac{f^{(n)}(a)}{n!}(x-a)^n$$

図1 テイラー展開の式

$$f(x) = \sum_{n=0}^{\infty} \frac{f^{(n)}(0)}{n!}(x)^n$$

図2 マクローリン展開の式

いくつかの関数について、マクローリン展開をすると図3のように表すことができます。

ここで、$\binom{n}{k}$は二項係数（図4）、Bはベルヌーイ数と呼ばれる値です。この級数展開式において、nを無限大まで増やさずに途中で止めると、近似解が得られます。例えば、1.05の10乗は1.6288946…となりますが、近似値を求めるときには$(1+0.05)^{10} \fallingdotseq 1 + 10 \times 0.05 + 45 \times 0.05^2 = 1.6125$と計算できます。

$$e^x = \sum_{n=0}^{\infty} \frac{x^n}{n!}$$

$$(1+x)^\alpha = \sum_{n=0}^{\infty} \binom{\alpha}{n} x^n$$

$$\sin x = \sum_{n=0}^{\infty} \frac{(-1)^n}{(2n+1)!} x^{2n+1}$$

$$\cos x = \sum_{n=0}^{\infty} \frac{(-1)^n}{(2n)!} x^{2n}$$

$$\tan x = \sum_{n=0}^{\infty} \frac{B_{2n}(-4)^n(1-4^n)}{(2n)!} x^{2n-1}$$

$$\left(|x| < \frac{\pi}{2}, B_0 = 1, B_n = -\frac{1}{n+1} \sum_{k=0}^{n-1} \binom{n+1}{k} B_k \right)$$

図3 マクローリン展開の例の式

$$\binom{n}{k} = \frac{n!}{k!(n-k)!}$$

図4 2項係数の式

フーリエ変換

ここで、ある関数を三角関数によって近似表現することを考えます。関数fが周期性のある関数で、実数値関数であるとします。さらに周期が2πであるとしたときにこの関数は次ページの図5のように余弦関数（cos）と正弦関数（sin）の組み合わせで表現が可能になります。

急に**周期関数**という制限が加わったかのように思われるかもしれませんが、音声や電気信号などは周期性のある波として扱うことができることによるものです。画像のような周期性に疑問があるような場合でも周期性があるとして扱います。

$$a_n = \frac{1}{\pi} \int_{-\pi}^{\pi} f(t) \cos nt \, dt$$

$$b_n = \frac{1}{\pi} \int_{-\pi}^{\pi} f(t) \sin nt \, dt$$

$$f(x) = \frac{a_0}{2} + \sum_{n=1}^{\infty} (a_n \cos nx + b_n \sin nx)$$

図5 フーリエ級数展開の式

虚数単位を i とした複素数を用いると、三角関数はより簡単な式に書き換えることができます。そのための式が**オイラーの公式**です。オイラーの公式を利用すると（**図6**）、フーリエ級数展開は a_n と b_n をまとめて c_n で表現することができます（**図7**）。

$$e^{i\theta} = \cos\theta + i \sin\theta$$

図6 オイラーの公式

$$c_n = \frac{1}{2\pi} \int_{-\pi}^{\pi} f(t) e^{-int} \, dt$$

$$f(x) = \lim_{m \to \infty} \sum_{n=-m}^{m} c_n e^{inx}$$

図7 フーリエ級数展開の複素数形式

そして、周期を 2π から時間 T とし、c_n を n/T の関数として表現を変えます。そうすることによって、得られる関数 f から F への変換を、**フーリエ変換（Fourier Transform：FT）**と呼びます（**図8**）。現在使用されているフーリエ変換の計算は、**離散フーリエ変換（Discrete Fourier Transform：DFT）**に対応した**高速フーリエ変換（Fast Fourier Transform：FFT）**と呼ばれる方法によって行われていることが多いです。

$$c_n = F(n/T) = \int_{-T/2}^{T/2} e^{-2\pi i n x/T} f(x)\,dx$$

$$f(x) = \frac{1}{T} \lim_{m \to \infty} \sum_{n=-m}^{m} F(n/T) e^{2\pi i n x/T}$$

図8 フーリエ変換の式

「フーリエ変換をすることにより何が変わるか」と言うと、簡単に言えば、時間と振幅の関係を表す関数だったものが、時間と周波数の関係を表すようになります。時間と周波数の関係は、時間と振幅の関係に戻すことも可能であり、これを逆フーリエ変換またはフーリエ逆変換（inverse transform）と呼びます（図9）。フーリエ変換をしたときの周波数領域表現をスペクトルと言い、これを利用した分析や解析をスペクトル解析と呼びます。

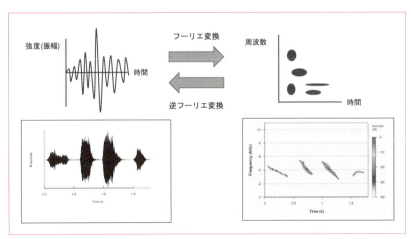

図9 フーリエ変換と逆フーリエ変換

$f(x)$、$g(x)$、$h(x)$を元の関数、a、bを複素数、$F(s)$、$G(s)$、$H(s)$をそれぞれf、g、hのフーリエ変換であるとしたとき、次ページの図10のような性質があります。

- 線形性　　　$h(x) = af(x) + bg(x) \Leftrightarrow H(s) = aF(s) + bG(s)$
- 平行移動　　$h(x) = f(x - x_0) \Leftrightarrow H(s) = e^{-2\pi i x_0 s} F(s)$
- 変調　　　　$h(x) = e^{2\pi i x s_0} f(x) \Leftrightarrow H(s) = F(s - s_0)$
- 定数倍　　　$h(x) = f(ax) \Leftrightarrow H(s) = \frac{1}{|a|} F\left(\frac{s}{a}\right)$
- 複素共役[※1]　$h(x) = \overline{f(x)} \Leftrightarrow H(s) = \overline{F(-s)}$
- 畳み込み　　$h(x) = (f * g)(x) \Leftrightarrow H(s) = F(s)G(s)$

図10　フーリエ変換の性質の式

　フーリエ変換は周期Tの関数を三角関数の合成波として表現しており、なめらかな揺らぎを表現する低周波数関数から、急峻な変化として現れる高周波数関数を足し合わせています。

　この特徴をうまく利用すると、フィルタを作ることができます。代表的なフィルタとしては、ローパスフィルタやハイパスフィルタ、バンドパスフィルタといった特定の周波数帯のみを残し、それ以外を0とするフィルタです。

　画像の畳み込みフィルタにおける考え方と同じであり、元の関数についてフーリエ変換を行った後に、例えば「ノイズとして低周波数帯を除去して逆フーリエ変換をする」といったことをすることにより、音声であれば低音領域の除去、画像であればエッジ強調のような処理として結果を得ることができます。

　このような処理が簡単にできるのは畳み込み演算がフーリエ変換によって簡単に表現できたことが大きいです。畳み込み演算は具体的には図11のような計算式で表現されます。

$$(f * g)(x) = \int_{-\infty}^{\infty} f(y)g(x - y)\,dy$$

図11　畳み込みの計算式

　フーリエ変換は画像や音声以外にも、電気信号や生体信号、X線結晶構造解析、電波望遠鏡（デジタル相関分光器）などで得られるさまざまな信号に対して、そ

※1：複素共役：$c = a + bi$の複素共役は$\overline{c} = a - bi$となります。

の前処理や解析、変換処理として利用されています。また、フーリエ変換をより制御システムや工学的な応用に対応させたものとして、ラプラス変換やZ変換があります。

なお、フーリエ変換によって行われている解析において、ウェーブレット変換のほうがメリットが大きいこともあり、ほとんどがウェーブレット変換による解析にシフトしているとされています。

ウェーブレット変換

フーリエ変換では三角関数の合成関数であるということを前提とした変換を行ったことに対し、ウェーブレット（さざ波）と呼ばれる波形を基本構成要素としています。

複数のウェーブレットを拡大縮小、平行移動などをし、それらを線形結合して目的とする関数（波形データ）に適合させる変換をウェーブレット変換と呼びます。

それぞれのウェーブレットは正規直交系となっています。ウェーブレット変換において使用するウェーブレットをウェーブレット関数$\psi(t)$と呼んでおり、スケーリング関数$\phi(t)$とセットになっているものもあります（図12）。

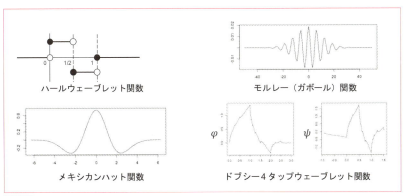

図12 ウェーブレット関数の例

ウェーブレット変換には連続ウェーブレット変換（Continuous Wavelet Transform：CWT）と離散ウェーブレット変換（Discrete Wavelet Transform：DWT）があり（次ページのMEMO参照）、画像にはDWTを用います。

ウェーブレットにはマザーウェーブレット、マザーウェーブレットを補助するファザーウェーブレットがあり、マザーウェーブレットからウェーブレット関数

を構成します。

CWTではマザーウェーブレットとしてメイヤー（Meyer）関数、モルレー（Morlet）関数、メキシカンハット（Mexican hat）関数、DWTではハール（Haar）のウェーブレット関数やドブシー（Daubechies）のウェーブレット関数などが使用されます。

モルレー関数はガボール（Gabor）関数と同じとなっており、ガボール変換は人間の視覚を模した基底画像フィルタとして虹彩認識や指紋認証、物体の位置認識などに利用されています。

MEMO　ウェーブレット変換

ウェーブレット変換については、以下のサイトも参考にしてください。
- ウェーブレット変換の基礎と応用事例：連続ウェーブレット変換を中心に
  URL http://www.slideshare.net/ryosuketachibana12/ss-42388444
- 短時間フーリエ変換と連続ウェーブレット変換
  URL http://laputa.cs.shinshu-u.ac.jp/~yizawa/InfSys1/basic/chap11/index.htm

---

DWTを用いた解析については、画像処理や圧縮などさまざまな場面で使用されています。特に画像の場合は、2次元ウェーブレット変換を行います（図13）。2次元ウェーブレット変換を行うと、画像のサイズを半分に分けた左下側には低周波成分が、右上側には高周波成分が集まるようになり、このことで画像の圧縮効率が向上したりします。逆変換を行うと、もとの画像に戻すことができます。

画像の圧縮ではJPEG2000というファイル形式で使用されています。8×8ピクセルの単位で離散コサイン変換によって圧縮を行うJPEG形式と異なりブロックノイズが生じにくいです。また可逆圧縮であるという特長があります。

ウェーブレット変換の持つフーリエ変換と異なる特徴は、周波数帯域の高低に応じて時間軸側の分解能が変化する点です。フーリエ変換では、「どの周波数帯域であっても同じ分解能である」のに対して、ウェーブレット変換では「周数帯域が高いと分解能が高く」なります。

DWTにおいては、この性質を利用した解析方法を多重解像度解析と呼んでいます。

この章で紹介する音声のデータ以外にも、脳波や筋電位、心電図などの波形を処理することにフーリエ変換をはじめウェーブレット変換などがよく用いられます。

そのようなデータの処理に関心がある場合は、『インターフェース 2015年4月

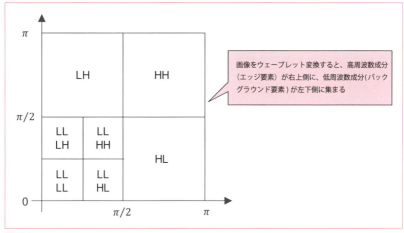

図13 2次元ウェーブレット変換による画像の変換

号 生体センシング入門』（**URL** http://www.kumikomi.net/interface/contents/201504.php）が参考になります。ウェーブレット解析をするために利用できるプログラムとしては、R言語では{WaveThresh}パッケージなどがあります。

- **参考：離散ウェーブレット変換について**
  URL http://laputa.cs.shinshu-u.ac.jp/~yizawa/InfSys1/advanced/daubechies/index.htm

- **参考：ryamadaの遺伝学・遺伝統計学メモ**
  URL http://d.hatena.ne.jp/ryamada22/20131212/1386808805

行列分解による特徴抽出

　フーリエ変換やウェーブレット変換による特徴の抽出のほかに、主成分分析などを利用した特徴の抽出も利用できます。例えば、行列分解の方法、主成分分析のほかに、独立成分分析や非負値行列因子分解、そしてスパースコーディングが主なものとして挙げられます（次ページの**図14**）。

　これらのうち、**非負値行列因子分解**（Nonnegative Matrix Factorization：NMF）（次ページの**MEMO**参照）は、「もとの行列を2つの非負値で構成される行列に分ける」と言う制約を加えていることから主成分分析とは異なった特徴をとらえた

結果を得られます。

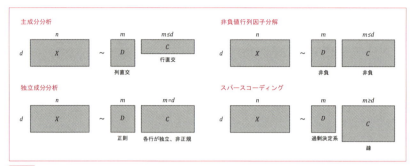

図14 行列分解の種類
出典：『コンピュータビジョン 最先端ガイド6 － CVIMチュートリアルシリーズ －』
（日野英逸，村田昇著、アドコム・メディア株式会社）p.69、第3章
URL http://opluse.shop-pro.jp/?pid=66985382

例えば、顔の特徴を得たいと考えたとき、主成分分析であれば「顔を構成するための特徴」の大きい順に特徴を得られますが、NMFでは顔のパーツごとに分かれた特徴を得ることができます。これは、顔画像における各ピクセルの画素値が0以上（非負値）であることを利用していることによる効果であると言えます。

MEMO　非負値行列因子分解による特徴抽出

非負値行列因子分解による特徴抽出については、以下のサイトも参考にしてください。

- **非負値行列因子分解**
  URL http://sonoshou.hatenablog.jp/entry/20121011/1349960722
- **Non-negative Matrix Factorization（非負値行列因子分解）**
  URL https://abicky.net/2010/03/25/101719/
- **チュートリアル：非負値行列因子分解**
  URL http://www.kecl.ntt.co.jp/people/kameoka.hirokazu/publications/Kameoka2011MUS07.pdf

CHAPTER 10 　画像や音声のパターン認識

03 画像認識

ここでは画像認識について解説します。

POINT
- コンピュータビジョン
- 画像処理による方法
- 深層学習による方法
- 特徴抽出を利用した画像変換

コンピュータビジョン

　画像はピクセルの集合でありそれぞれのピクセルが持つ画素値のデータとして構成されています。機械が映像の読み取り装置から受けた入力データである画像を何らかの処理をして理解すること、機械に理解させることを研究する領域はコンピュータビジョンと呼ばれています。静止画像やその連続データである動画から、それが何を意味しているかを汲み取れるようなことが人工知能としては究極的に求められることとなります。

　そのために必要なこととして、物体や文字の識別と認識、陰影からの三次元モデルの構築（三次元復元）、それから画像に対するキャプション（説明文）生成や動画のシーン推定（意味理解）といったことが研究されています。それぞれに画像処理や画像認識といった個々の技術が大きく深くかかわっています。

- 参考：**OpenCVで学ぶ画像認識**
  URL http://gihyo.jp/dev/feature/01/opencv/0001
- 参考：**コンピュータビジョンのセカイ - 今そこにあるミライ**
  URL http://news.mynavi.jp/series/computer_vision/001/

　画像認識において、現在国際的にもよく利用されている画像ライブラリにはImageNet、MNIST、CIFAR-10などがあります。

- **参考：ImageNet**
  🔗 http://image-net.org/

- **参考：THE MNIST DATABASE of handwritten digits**
  🔗 http://yann.lecun.com/exdb/mnist/

- **参考：The CIFAR-10 dataset**
  🔗 https://www.cs.toronto.edu/~kriz/cifar.html

MNISTについての解説は以下のサイトを参照してください。

- **参考：TensorFlow：コード解説：ML 初心者向けの MNIST**
  🔗 http://tensorflow.classcat.com/2016/03/09/tensorflow-cc-mnist-for-ml-beginners/

画像処理による方法

顔認識や物体認識を行う手法としてハールライク（Haar-Like）特徴と呼ばれる矩形特徴を用いた方法が使用されており（図1）、矩形特徴を弱学習器としてAdaBoostで強学習器を構築します。

検索窓を設定し、この範囲のなかでの矩形特徴に含まれる黒の領域と白の領域の画素値それぞれの合計量の差分を特徴量としています。

検索窓に顔が入るようにし、特徴量を算出することによって顔認識をするための学習器ができあがります。また、検索窓にさらにサブウィンドウを設定することで、より小さい領域の検出を行うことが可能です。この手法はOpenCV（MEMO参照）で採用されており、Viola-Jonesによる方法と呼ばれます。

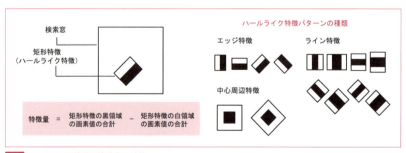

図1　ハールライク特徴と特徴量の計算

> **MEMO** OpenCV (Open Source Computer Vision Library)
>
> OpenCVについては以下のサイトを参照してください。
> - **OpenCV**
>   **URL** http://opencv.org/
> - **OpenCV入門【3.0対応】(1):OpenCVとは？ 最新3.0の新機能概要とモジュール構成**
>   **URL** http://www.buildinsider.net/small/opencv/001

　また、HOG（Histograms of Oriented Gradients）特徴量（**MEMO**参照）と呼ばれるあるピクセル座標の上下左右両隣の輝度から、勾配方向と強度を収集して数ピクセル単位のセルを対象にヒストグラムを生成、さらに数セル単位のブロックで正規化をすることで特徴量を算出する手法があります。HOG特徴量は、主に人物検出に用いられ、人の動きなど動体検出をするときに利用されます。

> **MEMO** HOG (Histograms of Oriented Gradients) 特徴量
>
> HOG特徴量については以下のサイトを参照してください。
> - **画像からHOG特徴量の抽出**
>   **URL** http://qiita.com/mikaji/items/3e3f85e93d894b4645f7
> - **OpenCVで学ぶ画像認識：第3回　オブジェクト検出してみよう**
>   **URL** http://gihyo.jp/dev/feature/01/opencv/0003

深層学習による方法

　ニューラルネットワークを使用する方法では、画像処理は主にネットワークによって行うことになるか、教師データとして与える画像のバリエーションを増やす際に別途前処理のような形として行います。

　ニューラルネットワークは畳み込みニューラルネットワーク（CNN）やその派生型が使われることがほとんどです。深層学習の章で触れた、AlexNet、GoogLeNet、ResNet（次ページの**MEMO**参照）などのネットワークがImageNetを利用したコンペティションにおいて優秀な結果を得ています。

> **MEMO** **ResNet**
>
> 以下のサイトでResNetの詳しい解説をしています。
>
> - **[Survey] Deep Residual Learning for Image Recognition**
>   **URL** http://qiita.com/supersaiakujin/items/935bbc9610d0f87607e8
>
> ResNetの実装例については以下のサイトを参照してください。Chainer、Keras、TensorFlow、Torch、Caffeのプログラムがあります。
>
> - **Deep Residual Learning（ResNet）の実装から比較するディープラーニングフレームワーク**
>   **URL** http://www.iandprogram.net/entry/2016/06/06/180806

　機械学習や深層学習を利用した画像認識（MEMO参照）は、単一のラベルに対する認識からより複雑で詳細な認識へと焦点が移っています。例えば、単一の写真画像のなかから複数の物体を同時に識別したり、連続した写真から3次元、4次元の画像や映像を認識、識別を行ったりするようなプログラムなどです。

　領域を特定して物体の認識を行うCNNに R-CNN (region-based CNN) ※2 があります。これは、CNNの機構に前処理として古典的手法において物体認識の方法として用いられるような領域切り出しを行っていることが特徴です。

　BING (Binarized Normed Gradients for Objectness Estimation) ※3 や Geodesic K-means ※4、Selective Search ※5 といったプログラムやアルゴリズムによって物体の領域を推測し切り出すことが可能となります。

　領域切り出しは、前処理になるため、CNNで学習を行うときに使用する画像のサイズは調整する必要があります。より改良し、速度を向上させるなどした、Fast R-CNN ※6、Faster R-CNN ※7 があります。CNNなどのネットワークの設計に

※2：R-CNN: Regions with Convolutional Neural Network Features
　　URL https://github.com/rbgirshick/rcnn

※3：CNNの前処理としてOpenCVでBINGを使ってみた
　　URL http://qiita.com/Almond/items/ad56ce29112d6397a704

※4：ChainerでDeep Learning: model zoo で R-CNN やりたい
　　URL http://sinhrks.hatenablog.com/entry/2015/07/05/224745

※5：R-CNNとして Selective search を使ってみた
　　URL http://qiita.com/Almond/items/7850cf81903fbe2a2c6c

※6：Fast R-CNN　　**URL** https://github.com/rbgirshick/fast-rcnn
　　論文紹介：Fast R-CNN&Faster R-CNN
　　URL http://www.slideshare.net/takashiabe338/fast-rcnnfaster-rcnn

※7：Faster R-CNN（Python implementation）
　　URL https://github.com/rbgirshick/py-faster-rcnn

おいてパラメータの調整をする際の基本的な注意点については、Fast R-CNN、Faster R-CNNが参考になるでしょう。

> **MEMO 画像認識に関する機械学習技術**
>
> 画像認識に関する機械学習技術については、以下のサイトを参照してください。
>
> - **画像認識に関する 機械学習技術**
>   URL http://niconare.nicovideo.jp/watch/kn1497
> - **[Survey] Large-scale Video Classification with Convolutional Neural Networks**
>   URL http://qiita.com/supersaiakujin/items/7fdf905e42b72dd93001
> - **Deep Learningによるハンドジェスチャ認識（第一回）**
>   URL http://wazalabo.com/deep-learning-handgesture1.html
> - **3DConvolution + Residual Networkで遊んでみた**
>   URL http://wazalabo.com/3dconvolution-residual-network.html

また、TensorFlowにはネットワークのパラメータを入力することで学習の汎化性能を可視化することのできる試行用のプログラム（TensorFlow Deep Playground）が用意されているので、そのようなものを利用することも1つです。

- **参考：Deep Learning 勉強会 パラメーターチューニングの極意**
  URL http://www.slideshare.net/takanoriogata1121/160924-deep-learning-tuningathon

- **参考：TensorFlow Deep Playground**
  URL http://playground.tensorflow.org/

特徴抽出を利用した画像変換

CNNの画像認識のネットワークを利用した画像認識以外への適用例としては超解像があり、2015年に公開されたwaifu2x（MEMO参照）が国内では有名になりました（次ページの図2）。

超解像は、縮小した後の画像をきれいに拡大することのできる技術です。単純に拡大をするともとの1ピクセルがそのまま大きくなってしまうことから、周辺のピクセルとの単純な平滑化を行うことでアンチエイリアシングを行いますが、それではぼけたような感じの像になってしまいます。しかしCNNを使用したことによりぼけた感じを抑えることができており、自然な像へと拡大することができています。

図2 waifu2xを使用した画像の超解像
サンプル ch10-waifu2x-sample.zip
URL http://www.shoeisha.co.jp/book/downloadよりダウンロード

> **MEMO waifu2x**
>
> waifu2xについては以下のサイトを参照してください。
>
> - **waifu2x**
>   URL http://waifu2x.udp.jp/index.ja.html
> - **GitHub：waifu2x**
>   URL https://github.com/nagadomi/waifu2x

　現在の深層学習の盛り上がりは、教師なし学習のネットワーク（Deep Belief Network）に始まったと言えますが、同じ教師なし学習ネットワークの1つとしてGAN（Generative Adversarial Networks）と呼ばれるものがあります。

　Adversarialは「反対の」、「敵対した」といった意味を表している通り、すでに完成している学習器に対して、出力側で得られる結果の確率が連続的になっていることを利用して入力としてニューラルネットワークに通す画像が指定した確率となるような画像の生成を行います。

　それをCNNと組み合わせたDCGAN（Deep Convolutional Generative Adversarial Networks）による画像生成[※8][※9]は画風変換と呼ばれています（図3、MEMO参照）。

※8：画風を変換するアルゴリズム
　　URL https://research.preferred.jp/2015/09/chainer-gogh/
※9：Chainerを使ってコンピュータにイラストを描かせる
　　URL http://qiita.com/rezoolab/items/5cc96b6d31153e0c86bc

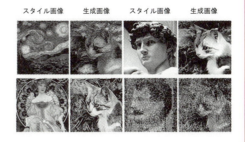

図3 画風変換の例
出典：画風を変換するアルゴリズム
URL https://research.preferred.jp/2015/09/chainer-gogh/

MEMO 画風変換

画風変換については以下のサイトを参照してください。

- Convolutional Neural Networks のトレンド @WBAFL カジュアルトーク#2
  URL http://www.slideshare.net/sheemap/convolutional-neural-networks-wbafl2
- Adversarial Networks の画像生成に迫る @WBAFL カジュアルトーク#3
  URL http://www.slideshare.net/sheemap/adversarial-networks-wbafl3
- 生成モデルの Deep Learning
  URL http://www.slideshare.net/beam2d/learning-generator

　国内での画像変換研究の例としては、早稲田大学の石川教授グループの研究で、DNNを使用した画像認識や画像理解などの研究がされており、成果として白黒画像のカラー化やCNNを使用した線画への変換ネットワークなどが発表されています（次ページの図4、図5）。

- 参考：白黒写真をカラー画像に自動変換
  　　　早稲田大学の研究チームが発表した技術がすごい
  URL http://nlab.itmedia.co.jp/nl/articles/1604/29/news031.html

- 参考：ディープネットワークを用いた大域特徴と局所特徴の学習による
  　　　白黒写真の自動色付け
  URL http://hi.cs.waseda.ac.jp/~iizuka/projects/colorization/ja/

- 参考：ラフスケッチを自動クリンナップして線画に
  早大研究チームが超技術を発表
  URL http://nlab.itmedia.co.jp/nl/articles/1604/30/news011.html

- 参考：ラフスケッチの自動線画化（プロジェクトサイト）
  URL http://hi.cs.waseda.ac.jp/~esimo/ja/research/sketch/

- 参考：鉛筆描きが一発で線画に！　ラフスケッチを自動でクリンナップする超
  技術がWebサービスとして無料公開
  URL http://nlab.itmedia.co.jp/nl/articles/1609/07/news136.html

- 参考：全層畳込みニューラルネットワークによるラフスケッチの自動線画化
  URL http://hi.cs.waseda.ac.jp:8081/

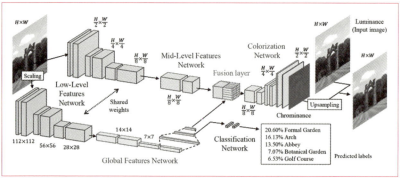

図4　白黒画像をカラーにするディープニューラルネットワーク
出典：「ディープネットワークを用いた大域特徴と局所特徴の学習による白黒写真の自動色付け」
URL http://hi.cs.waseda.ac.jp/~iizuka/projects/colorization/ja/

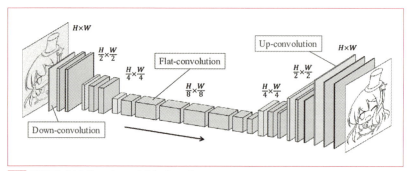

図5　線画を生成するディープニューラルネットワーク
出典：「ラフスケッチの自動線画化」
URL http://hi.cs.waseda.ac.jp/~esimo/ja/research/sketch/

既存の線画を生成するソフトウェアとの比較においても、自然な線画ができあがっている様子が報告されています（図6）。

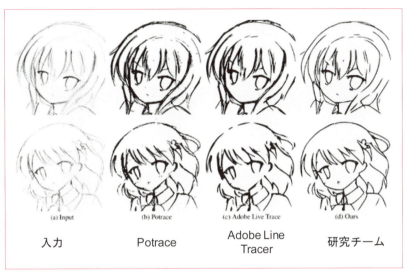

図6　線画の生成結果比較
出典：「ラフスケッチの自動線画化」
URL http://hi.cs.waseda.ac.jp/~esimo/ja/research/sketch/

CHAPTER 10　画像や音声のパターン認識

04 音声認識

ここでは音声認識について解説します。

POINT
- 音の情報表現
- 音声認識システム
- 音声合成

音の情報表現

　声やそのほかの音は空気中を振動することで伝わります。この振動を古典的な方法で記録したものがレコードであり、現代は電子機器に取り込み同じように振動のデータとして保存しておくことができます。したがって、音をマイクなどで拾うことでその振動を電子データとして取得することができます。

　音の振動は時間軸上での波形データとして見ることができます。声などは1回の振動で音となって聞こえているわけではなく、その音をなしている時間を拡大していくと同じ形の波が何回も続いている様子がわかります（図1）。音の大きさは振幅で、高さは単位時間当たりの振動数によって決まります。

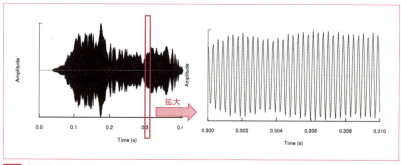

図1　音のデータ

　音のデータを読み書きしたり、解析したりするためには、波形データを処理することのできるプログラムが必要となります。専用のオーサリングツールや解析

ソフトウェアを用いるほかに、R言語などを用いて音のデータを読み込むことができます。

- 参考：Rで音声解析
  URL http://d.hatena.ne.jp/MikuHatsune/20131107/1383753958
- 参考：音
  URL https://oku.edu.mie-u.ac.jp/~okumura/stat/sound.html
- 参考：Rによる音声のサンプリング周波数変換
  URL http://www.tatapa.org/~takuo/resample/index.html
- 参考：DESCRIPTION INSTALLATION DOCUMENTATION EXAMPLES CITATIONS LIST
  URL http://rug.mnhn.fr/seewave/

音声認識の方法

人間が発声すると、その音によって特徴的な周波数が現れます。音の振幅をフーリエ変換することにより周波数特性を知ることができ、ある時間領域から切り出した振幅を周波数領域に変換したときに見ることができるピークを**フォルマント**と呼びます。ピークの周波数が低いほうから、第1フォルマント、第2フォルマント…と呼んでいます。日本語の場合は、第1フォルマントと第2フォルマントの周波数の組み合わせによって母音の音素を知ることができます（図2）。

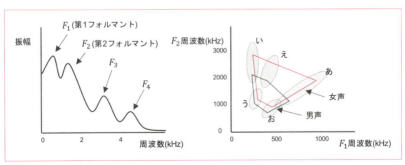

図2 フォルマントと音素
出典：『インターフェース2016.6号』（CQ出版、2016/4）、P.34
URL https://www.amazon.co.jp/dp/B000FBITFC/

声は声帯が振動することにより発せられ、声道（のどや口腔内）を通ることによりフィルタがかかります。その結果として空気の振動が発生し声として聴くことができます。

　音源である声帯がソースとなり、フィルタとの組み合わせによって声になることから、ソース・フィルタモデルと呼ばれています（図3）。

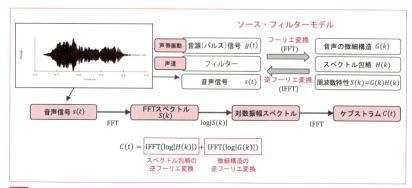

図3　発声の基本モデル
出典：『インターフェース2016.6号』（CQ出版、2016/4）、P.33, 35
URL https://www.amazon.co.jp/dp/B000FBITFC/

　音源からの信号を$g(t)$、発せられる音声を$s(t)$とすると、まずはそこから子音と母音の音声波形を切り分ける処理を行います。それらをフーリエ変換して時間の関数から周波数の関数に変換すると$G(k)$、$S(k)$となります。この間に生じる振動の変化を$H(k)$として考えると、入力Gに対してフィルタHがかかった結果Sが得られたとすることができます。SはGとHの畳み込み積によって表します。Gは音の微細構造、Hはスペクトル包絡、Sは周波数特性つまりスペクトルとなります。

　Sについて対数をとった対数振幅スペクトルから、逆フーリエ変換をすることによりケプストラム$C(t)$を得ることができます。これをケプストラム特性と言い、ここからさらに低周波数領域を切り出してフーリエ変換することで、フォルマントを見つけることができるようになります。

　このようにしてフォルマントを決定して音素を特定します。高次のケプストラムはピークが基本周波数に対応することから、ピッチ（音の高低）を決定することに用いられます（図4）。

- 参考：音声認識の基礎

  🔗 http://www.slideshare.net/akinoriito549/ss-23821600

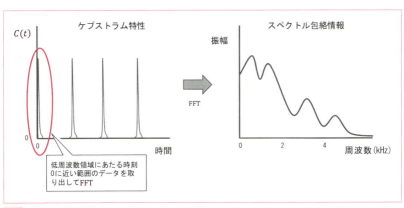

図4 ケプストラムとスペクトル包絡
出典：『インターフェース2016.6号』（CQ出版、2016/4）、P. 35
🔗 https://www.amazon.co.jp/dp/B000FBITFC/

音声認識システム

　1975年～1980年にかけて開発、発表されたHearsay-II（次ページのMEMO参照）はDARPA（米国防高等研究計画局）の支援の下に開発された音声認識システムです。

　音声を入力するとその波形から音節の抽出、単語の抽出を行い最終的にデータベースへの質問文を生成することができます。

　Hearsay-IIは黒板モデルを使用しており、音節や単語などの抽出器それぞれがエージェントとして働きながら共有メモリ上のデータを交換し合っています。音節の抽出や単語、単語列の抽出を行う際に内容を一意に決定できない場合は決定せず、曖昧さを残しそれらを仮説として次のエージェントが絞り込みを行うようにしています。

　確認エージェントを設計することで、句構造を決定するために必要な単語を仮説として共有メモリに書き込むといったこともできます。仮説には確信度を設定しておき、仮説の量が多くなっても確信度をもとに起動可能なエージェントに優先順位を付けるなど効率的に処理をします。

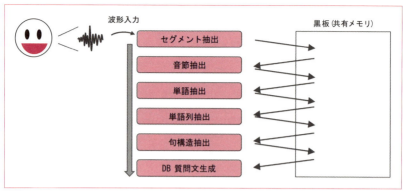

図5 Hearsay-IIのフロー

> **MEMO** **Hearsay-II**
>
> Hearsay-IIについては以下のサイトを参照してください。
>
> - **The Hearsay-II Speech-Understanding System: Integrating Knowledge to Resolve Uncertainty**
>   URL http://aitopics.org/sites/default/files/classic/Webber-Nilsson-Readings/Rdgs-NW-Erman-Hayes-Roth-Lesser-Reddy.pdf

現在では音響モデルと言語モデルの組み合わせによる方法が一般的に用いられています。

音響モデルでは音素の切り出しと推定を行います。隠れマルコフモデル（HMM）と多層ニューラルネットワークを用いた方法があります。

HMMによる時間経過での状態の遷移確率と出力確率分布から音素の推定を行う方法では、音素を混合正規分布モデル（Gaussian Mixture Model：GMM）によって決定します。HMMの出力確率分布を複数の多次元正規分布の重み付き和によって近似します。そして3音素ごとにその並びからさらに決定木によって音素を確定します。3音素の並びによる中心の音の決定法をトライフォンモデルと呼びます。ほかにも、波形をクラスタリングすることで自己組織化マップを生成し音素の決定に利用する方法などもあります。

GMMによる近似を、制約付きボルツマンマシン（RBM）を数層重ねた多層ニューラルネットワークや深層学習によって行い、HMMと多層ニューラルネットワークを用いたハイブリッドな手法についても有効であることが知られていま

す。また再帰型ニューラルネットワーク（RNN）を使用した手法も開発されています（図6）。

- 参考：隠れマルコフモデルによる音声認識と音声合成
  URL http://www.gavo.t.u-tokyo.ac.jp/~mine/japanese/nlp＋slp/IPSJ-MGN451003.pdf

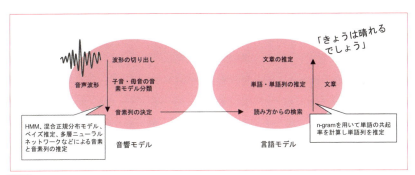

図6　音響モデルと言語モデルによる構成

　言語モデルでは日本語の文章をN-gram解析によって細切れにし、連続して出現する共起確率をデータとして保持しておきます。それにより、音響モデルを用いて抽出された単語の列が言語モデルにおいて、正しそうである並びであるかを確率的な面で評価しながら、文章を構成していくことが可能となります。

　音声データとテキストの組み合わせはデータベース化されており、**音声コーパス**（MEMO参照）と呼びます。英語での2人の電話での会話とその書き起こしを行ったデータは、1990年代に構築された**SWITCHBOARD**があります。500人超の話者と300万超の単語が収録されています。日本語の音声コーパスについては、**音声資源コンソーシアム**より提供されているさまざまなデータがあります。

> **MEMO　音声コーパス**
>
> 自然言語処理研究のために言語や発話データを大規模に収集し、言語構造などのアノテーションとともにデータベース化した言語資料のことです。

- 参考：SWITCHBOARD

  URL https://www.isip.piconepress.com/projects/switchboard/html/overview.html

- 参考：音声資源コンソーシアム：音声コーパスリスト

  URL http://research.nii.ac.jp/src/list.html

音声合成

音声合成（Text To Speech：TTS）は古くは音声のつなぎ合わせによって文章を再生していたために人工的で無機質なものでした。現在は、波形データをよりなめらかにつなぎ合わせることができるように改良が加えられており、声の質やイントネーションのほかにも例えばHOYAサービスでは声優のように感情を表現する手法も開発されています。

- 参考：RoBoHoN（ロボホン）

  URL http://voicetext.jp/

2016年にDeepMindにより発表されたWaveNetは連続時間システムにおける因果性（causal system）から畳み込みネットワーク（CNN）をデータの生成に用いることで、より自然な発声を再現することができるようになったとされています。

- 参考：WaveNet: A Generative Model for Raw Audio

  URL https://deepmind.com/blog/wavenet-generative-model-raw-audio/

CHAPTER 11 自然言語処理と機械学習

私たちが普段しゃべっている言葉や読んでいる文章は自然言語と言われるものです。これらをコンピュータに処理させる自然言語処理も、画像認識や音声認識と並んで機械学習の重要な応用例です。分かち書きや形態素解析といった自然言語処理に必要な概念をはじめとして、テキスト生成に関連して機械翻訳や自動要約などについて解説します。また、深層学習を利用しての創作の可能性についても事例を挙げています。

文章の構造と理解

ここでは自然言語を取り扱うために必要な前処理の知識について解説します。

POINT
- 自然言語処理
- 分かち書きと形態素解析
- Bag-of-words モデル

自然言語処理

　人間が会話や通信などで普段使用している言葉と言葉から構成される文章は、自然言語と呼ばれています。自然言語は古くからの歴史のうえに成り立っており、わかりにくかったり、曖昧な文章構造を持っていることがあります。

　自然言語に対応する言葉として人工言語というものがあります。これは世界でばらばらな自然言語に対する共通語として考案（MEMO 参照）されたり、劇中で使用されるよう作られた言語のことを指します。ほかに、機械を制御するために作られた言語はプログラミング言語、ドキュメントファイルなどで機械可読性のあるマークアップ言語などがコンピュータ言語と呼ばれています。これらはより厳密に仕様が規定されており曖昧性を排除するようになっています。

　機械同士、または機械と人間をつなぐために、機械により自然言語を分析し解釈、意味の理解を行い、その結果として人間にフィードバックや補助することを自然言語処理（Natural Language Processing）と言います。自然言語処理では文章を単語に分解、特徴を抽出する、他の言語に翻訳するなどといったことが行われます。テキストマイニングと呼ばれる解析処理は、膨大な量の文章から特徴的な単語や文章を抜き出したり、それらをグラフなどで可視化したりして、顕在化することから、「自然言語処理の一部である」と言えます（図1）。

> **MEMO 人工言語**
> 国際補助語として使用されるエスペラント語が有名です。

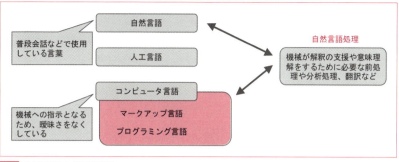

図1 自然言語と自然言語処理

分かち書きと形態素解析

　一般的に自然言語が構成している文章などは、そのままでは分析は難しく、単語レベルまで分解することが必要となります。文章の形になっている言葉を単語に分解する際に重要な指標となるのが分かち書きです。英語やラテン語などの属しているインド・ヨーロッパ語族のイタリック語派やゲルマン語派など、主にヨーロッパが起源の言語では単語の区切りにスペースを入れるため、すでに分かち書きがされている状態となっており、複数の単語をまとめて複合名詞を形成するドイツ語を除いて単語に分割することが行いやすいです。一方で日本語や中国語、朝鮮語などではスペースで単語を区切るといった文化ではないため、分かち書きの処理を行う必要があります。

　分かち書きと同じくして行われる処理が形態素解析と呼ばれるものであり、単語分割の処理は形態素解析に含まれます。形態素解析は単語分割と、単語分割によって得られた単語についてその品詞の認識を行う処理を指します。日本語においては品詞の情報が単語分割に便利なため、文節の認識と品詞の認識を同時に行っています。形態素解析を行うプログラムとして、MeCab、Kuromoji、JUMAN（JUMAN++）などがあります（次ページのリスト1、図2）。

- 参考：**MeCab** URL http://taku910.github.io/mecab/
- 参考：**Kuromoji** URL http://www.atilika.org/
- 参考：**JUMAN** URL http://nlp.ist.i.kyoto-u.ac.jp/index.php?JUMAN
- 参考：**JUMAN++** URL http://nlp.ist.i.kyoto-u.ac.jp/index.php?JUMAN++

リスト1 MeCabの実行例

```
$ mecab
すもももももももものうち
すもも   名詞,一般,*,*,*,*,すもも,スモモ,スモモ
も       助詞,係助詞,*,*,*,*,も,モ,モ
もも     名詞,一般,*,*,*,*,もも,モモ,モモ
も       助詞,係助詞,*,*,*,*,も,モ,モ
もも     名詞,一般,*,*,*,*,もも,モモ,モモ
の       助詞,連体化,*,*,*,*,の,ノ,ノ
うち     名詞,非自立,副詞可能,*,*,*,うち,ウチ,ウチ
EOS
```

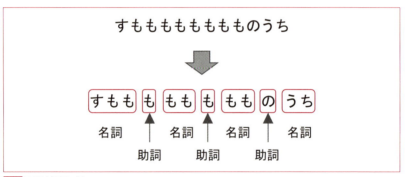

図2 形態素解析の例

　形態素解析とは異なる単語分割の方法として、N-gramがあります。これは、厳密には単語分割ではないのですが、文章として与えられた文字列をN文字の窓を設定し1文字ずつずらしながら単語を生成していく方法です。形態素解析を行った後の単語に対してもN-gramが適用されることがあり、それぞれ文字単位でのN-gram、単語単位でのN-gramと呼んでいます。$N=1$、$N=2$、$N=3$の場合は特にユニグラム、バイグラム、トリグラムと言います。

　形態素解析やN-gramなどによって単語列に分解された状態の、それぞれの単語を配列や単語の出現回数などでひとまとめにして表現する手法をBag-of-words（BoW）モデルと呼びます（図3）。

図3 N-gramの例

　さらにそれらの方法とは異なり、ベイジアン的アプローチによって分かち書きを行う手法もあります。ノンパラメトリックベイズモデルに基づいた教師なし単語分割法と呼ばれ、単語リストを持たない状況からでも単語分割が可能なことが特徴です。岩波データサイエンス Vol.2 などで紹介されています。

　簡単には、ディリクレ過程をベースにした N-gram モデルを拡張した手法である Pitman-Yor 過程をさらに拡張しています。ディリクレ過程では、出現する単語の種類が増えれば増えるほど単語の確率分布が決まっていくことになります。そしてこれを階層化した階層 Pitman-Yor 過程（Hierarchical Pitman-Yor Language Model：HPYLM）があり、HPYLM を応用した入れ子 Pitman-Yor 過程（Nested Pitman-Yor Language Model：NPYLM）が提案されています。これらの手法を使用すると、スペースをなくした英語であっても英単語がわかるような形で分かち書きがされるだけでなく、古文やあまり解析の進んでいない未知の言語などに対しても適用ができます。

- 参考：『岩波データサイエンス Vol.2』
  　　　（岩波データサイエンス刊行委員会　編、岩波書店刊）
  　URL https://www.iwanami.co.jp/.BOOKS/02/6/0298520.html
- 参考：ベイズ階層言語モデルによる教師なし形態素解析
  　URL http://chasen.org/~daiti-m/paper/nl190segment.pdf
- 参考：ノンパラメトリックベイズ法による 言語モデル
  　URL http://chasen.org/~daiti-m/paper/ism-npblm-20120315.pdf

知識獲得と統計的意味論

ここではISA、LDA、word2vecを利用した単語の意味理解について解説します。

POINT
- 知識獲得
- TF-IDF
- 潜在的意味インデクシング
- 潜在ディリクレ配分法
- トピックモデル
- word2vec

知識獲得

エキスパートシステムなどのコンピュータシステムにおいて与えられた自然言語を含むデータから知識や特徴を抽出し得られた情報を知識ベースに格納していく処理は知識獲得と呼ばれています。単語と単語の関連性を収集し整理していくことは知識獲得に大きな役割を果たします。

文書の検索や比較において、文書の特徴量を計算する（MEMO参照）ことが一般的ですが、ある単語で類似度の計算を行った際に表記の揺れが障害となる場合があります。例えば、一般的には自動車の意味で車と呼びますが、文章においても車と表現されている文書と自動車と表現された文書を比較した場合に、意味は同じであるにもかかわらず、類似度が下がってしまいます。

そのようなことを避ける手法として、潜在的意味インデクシング（Latent Semantic Indexing：LSI）があります。特異値分解によって次元圧縮を行うことで、重要度の低いとみられる単語をなくしてしまい、相対的な類似性を上げてしまおうというものです。

また行列分解手法であるLSIに確率的要素を導入し言語モデルとした確率的潜在意味解析（Probabilistic Latent Semantic Indexing：PLSI）があります。これは文書中の単語についてトピックの分布から単語の分布が生成されるということをモデル化したものです。

MEMO 文書の特徴量

文書の特徴量としてTF-IDFという指標があり、文書の検索ではこちらが一般的に利用されます。TFは索引語頻度（Term Frequency）、IDFは対数逆文書頻度（Inverse Document Frequency）と呼ばれており、それぞれ文書中での単語の出現頻度、全文書での単語の出現文書数（全文書数で割った頻度）の逆数について対数をとり1を足した値となっています。TF×IDFにより、文書全体における各単語の特徴量を得ることができます。助詞などの、どの文書でもよく現れる単語の値を低く抑えつつも文書に特徴的な単語の値を増やすようにすることで目立たせることができる、重み付けの係数となっています（図1）。

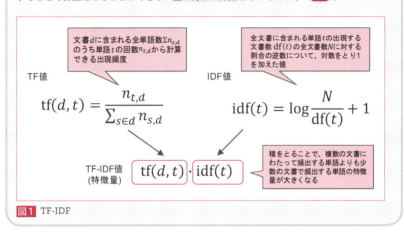

図1 TF-IDF

さらにPLSIを発展させ、文書を構成している複数のトピックについてそれ自体も分布から生成させるということをモデル化した潜在ディリクレ配分法（Latent Dirichlet Allocation：LDA）が主に利用されています。

これらのようなある単語がどのように文書から、トピックから生成されているかを計算モデルとして検討する研究領域をトピックモデルと呼んでいます。トピックモデルはある単語が用いられている文脈とそれの意味を予測するために重要となります。

- 参考：潜在的意味インデクシング（LSI）徹底入門
  URL https://abicky.net/2012/03/24/211818/

- 参考：Latent Dirichlet Allocation ゆるふわ入門
  URL https://abicky.net/2013/03/12/230747/

- 参考：Statistical Semantic 入門 〜分布仮説から word2vec まで〜
  URL http://www.slideshare.net/unnonouno/20140206-statistical-semantics

- **参考：マシンラーニング（機械学習）トピックモデル**
  URL http://www.albert2005.co.jp/technology/machine_learning/topic_model.html

　大量の文章を読み取ることで、単語の共起表現や分布類似度を知ることができるようになります。似た意味の言葉は使われる文脈も類似している、というHarrisの分布仮説からも、単語と単語の関係性を知ることができます。このような手法による意味理解は統計的意味論と呼ばれています。

　そして語彙の関係性を用いて言葉と言葉の関係性を表現する意味ネットワークを構築することも知識獲得には重要であると言えます。例えば、単語の異表記、同義語、類義語、上位下位関係、部分全体関係、意味カテゴリ関係、属性関係といった付随情報が結びついていることにより、機械的処理によって単語同士の関係性を理解することが可能となります。英単語に関してのデータベースであるWordNetでは類義語であるシソーラスが提供されていたり、単語の関係性を記録しているオントロジーも提供されています。

　ほかにも単語の関係性を2層のニューラルネットワークから推定しベクトル空間内に表現したモデルとしてword2vecがあります。word2vecを使用することにより、例えば首都と国名の関係性をベクトルの和や差によって表すことができます。この手法では同じような関係性を持つデータが特徴空間内においても似たような位置関係となる面白い特徴が得られるため、単語以外のデータに対しても試みられています（図2）。

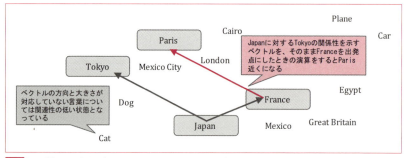

図2　word2vecのイメージ

- **参考：Word2Vec のニューラルネットワーク学習過程を理解する**
  URL http://tkengo.github.io/blog/2016/05/09/understand-how-to-learn-word2vec/

また他のデータとの組み合わせも加味することにより、例えば写真に付加されているアノテーションの関係性を用いて似たような単語から想起される写真のサジェストなどをするといった応用例も考えられます。

- **参考：DeepLearningとWord2Vecを用いた画像レコメンドの考察**
  URL http://www.slideshare.net/TadaichiroNakano/deeplearningword2vec

上記のような言葉と感情との関係をデータベースやオントロジーとして蓄積しておくことも積極的に行われています。例えば、ネガポジAPI（MEMO 参照）や感情解析API（MEMO 参照）といったWebサービスが提供されており2012年からWeb APIサービスを利用したアプリ開発コンテストであるMashup Awardなどで使用できるようになっています。このサービスでは日本語の形容表現辞書を構築し、感情や感情表現について3または7段階でアノテーション付けしているデータセットを使用しています。評判分析などにはこのようなデータセットが重要になってきます。また関連するものとして音声による感情分析のAPI（MEMO 参照）などもあります。

word2vecによって単語の関係性を解析するデータソースとしてはWikipediaなどがよく利用されることになりますが、なかには小説の内容から特徴量を抽出したデータセット（MEMO 参照）なども提供されています。分析に活用したい方向性によっては、解析対象となるデータの種類を選びそこから数GB単位以上の文章を学習する必要があります。

MEMO 言葉と感情との関連付け

詳しくは次のURLを参照してください。

- **ネガポジAPI**
  URL http://www.metadata.co.jp/NEGAPOSIapi.html
- **感情解析API**
  URL http://www.metadata.co.jp/kanjoapi.html
- **声ダケノ感情認識テスト**
  URL https://webempath.net/lp-jpn/
- **pixiv小説で機械学習したらどうなるのっと【学習済みモデルデータ配布あり】**
  URL http://inside.pixiv.net/entry/2016/09/13/161454

CHAPTER 11 自然言語処理と機械学習

03 構造解析

ここでは構造解析について解説します。

POINT
- 係り受け解析
- 述語項構造解析
- 句構造解析

係り受け解析

　日本語の文章には係り受けと呼ぶ構造が存在しています。係り受けは単語と単語との関係を表しており、これを把握することで文章の意味を理解することができます。例えば、「小さい青い羽のかわいい鳥」という文において係り受けの構造を見てみます。

　係り受けの構造を機械的に処理することで把握する手法を係り受け解析と呼びます。係り受け解析には大きく2つあり、1つはshift-reduce法、もう1つは最小全域木に基づく係り受け解析（Minimum Spanning Tree：MST）法と言います（図1）。

　shift-reduce法はshift処理とreduce処理の2つを行いながら木構造を形成します。shift処理は未解析の単語列の左端（1番目）を木に入れる操作、reduce処理は木の集合のうち右側2つの単語を矢印で結ぶ操作となります。この繰り返しに

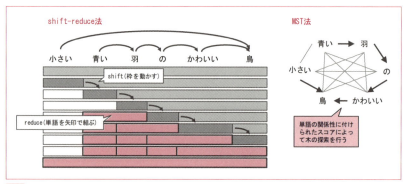

図1 係り受け構造と係り受け解析

より、大きな木構造が完成します。日本語では左から右への矢印をひくreduce-rightのみですが、英語のように右から左へひくreduce-leftもあります。

MST法では単語をノードとしたグラフを作成し、単語同士の関係についてスコアを設定します。スコアが高い組み合わせを残すことにより、木構造を生成します。shift-reduce法が単語を1つずつ処理していくのに対して、MST法は一気に処理をしていますが、精度の点では多少MST法がよい反面処理時間が長く、時間的効率の面でshift-reduce法のほうがメリットがあります（前ページの図1）。

述語項構造解析

日本語は格によって名詞に役割を持たせています。例えば主語を示す主格があったり、属格があったりするほか、名詞に「が」「に」「を」といった助詞が付くことにより「ガ格」「ニ格」「ヲ格」となります。これらの格と動詞や形容詞である述語との関係を格構造と呼んでいます。文章の意味は述語と対象などを示す名詞項によって表現できることから、それらを同定する処理を述語項構造解析と呼び、日本語の場合は項が格によって規定されていることから格解析とも呼ばれています。京大コーパス Version 4.0、NAISTテキストコーパスは、格関係の情報もアノテーションされています。

句構造解析

単語同士の関係性である係り受けの構造を利用するほかに、単語列からなる句に着目して構造を把握する方法として句構造解析があります（図2）。動詞句、名

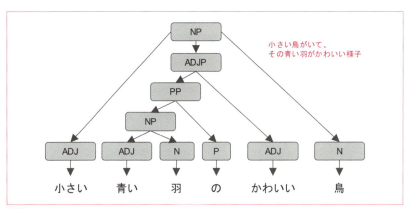

図2 句構造解析

詞句、形容詞句、助詞句といった句同士の木構造を形成します。例えば、名詞、形容詞、助詞はN、ADJ、Pで表し、それぞれにPを加えたNP、ADJP、PPを名詞句、形容詞句、助詞句(後置詞句)とすると句構造を木で表すことができます。この木構造は文法に該当します。なお、木構造は一意に定まらない場合もあり、複数の状況を同時に表す(曖昧性のある)文も存在しています。英文では、主に句構造解析によって文章の構造を決定します。ちなみに木構造の下に並んでいる単語を葉、または終端記号と言います。

深層学習

深層学習による自然言語処理の構造解析の手法などについては、RNNやLSTMを利用することがよく行われています（MEMO参照）。RNNは単語列の並びを時系列上の入力データとして扱うことを主眼に置いた学習方法となり、RNNをより安定的に扱えるようLSTMが使用されています。その一方で、単語列を、句構造を持つ木構造として扱うとき、Recursive Neural Network（RNN）と呼ばれるニューラルネットワークを用いた手法も存在します。どちらもRNNであり、再帰型と訳されることになりますが中身は異なっています。それらのアプローチについては次の資料が参考になるでしょう。

- 参考：深層学習時代の自然言語処理
  URL http://www.slideshare.net/unnonouno/ss-43844132

- 参考：自然言語処理のためのDeep Learning
  URL http://www.slideshare.net/yutakikuchi927/deep-learning-26647407

> **MEMO 深層学習による構文解析プログラム**
>
> 実際に開発されている深層学習による構文解析プログラムとして、GoogleのSyntaxNetやFacebookによるDeepTextなどがあります。
>
> - Announcing SyntaxNet: The World's Most Accurate Parser Goes Open Source
>   URL https://research.googleblog.com/2016/05/announcing-syntaxnet-worlds-most.html
> - Introducing DeepText: Facebook's text understanding engine
>   URL https://code.facebook.com/posts/181565595577955

CHAPTER 11 ｜ 自然言語処理と機械学習

04 テキスト生成

ここではテキスト生成について解説します。

POINT
- 漢字変換
- 機械翻訳
- 自動要約
- 画像への説明付加

漢字変換

　日本語の文章を作るに当たって、かな漢字変換は重要な処理です。N-gramモデルであるトライグラムモデルが2000年代後半からIMEプログラムに採用されています。それまでは辞書に含まれる単語とその隣接した単語との関係性で変換を行っていましたが、統計的手法による変換が誕生したことにより予測変換も同様のモデルで可能となりました。2010年代では、より実情に合わせた漢字変換を行うためインターネットを通じて大量の単語を辞書として扱うことを行っています。

　かな漢字変換において利用される変換方式に連文節変換があります。これは文節がいくつもつながっている状態での変換モードですが、同音異義語や文節の区切り方が大量にあるために効率的な漢字変換が求められます。

　連文節の漢字変換候補はラティス構造で保持されています。ラティス（lattice）とは格子を意味し、文節が横に、漢字変換候補である同音異義語が縦に並んで配置されている様子からそのように呼ばれます。このラティス構造中に存在している漢字同士のつながりにスコアを付与し、最もスコアがよい漢字変換候補の組み合わせを最終的に出力します。この手法はビタビアルゴリズムと呼ばれていて、動的計画法の1つです（次ページの図1）。

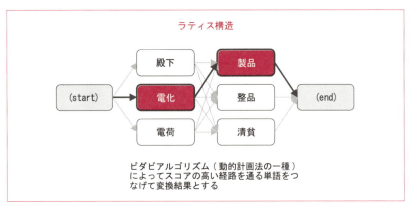

図1 漢字変換の例（連文節変換）

機械翻訳

　機械翻訳は、雑音のある通信路モデルに示されるような、もともとは理解できる文章だったものが暗号化や他言語への変換、ノイズが加わるなどして理解困難な文章になったと想定し、それらを機械によってもとの文章に戻す処理であると考えることができます（図2）。

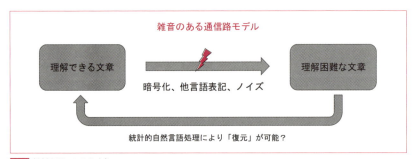

図2 機械翻訳のとらえ方）

　機械翻訳では入力側の言語を**原言語**、出力側の言語を**目的言語**と呼びます。「原言語の単語に対してどのような訳語を充てるか」という語彙選択の問題、目的言語に合わせた語順に単語を並べる並べ替えの問題があり、機械翻訳は大変難しい課題とされています。特に、語順の違いは機械翻訳にとって大きな壁となりやすいです。

　そのなかで**フレーズベースの機械翻訳**がシンプルで一般的に使用されています。

フレーズベース機械翻訳は翻訳モデル、並べ替えモデル、言語モデルの3つの組み合わせによって機能します。訳文生成をデコーディング、翻訳機をデコーダーと呼び、デコーダーは生成された訳文の候補のなかからスコアが高いものを翻訳結果として出力します。原言語の単語列から1つずつ選びながら訳を行い、出力し、1度使用した単語は選ばれないようにしています。

翻訳モデルは原言語フレーズと目的語フレーズが対となった辞書を持っており、それぞれの対にスコア付けがされています。並べ替えモデルはデコーディングの際に並べ替えをするほうが自然な形になるかどうかを確率的に推定して、必要に応じて並べ替えを行います。そして言語モデルは、かな漢字変換のように出力文の流暢性を確保することを行います。N-gramモデルを使用し、$N=4$や5となっていることが多いです（図3）。

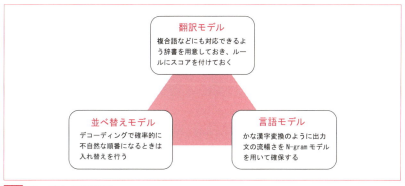

図3 フレーズベース機械翻訳

もう1つのアプローチとして文の構造を利用した機械翻訳があります。これはフレーズベース機械翻訳では出現する単語に対応する訳を出力するものであったのに対して、構造を考慮した訳を行う手法となっています。目的言語の文構造を利用するstring-to-tree翻訳、原言語の文構造を利用するtree-to-string翻訳、両方を利用するtree-to-tree翻訳に分類することができますが、どの手法も一長一短があります（次ページの図4）。

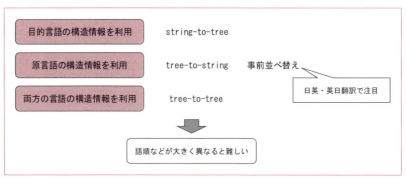

図4 文の構造を利用した機械翻訳

　string-to-tree翻訳は目的言語側の構造解析に依存する点や処理コストが高いことが特徴です。tree-to-string翻訳では原言語の構造解析精度に依存することと入力文の解釈の揺れを抑える必要があることが重要となり、訳文生成は短時間になるものの入力文の構造次第で性能はまちまちとなります。

　原言語の構造を利用するもう1つの手法として、事前並べ替えというものがあります。これは名前の通り原言語の単語を目的言語の順番で先に並べ替えておき翻訳を行います。両方の言語の知識が必要となるものの、長い距離の順番の入れ替えが抑えられることやフレーズベース機械翻訳の手法を取り込むことも可能であることから、翻訳の精度が向上します。日英・英日の翻訳で注目されています。

　Googleはより自然な翻訳を目指しニューラルネットワークを用いたGNMT（Google Neural Machine Translation）を開発し、中英の翻訳に利用し始めています。GNMTはLSTMをベースにしています。また2016年11月には日英・英日翻訳に対しても適用され始めています。

- 参考：A Neural Network for Machine Translation, at Production Scale
  URL https://research.googleblog.com/2016/09/a-neural-network-for-machine.html

- 参考：Google翻訳は人間レベルの翻訳精度を目指して人工知能を活用
  URL http://gigazine.net/news/20160930-google-ai-translation/

- 参考：Google翻訳が進化しました
  URL https://japan.googleblog.com/2016/11/google.html

自動要約

文章の他言語への変換を行う機械翻訳と並んで、要約は同一言語での文章の変換とも考えることができます。文書の要約では対象が単一または複数であるか、そして抽出型か生成型かといった方法に関するタイプの区分ができます。抽出型の要約は自動化がある程度可能ではあるものの、生成型については技術的には発展途上にあります（図5）。

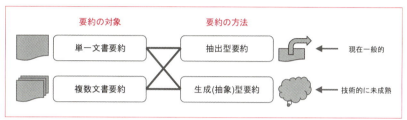

図5 文書要約のタイプの図

単一文書の抽出型では、最も単純で簡単かつ効果的な方法としてリード法があります。リード法は「最初の数文を抽出する」というものであり、ニュース記事などの最初に重要な内容が書かれる文書では十分機能的です。

複数文書を対象にする場合には、別のアプローチが必要となります。その1つがMMR（Maximal Marginal Relevance）と呼ばれるアルゴリズムです。MMRは最初に文書間で類似性が高い代表の文を選択して、続けて選択した文と類似性の低い、すなわち冗長でない文を選択することで要約文を作成します。類似性はコサイン類似度などの既存の計算手法を利用することも可能であり、また文の選択回数も任意に増やすことが可能です。

文書の要約は、不要な句の削除、文同士の結合、構文的変形、語彙的言い換え、抽象化・具体化、並べ替えといった作業を人手で行うこととなりますが、これらを自動化する方法はいくつか検討されています。例えば単一文書であれば制限された長さに収まる単語列の抽出、文章の作成と考えることでナップサック問題として考えることや、複数文書では最大被覆問題や施設配置問題といったものに帰着させることなどがあります。

要約された文章についての人手によらない評価の方法や生成型の自動要約システム、今後登場する機械が増えると思われる深層学習モデルなど、研究の発展が期待されています。

- 参考：はじめようテキスト自動要約
  URL https://rstudio-pubs-static.s3.amazonaws.com/27317_a5facbf8ce82407583fad3ad1a1ea7ef.html#/

- 参考：Automatic summarization
  URL http://www.slideshare.net/hitoshin/automatic-summarization

画像への説明付加と文章創作

Attention mechanism

　機械翻訳において、原言語と目的言語の対訳データをオートエンコーダーのように学習する方式をEncoder-Decoderアプローチと言います。入力側（encoder）と出力側（decoder）にそれぞれRNNがあり、入力-出力の過程において文脈ベクトルと呼ばれる1つの中間ノードにデータを圧縮することで、翻訳の精度が上がることが知られており、Attention mechanismと呼ばれています。

　画像や動画に対してその画像がどのようなものか、何が行われているかといった画像理解につながる研究として、キャプション生成があります。機械翻訳において利用されているAttention mechanismを、画像についてある領域や物体に注目するattentionモデルとの融合を図り応用する試みもされています。CNN、RNN、LSTMなどを組み合わせることにより、静止画像のみならず動画に対してもキャプション生成を実現している例が報告されています。

- 参考：最近のDeep Learning（NLP）界隈におけるAttention事情
  URL http://www.slideshare.net/yutakikuchi927/deep-learning-nlp-attention

- 参考：Deep Learningで使われてるattentionってやつを調べてみた
  URL http://ksksksks2.hatenadiary.jp/entry/20160430/1462028071

- 参考：ATTENTION AND MEMORY IN DEEP LEARNING AND NLP
  URL http://www.wildml.com/2016/01/attention-and-memory-in-deep-learning-and-nlp/

- 参考：Introduction to Neural Machine Translation with GPUs (part 3)
  URL https://devblogs.nvidia.com/parallelforall/introduction-neural-machine-translation-gpus-part-3/

- 参考：画像キャプションの自動生成
  URL http://www.slideshare.net/YoshitakaUshiku/ss-57148161

LSTMを利用して音楽を生成する、RNNを利用して映画脚本を生成する

　深層学習による機械学習は画像、信号、自然言語に限りません。2016年に公開されたdeepjazzはハッカソンによって作られたジャズの作曲プログラムであり、楽器類の音（ノート）をオンオフするためのデータファイルであるMIDIファイルを入力して、それをもとに曲を生成します。deepjazzは同じくMIDIファイルから読み出した楽器のノート情報を読み込み、機械学習によって作曲を行うJazzMLをベースにKerasとTheanoを用いて作られています。ネットワークには2層のLSTMを使用しています。サンプルではパット・メセニーの曲を入力としたものを聴くことができます。

- 参考：ジャズを自動作曲する人工知能「deepjazz」、
  AIが作ったジャズはこんな感じ
  URL http://gigazine.net/news/20160419-deepjazz/

- 参考：deepjazz.io
  URL http://deepjazz.io/

- 参考：JazzML: Computational Jazz Improvisation
  URL https://github.com/evancchow/jazzml

　また映画の脚本についても、実際にコンピュータが作り出したものが映画祭に出品されるようになりました。SFショートムービー『Sunspring』はその世界初となる映画作品です。ロンドンで開催された映画祭において、48時間以内に映画を制作する「48-Hour Film Challenge」部門に応募しました。この脚本を作り出したプログラムはBenjaminと名付けられており、作品内では流れる挿入歌の歌詞もBenjaminが書いたものと言われています。
　違和感のない曲と詞を機械学習プログラムによって生成することのできるようになるのも時間の問題かもしれません。
　一方で国内では人工知能を利用した創作小説の「星新一賞」が創設されており、コンピュータによる物語の創作という試みが行われています。2016年は第3回と

なり、1作品は1次審査を通過したとされています。なお現在は長編になると文章の整合性が怪しくなることや、作風に対してある程度の違和感がある、といった課題があります。またコンピュータの生成した文章を人手により修正を加えることが必要とされ、手作業の割合が8割以上になると言います。今後はこのような課題の克服もされていくと期待されています。

音声入力によりインタラクティブに小説を生成するアプリケーションも公開されるなど、研究者グループだけでなく、企業による自律的な文章自動生成システムの開発も進んでいくと予想されます。

- 参考：世界初、AIが脚本を書いた映画本編がこちらです
  URL http://time-space.kddi.com/digicul-column/world/20161025/index.html
- 参考：人工知能が小説執筆 文学賞で選考通過
  URL http://www9.nhk.or.jp/kabun-blog/700/240342.html
- 参考：人工知能は小説を書けるのか ～人とAIによる共同創作の現在と展望
  URL http://pc.watch.impress.co.jp/docs/news/749364.html
- 参考：AIが小説を書く時代の「創作」とは
  URL http://dentsu-ho.com/articles/3938
- 参考：メタップス、ディープラーニングを用いて小説を書く人工知能（AI）
  エンジンを開発し、NASAと協業して宇宙小説アプリをリリース
  URL http://www.metaps.com/press/ja/315-ai-nasa

りんなとConversation as a Platform

コンシューマーに近い位置での自律的な文章生成ではアップルのSiriやマイクロソフトによって開発されているりんな（MEMO参照）が先行しています。りんなはチャットボットプログラムではありますが、キャラクターの設定とそれに合わせた多様な会話が特徴的です。マイクロソフトではりんなやWindows10に搭載されているコルタナなど、人間との対話をすることに重点を置いたシステムの開発が重要視されており、これらはConversation as a Platformと位置付けられています。

> **MEMO りんな**
>
> りんなの情報については以下のURLを参照してください。
>
> - 女子高生ＡＩりんな伸ばしたいのは"雑談の力"
>   URL http://www3.nhk.or.jp/news/business_tokushu/2016_0624.html
> - 「りんな」の秘密と「Rinna」の未来を一部公開｜Microsoft de:code 2016 レポート
>   URL https://www.change-makers.jp/technology/11103
> - りんなを徹底解剖。"Rinna Conversation Services" を支える自然言語処理アルゴリズム
>   URL https://channel9.msdn.com/Events/de-code/2016/DBP-019
> - りんな：女子高生人工知能
>   URL http://www.anlp.jp/proceedings/annual_meeting/2016/pdf_dir/B1-3.pdf

　りんなはTF-IDFやword2vecの概念のほか、RNNを中心とした深層学習を利用していることが言語処理学会などで発表されています。

　深層学習は自然言語処理ではRNNなどによって構文解析を行うことがイメージされやすいのですが、りんなが返答を構成するときのフレーズの選択と返答文の構築に利用されています。深層構造類似度モデル（Deep Structured Semantic Models：DSSM）とRNNを使用していますが、単なるRNNではなくRNN-GRU（Gated Recurrent Unit）と呼ばれるネットワークを用いています（MEMO 参照）。過去に学習し蓄積されている単語やフレーズをドキュメント、入力されたフレーズをクエリーとし、両者の類似度を計算する部分においてDSSMとGRUが効果的に働いています。

　GRUはLSTM様のネットワークを実現するブロックの1つで、LSTMブロックにおいて忘却ゲートと入力ゲートをまとめて更新ゲートとしています。また、記憶セルの状態と隠れ状態を合わせるなどアレンジされています。結果として、標準的なLSTMモデルよりもシンプルであることが特徴です（次ページの図6）。

> **MEMO DSSM+RNN-GRUの関連情報**
>
> - Learning Deep Structured Semantic Models for Web Search using Clickthrough Data
>   URL http://lv4.hateblo.jp/entry/2016/05/31/090711
> - LSTMネットワークの概要
>   URL http://qiita.com/KojiOhki/items/89cd7b69a8a6239d67ca

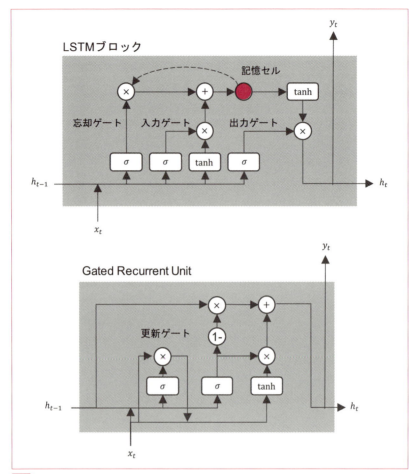

図6　GRU

CHAPTER 12 知識表現とデータ構造

知識ベースを使用するシステムでのデータや機械学習で得られる特徴量であったり学習器の状態は、永続的に使用するために外部記憶装置に保存しておくことが必要となります。そのために利用されるデータベースマネジメントシステムについてとその種類、検索に関する基本的な手法のほか、オントロジーやリンクデータと呼ばれているRDFなどの概念の関連性を規定するデータ構造などについても解説します。

CHAPTER 12 | 知識表現とデータ構造

データベース

ここではデータベースについて解説します。

POINT
- データベースとその種類
- SQL
- NoSQL

データベースとその種類

エキスパートシステムのような入力されたデータをもとに推定を行うときには、その根拠となる情報が必要になります。したがってそれらの情報をどこかに保持しておかなくてはなりません。そのようなときにデータベースを利用します。

データベースは、厳密に言えば**データベースマネジメントシステム（DBMS）**と呼ばれ、データの管理の仕方によっていくつかの種類に分類できます（図1）。

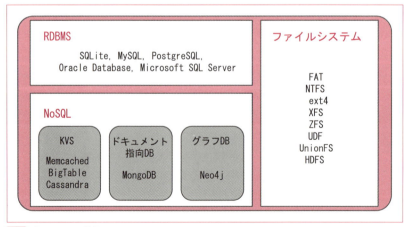

図1 データベースの種類

ファイルシステム

データを管理する上で必須になるのがOSレベルでのファイルの管理であり、FAT（File Allocation Tables）やNTFS（NT File System）に代表されるようなファイルシステムです。

FATはディスクの最初のほうにディレクトリ・エントリ（フォルダー）を管理しファイル名などのほか、データの中身の場所を示すディスク上のクラスタ番号を対応付けて、ディスク上に記録するシステムです（NTFSは細かい仕様が非公開となっています）。Linuxなどで使われるファイルシステムでは、iノード（Unixのファイルシステムに利用されているファイル形式）にファイル属性などが記録されファイル名やデータが対応付けられています。

リレーショナルデータベース

データを管理するときに1つのファイルに1件のデータを記録することや、1つのファイルのなかに複数のデータを記録するといった方法のほかに、リレーショナルデータベースマネジメントシステム（または，関係データベースマネジメントシステム：Relational DataBase Management System：RDBMS）がよく利用されます。

管理したいデータの主題ごとにテーブルを用意し、テーブルに1件1件のデータであるレコードを格納していきます。テーブルの定義時に1つ以上のカラムの属性を決めて、レコードは各カラムの値で構成されています（次ページのMEMO参照）。

テーブルごとにレコードを一意に定める主キー（Primary key、次ページのMEMO参照）やインデックス（索引）を決めることで、レコードの検索を高速化します。

一般に、設計上ほとんど更新されることがないテーブルをマスターテーブル、頻繁に更新が行われるテーブルをトランザクションテーブルと呼んでおり、データの特性によりテーブルを分けることが望ましいです。

2つ以上のテーブル間でインデックスを対応付けます。すなわち、外部キー（Foreign key）を設定することにより、リレーショナル、つまり関係を持たすことができます。

これにより、例えば1人の利用者が購入した物品をデータベースによって管理するとき、「利用者の情報をまとめるテーブルにあるレコード1件について購入物品を管理するテーブルのレコード複数件が関連付いている」といった把握の仕方が可能になります。このことで1つのテーブルで複数種類の情報を管理する場合よりも、容量が節約され検索も高速化が望めます。

> **MEMO テーブル**
>
> 表計算ソフトのようなスプレッドシート上に表示できるような形のため、レコードを行と呼ぶシステムもあります。また、データベースソフトウェアによって、カラムをフィールドと呼ぶものがあります。

> **MEMO 主キー (Primary key)**
>
> 古くからのテーブル設計ではナチュラルキーと呼ばれる意味を持ったカラムを主キーとすることが多く、1つのカラムでは足りないときは複数のカラムで主キーを構成する複合主キーを用いています。
> Ruby on Railsの登場により、サロゲート（代理）キーを主キーとし、一意となるようなカラムの組み合わせには、別途ユニーク制約を付加するようなテーブル構造もメジャーとなっています。

SQL

このように個々のテーブルに役割を持たせるように多数のカラムを複数のテーブルに分割することを正規化と呼び、複数のテーブルにまたがって検索することをテーブル結合と呼びます（図2）。

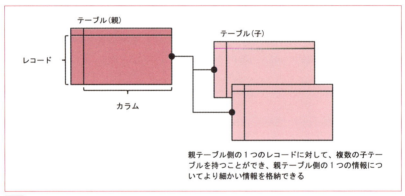

図2 RDBMS

リレーショナルデータベースでは、SQL（MEMO参照）を使って（リスト1）、データの検索や更新を行います。

> **MEMO SQL**
>
> エスキューエル、シークエルとも読まれますが何かの略語というわけではありません。

リスト1 SQL文の例

```
SELECT * FROM table_customers WHERE age < 40;
```

🔷 NoSQL

リレーショナルデータベースでは、構造化データと呼ばれるあらかじめ決まったカラムに当てはまるようなデータを取り扱うことを得意としています。

これに対して、各レコードの構成が一定ではなく、可変になるようなデータを非構造化データと呼んでいます。非構造化データはSQLが不得意なことや、リレーショナルデータベースでは過剰なスペックなことが多く、そのようなときに使用されるデータベースをNoSQLと呼んでいます。主に次のようなものがあります。

❏ XML

XML（Extensive Markup Language）はHTML（HyperText Markup Language）と同様の規格でデータの表現を行うマークアップ言語の1つです。1つのファイルのなかにデータを保持しておくことも可能な仕組みで、XPathを利用してデータの検索を行います。プログラムの設定ファイルなどに用いられることが多いです。

データベースエンジンとして開発されているものに、BaseXなどがあります。データの量が膨大になるとどうしても検索が遅くなりやすいです。

- 参考：BaseX. The XML Database.
  URL http://basex.org/

❏ KVS

KVSはキー・バリュー・ストア（Key-Value Store）の略です。読んだそのままに、キーと値の組を格納していく形のデータベースです（次ページの図3）。

プログラム言語ではHash（Perl）、Dictionary（Python）、Map（Java）と呼ばれる型や、インターフェースに相当します。このタイプのデータを扱うことができるライブラリにGoogle Cloud BigtableやMemcachedなどがあり、MemcachedはRDBMSを使用してデータを取得したときにキャッシュとして格納しておくことで2回目以降のアクセス時に高速に応答ができるよう使われます。

このほかにも、CassandraやHBase（次ページのMEMO参照）などの分散KVSがApache Hadoopにおける分散処理システムとの連携のために利用されます。

図3 KVS

> **MEMO　CassandraやHBaseといったKVS**
>
> CassandraやHBaseといったKVSについては以下のサイトを参照してください。
>
> - **What is Memcached?**
>   🔗 https://memcached.org/
> - **memcachedを知り尽くす**
>   🔗 http://gihyo.jp/dev/feature/01/memcached/0001
> - **Manage massive amounts of data, fast, without losing sleep Download Cassandra**
>   🔗 http://cassandra.apache.org/
> - **Welcome to Apache HBase**
>   🔗 https://hbase.apache.org/
> - **CassandraとHBaseの比較をして入門するNoSQL**
>   🔗 http://www.slideshare.net/yutuki/cassandrah-baseno-sql)

ドキュメント指向

　RDBMSやKVSなどとは異なり、データそのものをその構造とともにデータベースに保存しておくことに重点を置いているものとして、ドキュメント指向データベースがあります。代表的なものとして、MongoDBがあります。MongoDBはJSON形式でデータを扱うことができます。

- **参考：MongoDBの概要**
  🔗 https://www.mongodb.com/jp

◻ HDF5

　HDF5は階層型データ形式（Hierarchical Data Format）のバージョン5を意味しています。HDF5はファイルのなかにファイルシステムを持っているようなデータ構造をしています。例えば1つのファイルのなかに表計算ソフトのように複数のスプレッドシートを包含している状態を格納しておくことができます。

　ファイルに含めるデータの形式は問わないことから、「機械学習をした後の分類器の状態を保存しておく」といった用途に用いられることがあります。C言語やJavaのほかに、PythonやR言語からライブラリを通してファイルにアクセスすることができます。

- **参考：The HDF Group's Support**
  URL https://support.hdfgroup.org/HDF5/

◻ グラフネットワークDB

　これまでのDBMSは、データやデータの状態そのものを格納しておくことをメインとしたものですが、オブジェクトとオブジェクトの関係性であるグラフネットワークに焦点を当ててデータの管理をする風変わりなDBMSも存在しています。そのグラフネットワークの管理、分析を得意としているものに、Neo4jがあります。

　Neo4jはSQLに相当するクエリー言語Cypher QL（次ページの MEMO 参照、リスト2）を用いてデータベースにアクセスします。なお、MariaDBやOracle DatabaseなどのRDBMSでも、同様のデータアクセスをする機能を付加することができるようになっています（図4）。

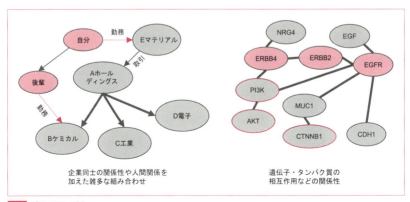

図4　グラフDBの例

> **MEMO　Neo4jやCypher QL**
>
> Neo4jやCypher QL（図5）といったグラフネットワークDBについては、以下のサイトを参照してください。
>
> - **Neo4j**
>   🔗 https://neo4j.com/
> - **GraphGist: First Steps with Cypher**
>   🔗 https://neo4j.com/graphgist/34b3cf4c-da1e-4650-81e4-3a7107336ac9
> - **Neo4j-グラフデータベースとは #neo4j**
>   🔗 http://www.creationline.com/lab/7168
> - **RDBとグラフDBは使いよう ～ MariaDB様がみてる vs. InnoDBさんとNeo4jさん**
>   🔗 http://lab.adn-mobasia.net/?p=3817

リスト2　Cypher QLの例

```
CREATE (you:Person {name:"You"})


CREATE (you)-[like:LIKE]->(neo:Database {name:"Neo4j" })


FOREACH (name in ["Johan","Rajesh","Anna","Julia","Andr
ew"] |

CREATE (you)-[:FRIEND]->(:Person {name:name}))


MATCH (neo:Database {name:"Neo4j"})

MATCH (anna:Person {name:"Anna"})

CREATE (anna)-[:FRIEND]->(:Person:Expert {name:"Amanda"})-
[:WORKED_WITH]->(neo)
```

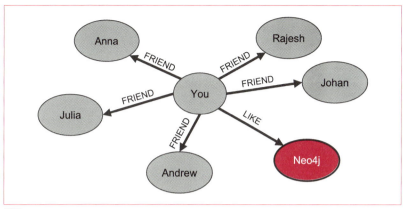

図5 CyphrQLの実行例

　2016年にパナマの法律事務所モサック・フォンセカが作成していた世界中の企業や政治家が租税回避のために行っていた取引に関する機密文書、パナマ文書（ MEMO 参照）が流出した事件が起こりました。この際に、2.7TBにおよぶデータから企業や政治家との関係性を分析するために、Neo4jが使用されたことで注目されました。

> **MEMO　パナマ文書**
>
> パナマ文書関連のニュースは以下のサイトを参照してください。
>
> - 「パナマ文書」解析の技術的側面
>   URL https://medium.com/@c_z/%E3%83%91%E3%83%8A%E3%83%9E%E6%96%87%E6%9B%B8-%E8%A7%A3%E6%9E%90%E3%81%AE%E6%8A%80%E8%A1%93%E7%9A%84%E5%81%B4%E9%9D%A2-d10201bbe195#.23ub2xgp1
> - パナマ文書で注目されたNeo4jとグラフデータベースの未来とは？ --CEOに聞く
>   URL http://japan.zdnet.com/article/35082204/
> - "パナマ文書"をグラフデータベースで高速に検索する事例の勉強会に行ってきた。#neo4j
>   URL http://www.creationline.com/lab/13916

02 検索

ここでは検索について解説します。

POINT
- テキスト検索の方法
- データベースの検索
- 全文検索
- 転置インデックス
- ウェーブレット行列
- BWT

テキスト検索の方法

　データとして保存されているテキストの検索はパターンマッチと呼ばれます。データベースや文書においてテキストの検索を行う場合には、パターンマッチに加えて、ANDやORといったブール論理、ベクトル空間モデルなどのパラメーターで絞り込みを行います。

　ベクトル空間モデルを利用することにより、類似した文書や関連文書などを合わせて検索することができます。

　パターンマッチでは、完全一致・前方一致・後方一致・部分一致などが代表的です。部分一致検索を行うときには、逐次探索をすることで見つけることができます（図1）。

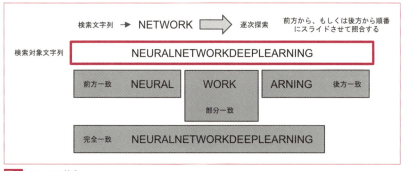

図1 テキストの検索

探索を行った結果を用いて照合開始点を飛ばしながら動かしていくボイヤームーア法（MEMO参照）などのアルゴリズムを用いて逐次探索を効率化します。また正規表現のような構文を解釈することにより、複雑なマッチングも行うことができます。

例えば、agrepコマンドではBitapアルゴリズムが用いられており、正規表現のようなあいまい検索が可能となっています。ほかにもさまざまなアルゴリズムが存在しています。

> **MEMO　ボイヤームーア法**
>
> ボイヤームーア法やBitapアルゴリズムについては、以下のサイトを参照してください。
> - **ボイヤー-ムーア文字列検索アルゴリズム**
>   URL https://ja.wikipedia.org/wiki/ボイヤー-ムーア文字列検索アルゴリズム
> - **Bitapアルゴリズム**
>   URL https://ja.wikipedia.org/wiki/Bitapアルゴリズム

データベースの検索

データベースに格納されたデータに対して検索を行う場合、基本的には逐次探索やデータをm個に分割してそれぞれのブロックで逐次探索を行うmブロック法を使用します。このことは、最終的に逐次探索を行って検索条件に一致するかを判定することとなります。そのため、ソートを行って二分探索を行うなどの方法を採ることが高速に検索を行うためには必要となります。

MySQLやOracle DatabaseなどのおもなDBMSでは、インデックスを作成することで検索を効率化し高速にすることができます。

■ B木とB+木

インデックスを作成するときに最もよく使われている構造がB木を改良したB+木です（次ページの図2、MEMO参照）。

B木は照合の出発点となるノードであるルートから末端のデータへのポインタを示すノードであるリーフまでの深さが同じになっており、データの追加や削除を行っても偏りがなくなるように調整します。このような構造の木を平衡木と呼びます。

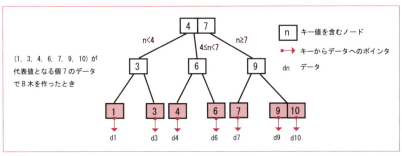

図2 B+木の構造
出典：『WEB+DB PRESS Vol.51』（技術評論社）、ミック著「SQLアタマアカデミー」第7回、p.163図2

> **MEMO　B木とB+木**
>
> B木とB+木については、以下のサイトを参照してください。
>
> - 第7回　性能改善の鍵，インデックスの特性を知る～B-treeとハッシュ　(1) B-tree
>   URL http://gihyo.jp/dev/serial/01/sql_academy2/000701
> - 津島博士のパフォーマンス講座：第6回 パフォーマンスの基礎である索引について
>   URL http://www.oracle.com/technetwork/jp/database/articles/tsushima/tsm06-1598252-ja.html
> - オラクルエンジニア通信 - 技術資料、マニュアル、セミナー：Oracle Databaseの索引（インデックス）の種類 - Bツリー、ビットマップ、索引構成表、索引クラスタ（ハッシュ・クラスタ）
>   URL https://blogs.oracle.com/oracle4engineer/entry/oracle_database_-_b

全文検索

　データベースの検索において、カラムのデータ型がサイズの小さい型であったり、数値であったりする場合にはインデックスを設定することによって、その検索効率を上げることができます。

　しかしながら、統一性のない長文のテキストの場合、インデックスを無理に設定すると、データの容量が増大するなどデメリットが大きくなります。このようなときには、全文検索エンジンが用いられます。全文検索エンジンには主に 表1 のようなものがあります。

表1 全文検索エンジン

全文検索エンジン	説明	参考URL
Senna	Sennaは組込み型の国産の全文検索エンジンで、DBMSやスクリプト言語処理系等に組込むことによって全文検索機能を強化することができる。MySQLやPostgreSQLのほかPerlやJava、Pythonなどからも使用することができる	http://razil.jp/product/senna/ http://qwik.jp/senna/FrontPageJ.html
Apache Lucene、Apache Solr	Apache Lucene(Lucene)はJavaで構築された全文検索エンジンである。Luceneはライブラリであり、それを用いた検索プラットフォームがApache Solrとなる	https://lucene.apache.org/、https://lucene.apache.org/solr/
Elasticsearch	ElasticsearchはLuceneを用いた全文検索エンジンである。AWSのサービスから簡単にデプロイして利用することができる	https://www.elastic.co/jp/、https://aws.amazon.com/jp/elasticsearch-service/ http://groonga.org/ja/docs/characteristic.html http://blog.createfield.com/entry/2014/04/21/12002
Groona	Groonaは国産の全文検索エンジンである。文書を短時間で追加・削除することができ、更新しながらでも検索できるという特徴を持っている。Fluentdを利用することでスケールできる	http://groonga.org/ja/

転置インデックス

　全文検索を行うにあたって必要となるものとして、どの単語がどの文書、文書中のどこに存在しているかを表す索引（インデックス）です（次ページの図3、MEMO参照）。

　保持しておく情報は単語とその単語の文書、文書中の位置をペアにしたKey-valueなため、KVSでもRDBMSでも利用可能です。

　文章を単語や一定の長さの文字列に分割するためにはトークナイザーが用いられます。トークナイザーは形態素解析の結果であったり、N-gramであったり、スペースや句読点などの区切り文字による分割などがあります。

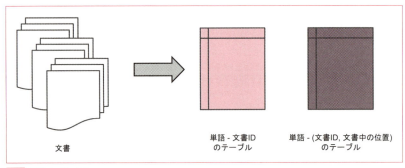

図3 転置インデックス

> **MEMO 転置インデックス**
>
> 転置インデックスについては、以下のサイトを参照してください。
> - **7.8. トークナイザー**
>   URL http://groonga.org/ja/docs/reference/tokenizers.html
> - **Groongaのトークナイザーについて表にまとめてみた**
>   URL http://qiita.com/ongaeshi/items/0cb891374f6154242724
> - **Groongaの自作トークナイザーの紹介**
>   URL http://qiita.com/naoa/items/a8011dd11f5c93261948

ウェーブレット行列

　テキスト検索や配列要素の探索において、効率や速度面において優れたデータ構造としてウェーブレット行列と呼ばれるものがあります（図4、MEMO参照）。

　ウェーブレット変換とはまた別の概念で、データを2つのグループに分けた二分木を構築していくというものです。数値の配列をある数よりも上のものを1、下のものを0として2つに分け、2つに分かれたそれぞれの配列のなかでさらに同様に2つに分けるといったことを繰り返します。このようにしてできあがった二分木は0と1のみの列で構成されることから2進数として取り扱うことも、テキストとして取り扱うこともできます。

　このように分けられた状態の数値を行列の形にしたものをウェーブレット行列と呼びます。ウェーブレット木、そしてウェーブレット行列は、インデックスの構築だけでなく、グラフネットワーク解析にも使用できるなど応用範囲が広いです。

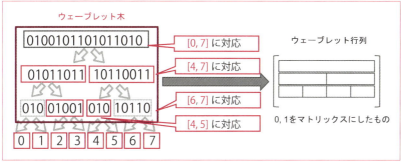

図4 ウェーブレット木とウェーブレット行列
出典:「ウェーブレット木の世界」P26
URL http://www.slideshare.net/pfi/ss-15916040より引用

> **MEMO ウェーブレット木とウェーブレット行列**
>
> ウェーブレット木とウェーブレット行列については、以下のサイトを参照してください。
>
> - **ウェーブレット木の世界**
>   URL https://research.preferred.jp/2013/01/wavelettree_world/
>
> - **中学生にもわかるウェーブレット行列**
>   URL http://d.hatena.ne.jp/takeda25/20130303/1362301095

BWT

また大きなテキスト文書中の文字列の検索において効率化された手法として、Burrows Wheeler Transform(BWT)(次ページのMEMO参照)とFM-Indexを使った検索手法などもあります。

BWTは単純には文字列を1文字ずつずらした新しい文字列を作り、生成されたすべての文字列をソートします。このときソート前の文字列のソート後の順番を記憶しておき、末端の文字をソート後の順序で並べた文字列を出力とします。

ブロックソートのWikipediaの例では、cacaoはccoaaとなります。もとの文字列の復元も機械的に行うことができます。変換後は似たような文字が連続する形となることから、圧縮の前処理としても利用されbzip2コマンドで実装されています。単純な方法での変換では変換前のテキストの何倍ものメモリ容量を必要としてしまうことから、使用するメモリの効率化などアルゴリズムは工夫されています。

BWTによる変換後の文字列から検索することもできます。このとき変換前の文字列には終端を示す記号を入れることがあります。

　文字列の検索にはFM-Indexを使用します。この方法により高速に文字列を検索することができます。特に、DNA配列などの使用している文字の種類が少ないテキスト文書などの場合は同じ文字列が長く続くようになり、検索の効率も向上しやすいです。人のゲノムは1塩基1文字として3GBの大きさで表すことができますが、BWTを使ったインデックスとFM-Indexによる検索で完全一致であれば特定の塩基配列を瞬間的に特定することができます。これにあいまい検索の機能や不一致時のペナルティを調整できるようにしたプログラムが**BWA（Burrows-Wheeler Aligner）**です。

> **MEMO BWT**
>
> BWTについては、以下のサイトを参照してください。
>
> - ブロックソート
>   URL https://ja.wikipedia.org/wiki/ブロックソート
> - ハクビシンにもわかる全文検索
>   URL http://qiita.com/erukiti/items/f11f448d3f4d73fbc1f9
> - ウェーブレット行列と**FM-index**で全文検索を書いてみた
>   URL http://kujira16.hateblo.jp/entry/2015/02/06/210630
> - wat-arrayでラクラク実装☆**FM-Index**の作り方
>   URL http://d.hatena.ne.jp/echizen_tm/20110102/1293996904

CHAPTER 12 　知識表現とデータ構造

03 意味ネットワークとセマンティックWeb

ここでは意味ネットワークとセマンティックWebについて解説します。

POINT
- 意味ネットワーク
- オントロジー
- リンクトデータ
- RDF
- SPARQL

意味ネットワーク

　機械が人間の扱う言葉である自然言語を理解することは人工知能を作り上げるうえで重要な機能となります。しかしながら言葉の意味を絶対的に把握するといったことは不可能に近く、人間でさえ成長の過程で相対的な関係性をつかみながら理解していきます。

　このような言葉を記号としてみたときに、「それが何に帰着するものか」といった概念について、機械が理解するときに発生する問題は記号接地問題と呼んでいます。その解決に必要なものとして生み出されたものが、意味ネットワークです（図1）。

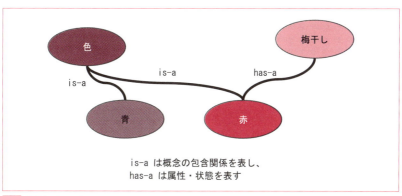

is-a は概念の包含関係を表し、
has-a は属性・状態を表す

図1 意味ネットワーク

意味ネットワークは概念をノードで表して、概念と概念の意味関係を辺で表す有向グラフまたは無向グラフとして表現しています。

特に重要な関係性として、is-a は概念の包含関係を表して、has-a は属性・状態を表します。A is-a B は、すなわち概念 A は上位概念 B の下位概念に当たり、「A は B の一種である」ということを指します。そして A has-a B は「A が B という状態である」ことを指します。

オントロジー

1970年代中頃から機械が自律的に概念を獲得するために必要であるとして、概念体系すなわち「オントロジーを構築しよう」という機運が高まっていました。

概念と概念との関係を表現するものが意味ネットワークであるとすると、これにメタデータを加えたものに関してのデータの記述方法がオントロジーとなります。オントロジーはドメイン（MEMO参照）ごとに構成され、個体（インスタンス）、概念（クラス）、属性及び関係を記述します。

> **MEMO ドメイン**
> ある概念が属する特定の領域のことを意味します。例えば、業務において必要な知識や経験のことをドメイン知識と呼びます。

この関係性の記述を利用して、例えば1つの単語で検索したときに似たような意味の単語での結果もヒットする、対となる情報も提示する、といったWeb上のデータ検索を便利にするようなことを実現することが可能になります。このような意味付けを可能にして、概念に基づいたWebの情報検索や自動処理の技術をセマンティックWebと呼んでいます。

オントロジーは分子生物学の分野において10年以上前から利用されており、研究されて発見のあった遺伝子についてはその知見に基づきGene Ontology（遺伝子オントロジー）が構築されています（MEMO参照）。バイオインフォマティクスの領域において遺伝子の機能分析や類似性分析などのために用いられ、biological_process（生物学的プロセス）、cellular_component（細胞の構成要素）、molecular_function（分子機能）の3つのドメインについて、オントロジーが構築されており、遺伝子をそれぞれのドメインで分類しています（図2）。

図2 Gene Ontology　URL http://amigo1.geneontology.org/cgi-bin/amigo/browse.cgi

> **MEMO　Gene Ontology Consortium**
>
> - **Gene Ontology Consortium**
>   URL http://geneontology.org/

　2000年代後半になるとオントロジーは感情や色などのより自然言語に近いさまざまな情報を表現するためのモデルとしても利用されるようになっており、機械が言葉と言葉、その概念を結びつけるために活用されています。オントロジーの構築は、人によって、業界によって、そして分野や状況によって異なることのある言葉の概念を共有し汎用化しようという作業に当たります。

　将来的により活用されるようになるためには、それらのオントロジーが統合的に扱われるよう巨大なオントロジーレポジトリが構築されて、またそれがオープンになることが重要です。これにより、現在では人間が利用することがメインとなっているオントロジーが、機械により機動的に探索されるようになることも可能となります。

リンクデータ

　2000年代以降、セマンティックWebの領域ではHTMLへのタグの埋め込みなどにより、Webページ間、サイト間、文書間での接続関係をデータベース化する流れが続きました。これにより主に人間のための検索の質の向上がもたらされてきました。

この過程のなかで、SEO（Search Engine Optimization）やOGP（Open Graph Protocol）と呼ばれる検索エンジン最適化の手法が整ってきました。「機械に情報を読み取らせ、機械がデータを解釈する」という点では、最も進展している技術です。

このような、「機械に情報を読み取らせて、その情報を共有していく」手法や技術によって表現されているデータをリンクトデータ（Linked Data）と呼んでいます。

Webページにおいて、SEOにより膨大なメタデータが付けられるようになった一方で、データそのものや概念といったものに対しては、一般にはあまり目立っていませんでした。そのようななか、2010年代以降は、特にオープンデータについてLOD（Linked Open Data）の構築が推進されおり、日本でも国勢調査などの統計情報をLODとして扱うことができます（MEMO参照）。

- 参考：統計LOD
  URL https://data.e-stat.go.jp/lodw/

> **MEMO　LODについて**
>
> LODについては、以下のサイトを参照してください。
> - **Linked Open Dataとは**
>   URL http://www.slideshare.net/lodjapan/lod-14067254
> - **ライフサイエンス分野におけるLinked Open Dataの活用例**
>   URL http://www.slideshare.net/lodjapan/linked-open-data-9857870

RDF

RDF（Resource Description Framework）は、Web上にある個々のリソースについてのメタデータを記述するための規格であり、セマンティックWebを実現するための技術的な重要な構成要素の1つです。応用したものとして、RSS（RDF Site Summary）があります。RDFを拡張したものとして、Web上に存在するオントロジーを交換するためのデータ記述言語であるOWL（Web Ontology Language）があります。

RDFの記述はトリプルと呼ばれる構造をしています（図3）。

トリプルは主語（S）、述語（P）、目的語（O）の3つでできており、それぞれはURI、リテラル、空白ノードのいずれかとなっています。例えばURIは<>で、

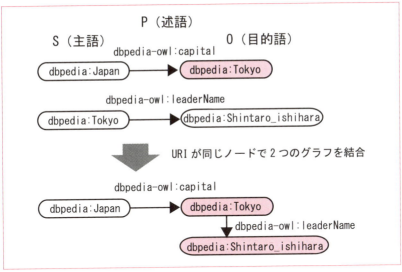

図3 トリプル
出典：「Linked Open Dataとは」
URL http://www.slideshare.net/lodjapan/lod-14067254

リテラルは""で囲むという約束で区別します。これらをSPOの順番に並べ、トリプルが複数連続するとどれが主語なのか、わからなくなってしまうので、SPOの最後をピリオド(.)で区切ることで、トリプルを表現できます。SPOのOは別のトリプルのSになることも可能で、これらが数珠つなぎになることでリンクトデータが作り上げられます。

リスト1 トリプルの構文

```
<http://dbpedia.org/resource/Japan> <http://dbpedia.org/
ontology/capital> <http://dbpedia.org/resource/Tokyo> .
```

リスト1のようなトリプルはN-Triplesと呼ばれます（次ページのリスト2）。ここで、構成されているノードが例えば33.8℃のような単位付きの数値であったとき、そのノードをさらに細かくすることができます。33.8と℃に分けたとき、空白のノードが生じますが、そのとき空白ノードIDは先頭を_:として任意の名前（次ページのリスト3の例では_:degree）を付けることができます。

リスト2 N-Triples の構文の例

```
<http://example.org/tokyo/survey/temperature/A00101>
<http://example.org/tokyo/terms/気温> _:degree .

_:degree <http://www.w3.org/1999/02/22-rdf-syntax-ns#value>
"33.8" .

_:degree <http://example.org/tokyo/terms/unit> <http://
example.org/tokyo/terms/degree> .
```

リスト3 Turtle の構文の例

```
@base <http://example.org/tokyo/survey/temperature/> .

@prefix rdf: <http://www.w3.org/1999/02/22-rdf-syntax-ns#> .

@prefix ex: <http://example.org/tokyo/terms/> .

<A00101> ex:気温 _:degree .

_:degree rdf:value "33.8" .

_:degree ex:unit ex:degree .
```

RDFのデータはRDBMSや後述するSPARQLを解釈するサーバーなどに格納することができます（**MEMO**参照）。

MEMO Oracle Database によるRDFのサポート

Oracle Database によるRDFのサポートについては、以下のサイトを参照してください。

- 標準技術で **Linked Data** も統合「**RDF Semantic Graph**」の実力とは？
  URL http://www.atmarkit.co.jp/ait/articles/1505/14/news010.html
- **Oracle®Spatial and Graph RDF** セマンティック・グラフ開発者ガイド
  URL https://docs.oracle.com/cd/E57425_01/121/RDFRM/toc.htm
- **Oracle の RDF サポート**
  URL http://otndnld.oracle.co.jp/products/spatial/pdf/semantic_tech_rdf_wp.pdf

◆ SPARQL

RDFによって記述された情報を検索する、または追加・更新するといった操作には、SPARQL（スパークル、SPARQL Protocol and RDF Query Language）と呼ばれるクエリー言語を用います。

SPARQLはHTTP越しに問い合わせを行うことができ、SPARQLエンドポイントと呼ばれる、URLにパラメーターとしてクエリーを付加し、リクエストを送ると、XMLやJSONの形式で結果を得られます。

SPARQLのクエリー例とレスポンス例（https://www.w3.org/TR/sparql11-protocol/）をリスト4からリスト6に示します。

リスト4 クエリー

```
PREFIX dc: <http://purl.org/dc/elements/1.1/>
SELECT ?book ?who
WHERE { ?book dc:creator ?who }
```

リスト5 リクエスト

```
GET /sparql/?query=PREFIX%20dc%3A%20%3Chttp%3A%2F%2Fpurl.or
g%2Fdc%2Felements%2F1.1%2F%3E%20%0ASELECT%20%3Fbook%20%3Fwho
%20%0AWHERE%20%7B%20%3Fbook%20dc%3Acreator%20%3Fwho%20%7D%0A
HTTP/1.1
Host: www.example
User-agent: my-sparql-client/0.1
```

リスト6 レスポンス

```
HTTP/1.1 200 OK
Date: Fri, 06 May 2005 20:55:12 GMT
Server: Apache/1.3.29 (Unix) PHP/4.3.4 DAV/1.0.3
Connection: close
Content-Type: application/sparql-results+xml
```

```xml
<?xml version="1.0"?>
<sparql xmlns="http://www.w3.org/2005/sparql-results#">

  <head>
    <variable name="book"/>
    <variable name="who"/>
  </head>
  <results>
    <result>
      <binding name="book"><uri>http://www.example/book/book5</uri></binding>
      <binding name="who"><bnode>r29392923r2922</bnode></binding>
    </result>
    ...
</sparql>
```

　SPARQLエンドポイントを構築するようなサーバーソフトウェアはApache Jena FusekiやSesame、Virtuosoなどのプログラムが公開されているほか、RDFのサポートを公式にしているOracle DatabaseでもApache Jena Fusekiとの連携をサポートしています（表1）。

表1　SPARQLエンドポイントを構築するようなサーバーソフトウェア

サーバーソフトウェア	URL
Apache Jena Fuseki	https://jena.apache.org/documentation/fuseki2/
RDF4J	http://rdf4j.org/
Virtuoso	http://virtuoso.openlinksw.com/
7 RDF Semantic Graph support for Apache Jena	https://docs.oracle.com/cd/E57425_01/121/RDFRM/sem_jena.htm#CBBJJJJB

CHAPTER 13 分散コンピューティング

近年の機械学習や深層学習をはじめとしたデータ解析では、取り扱うデータが大量になっているだけでなく速度も必要なため要求されるマシンのスペックも高くなってきています。手元のパソコンやGPUを搭載した拡張ボードを使用することで処理をこなすことが可能なこともありますが、場合によってはそれよりも大規模な分散処理機構が必要になることも考えられます。ここでは、主な分散コンピューティング環境についてと、機械学習や深層学習で使用されるプラットフォームなどについて解説します。

CHAPTER 13 分散コンピューティング

01 分散コンピューティングと並列コンピューティング

ここでは分散コンピューティングと並列コンピューティングについて解説します。

POINT
- 分散コンピューティング
- 並列コンピューティング

分散コンピューティングと並列コンピューティング

電子計算機の性能が現在よりもずいぶん低かったときから、時間のかかる処理をどうにかして早く終わらせる方法が考えられてきました。そのうちの1つが分散コンピューティングや並列コンピューティングと呼ばれているものです。

時間のかかる処理や規模の大きな計算を行うことや、大量のコンピュータを配置していることから、大規模計算機システムや大型計算機システムなどと呼ばれています。

分散処理を行うような手法は、大量のコンピュータをネットワークによって接続して行う大規模なものから、単体のPCのなかでの並列処理まで含めていろいろな種類が存在しています（図1）。

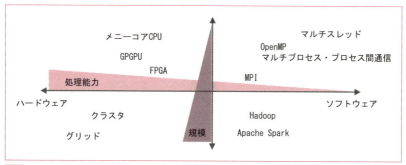

図1 分散コンピューティングの手法とアーキテクチャ

> MEMO 大型計算機システム
>
> 20世紀終盤において、かつて大型計算機と呼ばれていたものは処理能力ではデスクトップPCのような机に乗るぐらいの大きさになってしまったので「大型」とは言えないのですが、呼称として残っています。

CHAPTER 13 | 分散コンピューティング

ハードウェアからのアプローチ

ここではハードウェアからのアプローチについて解説します。

POINT
- グリッドコンピューティング
- GPGPU
- メニーコアCPU
- FPGA

■ グリッドコンピュータ

　国や大学などの研究機関では、大量のコンピュータを相互接続することで計算処理を分散させて行うことがされており、それらはスーパーコンピュータ（スパコン）と呼ばれています。スパコンなどを利用した高度で大規模計算量が必要な処理を高性能計算（High Performance Computing：HPC）と呼んでいます。

　国内のスパコンで有名なものとして京（理化学研究所）やTSUBAME（東京工業大学）、地球シミュレータ（海洋研究開発機構）などがあり、これらのスパコンは1ノードが1個以上のCPUを持ち、100〜80000ノード以上の規模で構成されています。

　ノードごとにRAMが搭載されているものもあれば、全ノードからRAMを共有するタイプのものもあります。ストレージはどのノードからもアクセスすることができるようにする必要があるため、Lustre Filesystem（次ページのMEMO参照）などの共有ストレージシステムを使用していることが多いです。このような計算処理を目的として複数のノードで構成された分散コンピューティング用のコンピューターをグリッドコンピュータと呼んでいます。グリッドを構成しているノードは高速で通信し、障害に強くなければならないので、LANなどではなくInfinibandで接続されていることが多いです（次ページの図1）。

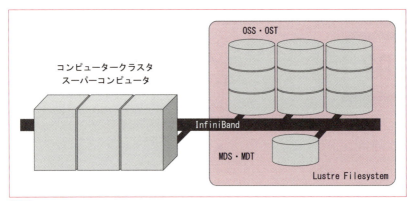

図1 共有ストレージシステム
出典：Lustreファイルシステムの概要と導入手順について
URL https://www.hpc-sol.co.jp/support/review/20130402_lustre_howto_install.html

> **MEMO** Lustre Filesystem（ラスター・ファイルシステム）
>
> メタ情報であるMDT（MetaData Target）を保持しているMDS（MetaData Server）と、データの中身であるOST（Object Storage Target）を保持しているOSS（Object Storage Server）をRAIDなどにより冗長性を持たせながら接続することで巨大なストレージを構築します。

　グリッドコンピュータやスパコンのように、多数のノードで構成されたコンピュータが通信し合いながら計算処理を行うものとして、コンピュータクラスタ（クラスタ）があります。

　グリッドコンピュータもクラスタの1つの形態となりますが、グリッドコンピュータは複数のクラスタを共通の基盤で使用可能にすることができるミドルウェアに相当します。グリッドコンピュータを構成しているマシンは、仕様をなるべく共通にして1台あたりの性能を向上（スケールアップ）させますが、クラスタを構成しているマシンはその数を増加させることで、性能の向上（スケールアウト）を図ります。クラスタを構成しているマシンはすべてが同じ機種やOSであったりする必要はありません（ **MEMO** 参照）。

> **MEMO** クラスタを構成しているマシン
>
> 地球外知的生命体探査プロジェクトで有名なSETIにおいて、構成しているマシンに一般のPCも対象としているプロジェクト「SETI@home」ではユーザーが解析プログラムをインストールすることによって分散コンピューティングに参加することができます。

GPGPU

　このようなグリッドコンピュータとは異なった形態のクラスタ構成の技術と仮想化の技術が進んだことにより、現在AWS（Amazon Web Services）、GCP（Google Cloud Platform）、Microsoft AzureなどのPaaS（Platform as a Service）やIaaS（Infrastructure as a Service）のサービスにつながっています。

　CPUは他のチップとのやり取りや制御を行わなければならないなど、演算処理のほかにもさまざまな役割を抱えています。そこで、CPU単体では賄いきれない演算処理はコプロセッサと呼ばれる、独立した演算処理装置に任せることがあります。過去には、浮動小数点演算処理装置（Floating Point Unit：FPU）と呼ばれる数値演算を行う専用のコプロセッサがCPUとは独立して存在していた時代もありましたが、LSIの集積度が高まりCPUの能力が上がるにつれて両者の距離を物理的に縮めるためCPUの内部に取り込まれる形となりました。

　一方で、画像処理を専門に行うコプロセッサは通常ではそこまで高速度な処理を必要とするような場面が多くなかったこともあり、3DCADや動画編集などの職業上必要なユーザー向けにビデオカードとして独立して発展しました。

　2000年代になり、テクスチャ処理など2D画像だけでなく、3D画像についてもグラフィックアクセラレーターが高速に演算処理を行い画像データに落とし込み転送できるようになってきました。グラフィックアクセラレーターの中心を担っているチップが、画像処理装置（Graphics Processing Unit：GPU）となっています（図2）。

　Windows上で直接ハードウェアにアクセスすることのできるライブラリであるDirectX（次ページのMEMO参照）に対応しているチップを製造していた

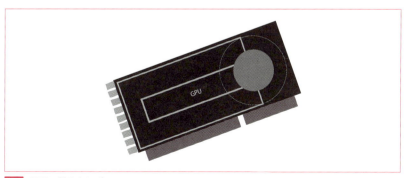

図2　GPUの製品イメージ

NVIDIAが2006年に発表したのがCUDA（Compute Unified Device Architecture）と呼ばれる統合開発環境です。これによりCやFortranなどのプログラムからGPUを画像のための演算ではない計算処理のために利用することができるようになり、GPGPU（General-purpose computing on GPU）、GPUによる汎用計算の時代が本格的に幕を開けました。

> **MEMO DirectX**
>
> WindowsにおいてOSを通じて画像を表示するときはオーバーヘッドが大きく、ゲームなどで高速に描画し続けるためにはビデオカードのメモリに直接アクセスする必要がありました。しかし当初のWindowsではGDI（Graphics Device Interface）のみしか提供されていなかったため不満が出ていました。そこでGDIを経由せず直接ハードウェアにアクセスして高速描画に対応することを可能にしたのがDirectX（特にDirectDrawやDirect3D）やOpenGLといったライブラリです。

GPUは画像処理で利用するような演算処理に特化しているため、行列演算などの単純な計算が得意です。対してCPUはいろいろな演算処理に対応するために単純な計算がそれほど得意ではありません。それだけでなく、チップ単体での受け持つ処理が多いCPUではコアを増やすことが集積度や発熱量の問題で簡単ではなく、2016年現在の一般向けCPUで8コア程度にとどまっています。一方で、GPUは1000や2000の単位でコアがあり並列処理を行うことが可能です。また、GPU専用で利用できるメモリもあります（VRAM）。そのため、CUDAなどから画像処理以外の用途である画像認識や音声認識などの機械学習や深層学習を高速に処理することのできる演算処理ボードとしての利用が進んでいます。

メニーコアCPU

2010年代で一般向けのCPUは8コアのものが主流になっていますが、高性能サーバーでは12コアや16コアのCPUも存在しています。しかし、それをはるかに上回るような数百単位のコアを持つCPUがあり、メニーコアCPUと呼ばれています。

PEZY Computingが開発した1024コアのCPUなどが有名であり（図3）、理化学研究所のスパコンShobu（菖蒲）や高エネルギー加速器研究機構のスパコンSuiren（睡蓮）、Suiren Blue（青睡蓮）として2015年から稼働しています（図4）。

図3 PEZY-SCメニーコアプロセッサ（2014）
出典：PEZY-SCメニーコアプロセッサ（2014）
URL http://www.pezy.co.jp/products/pezy-sc.html

図4 「Suiren（睡蓮）」4液浸槽の全景写真（左）と、「Suiren Blue（青睡蓮）」の前面・横面写真（右）
出典：「KEK小型スーパーコンピュータ「Suiren Blue（青睡蓮）」と「Suiren（睡蓮）」がスパコン消費電力性能ランキング「Green500」でそれぞれ世界第二位、第三位を獲得」
URL https://www.kek.jp/ja/NewsRoom/Release/20150805090000/
© 高エネルギー加速器研究機構（KEK）

FPGA

　高速処理を行いたいとき、ソフトウェア上で高速化を図るよりもハードウェアを設計するところから行ったほうが効果は大きいです。GPUを使用したビデオカードなどがその好例です。

　当然のことながらハードウェアで目的とする処理をするようなLSIや回路を「かっちり」と作ると汎用性はなくなってしまうので、何度も作り換えるといった

ことが難しくなります。そこで専用のLSIに比べると速度や回路規模は劣るものの専用の開発環境を用いることで回路を自由に書き換えられるようになっているFPGA（Field-Programmable Gate Array）が利用されています。FPGAはストリームデータを高速で処理することが得意なので、ビデオの圧縮や変換などリアルタイム性の高い用途に用いられています。FPGAはハードウェアとソフトウェアの両方の利便性を持ち合わせているデバイスと言え、試作などに使いやすい特徴があります。

またGPUなどに比べると消費電力も小さくて済むことなどから、浮動小数点演算にそこまで精度を要求する必要のない計算処理をFPGAで行うことがあり、高速度なCPUやGPUが必要となるような処理の小型化省電力化のための第一歩としてFPGAは活用されています。

MicrosoftはFPGAを大規模並列化させて特徴量の抽出と機械学習を行うサーバーを構築して、Bingに利用しており、大学などでの研究レベルでは深層学習への適用としてCNN（Convolutional Neural Network）やRNN（Recurrent Neural Network）で画像認識などのパターン認識も行われています。

Xilinx Virtex-5 SX240T上で動かしたCNNでNVIDIA Tesla C870の1.4倍の性能が報告されました。また、Xilinx ZynqにCNNの回路を並列でネットワーク接続したところ、電力性能でGPU・CPUの約10倍であったと報告されています。

- **参考：マイクロソフトはどうやってBingをFPGAで実装したか**
  URL http://qiita.com/kazunori279/items/6f517648e8a408254a50

CHAPTER 13 　分散コンピューティング

ソフトウェアからの アプローチ

ここではソフトウェアからのアプローチについて解説します。

POINT
- マルチプロセス
- Apache Hadoop（MapReduce）
- HDFS
- MapReduce
- YARN
- Apache Spark
- RDD

マルチプロセス

　1つのプログラムが実行されるとき、1つのプロセスが生成されます。そのときに割り当てられるメモリ空間などは、他のプロセスからは保護されているため通常はアクセスすることができないようになっています。

　現代においてはOSによる制御によって複数のプロセスが並行して処理をするマルチタスク処理が一般的となっており、それぞれのプロセスはプロセス間通信によってお互いにメッセージを送り合い情報をやり取りしています。

　プロセスごとに役割を振り分けたり、同じ役割のなかで処理するデータを分担したりすることで、データの処理を効率化しようとするものです。最初に実行されたプロセスを親プロセス、親プロセスによって作り出されたプロセスを子プロセスやサブプロセスと呼びます。

　子プロセスの処理が終わるまで親プロセスは処理を中断して待つことができ、複数の子プロセスに処理を分担させた後に親プロセスがそれらの結果をとりまとめるといったことが可能です（次ページの図1）。

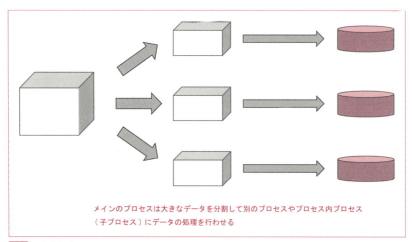

メインのプロセスは大きなデータを分割して別のプロセスやプロセス内プロセス（子プロセス）にデータの処理を行わせる

図1　マルチプロセス

　プロセスの処理を複数のCPUで並列処理するための標準化された規格として、MPI（Message Passing Interface）があります。これはCとFortran 77用のライブラリとして実装されており、ソケット通信も可能であるため1台のマシンのなかでのマルチプロセス環境だけでなくクラスタ構成をしているマシン間での並列処理にも利用できるようになっています。

マルチスレッド

　1つのプロセスは通常1つのスレッド（メインスレッド）がメモリ空間や処理時間を占有しています。複数のプロセスを利用した並列処理では、メモリ空間がそれぞれのプロセスで独立してしまうためメモリの利用効率が良くないことや、プログラムを構築する際に考慮しなければならないことが多くなり面倒になることがありました。

　それらの問題を軽減したものがマルチスレッドです。マルチスレッドはプロセス内のメモリ空間を共有することができます。子プロセスと同様に、メインスレッドとなる親スレッドはサブスレッドである子スレッドを生成し呼び出した後、親スレッドは子スレッドの持つデータを受け取り、処理を続けることができます（図2）。

　一般的にはメインスレッドでは処理に時間がかかるために入力が受け付けられなくなるといったことを避けるためにサブスレッドによって並行処理を行うこと

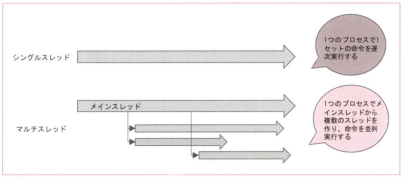

図2 シングルスレッドとマルチスレッド

がされます。Windowsなどのグラフィカルユーザーインターフェース（GUI）プログラムにおいては、メインスレッドからUIスレッドやワーカースレッドと呼ばれるサブスレッドを生成して呼び出しています。

ソースコードレベルでシングルスレッドのプログラムをマルチスレッド対応に書き換えることのできるものとして、OpenMPがあります。MPIとは異なり、プログラムから呼び出すライブラリではなく、コンパイラに指示を与えることのできるフレームワーク用の言語拡張（MEMO参照）となっています。

> **MEMO フレームワーク用の言語拡張**
> JavaScriptに対するAltJSやAngularJSのようなものと言えます。

Apache Hadoop（MapReduce）

Apache Hadoop（Hadoop）は元Yahoo Researchのダグ・カッティングがJavaで開発した大規模分散処理フレームワークで、Apacheソフトウェア財団のもとで開発が進められているオープンソースプロジェクトです（次ページの図3）。

HadoopはGoogleが開発したGoogle File SystemとMapReduceの考え方をベースにしたクローンソフトウェアとなっています。

もともとは同じくオープンソースプロジェクトである全文検索エンジンLuceneの一部分を担うLucene関連プロジェクトNutch（次ページのMEMO参照）の構成機能の1つでしたが、2006年に独立したプロジェクトとして開始されました。

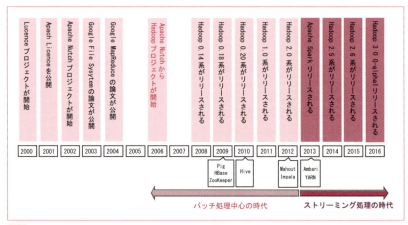

図3 Hadoopの成り立ち
出典：「Welcome to Apache™ Hadoop®!」
URL http://hadoop.apache.org/

> **MEMO　Apache Nutch**
> Webクローラーエンジンを基本としたWeb検索システムです。

Hadoopは分散ファイルシステムであるHDFS（Hadoop Distributed File System）とMapReduceをコアの構成としてさまざまなプログラムで成り立っています。これらの構成プログラム群を総称してHadoopエコシステムと呼ぶことがあります（図4、表1）。

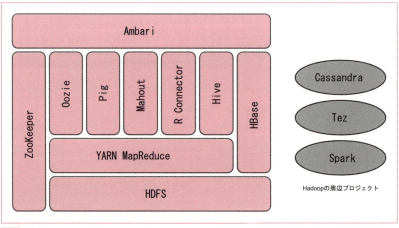

図4 Hadoopエコシステム

表1 Hadoopエコシステムの説明と参考記事一覧

Hadoop エコシステム	説明	参照記事
Oozie	ワークフローの作成とジョブスケジューリングの管理をすることができる	-
Pig	通常のHadoopでの処理はJavaなどを用いてプログラムを構築し実行する。PigはHadoopに処理をさせる内容を専用のスクリプトで指示することができる	-
Mahout	機械学習を行うことができる。クラスタリングやレコメンドといったさまざまなアルゴリズムがMapReduce上で動作するようにプログラムされており、100万件以上の単位での大規模処理が可能	URL http://www.atmarkit.co.jp/ait/articles/1203/07/news117.html
R connector	RHadoopや、Oracleが販売するOracle R Connector for Hadoopがある。これらを利用すると、Rのインターフェースから HDFS やデータベースシステムへのアクセスやMapReduce処理の記述と実行ができる	-
Hive	SQLライクな記述でデータを操作することができる。Pigと似たような機能を持つが、よりリレーショナルデータベースに近い扱い方ができることが特徴。Facebookにより開発された	-
Hbase	Hadoopにて使用されるKey-valueストア式のデータベースシステム。	-
ZooKeeper	Hadoopクラスタを構成しているマシンとシステムで処理しているプログラムを管理することのできるプログラム。クラスタにストレージを増加するためにマシンを追加したり、設定ファイルを更新したりするときにそれらを簡単にできるようサポートするコーディネートエンジンである	URL http://www.atmarkit.co.jp/ait/articles/1206/22/news142.html
Ambari	Webブラウザを利用したHadoopクラスタを簡単に監視や構成変更できるプログラム	-
YARN	"Yet-Another-Resource-Negotiator"を意味する。任意の分散処理フレームワークやアプリケーションの作成を容易にする新しいフレームワーク	-
Cassandra	HBaseのようなKey-Valueストア式のデータベースシステム	-
Tez	MapReduceの並列処理（ジョブ）を非循環有向グラフ（DAG）によるグラフ構造によって記述することでMapReduceジョブを複数段連ねた形の処理構造など大きく複雑なワークフローを効率的に管理できるようにするためのプログラム	URL http://gihyo.jp/admin/serial/01/how_hadoop_works/0016
Spark	ストリーミング処理に適したインメモリ分散処理システム。Scalaで実装されており、Hadoopより大規模なデータ処理を可能にしている	-

HDFS

　Hadoopを構成するコアとして分散ファイルシステム、HDFSがあります（図5）。HDFSはマスターノードであるNameNodeとスレーブノードであるDataNodeで構成されたクラスタとなっています。

　NameNodeにはファイル名や権限などの属性が記録されており、データの実体は一定の大きさに分割されてブロックとなり、DataNode群に保存されます。DataNodeに保存される際には、ブロックは複製されてレプリカがそれぞれ別のノードに保存されます（デフォルトの設定では3つ）。このようにすることで冗長性が担保されDataNodeを構成するマシンが故障するなどして、アクセスできなくなったときにも対応できるようになっています。

　HDFSは大きなサイズのファイルについては効果が大きいのですが、小さなサイズが多い場合は、リソースの無駄遣いになりやすいことに注意が必要です。

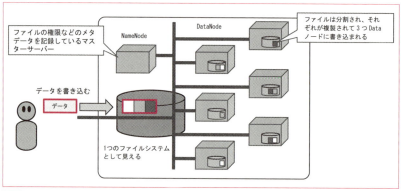

図5　HDFSの仕組み

MapReduce

　データを処理する際に使用されるのがMapReduceです。これは、複数のプロセスにデータの振り分けを行い担当するプロセスそれぞれがKey-valueの形でまとめを行うMap処理と、Key-value形式のデータを集計して、集計が終わったデータを統合していくShuffle処理とReduce処理に分けられます。

　Map処理がM個のプロセスで行われれば処理時間は$1/M$に、Reduce処理がN個のプロセスで行われればそれぞれは独立しているのでこちらの処理時間も$1/N$に短縮できる計算となります（図6）。

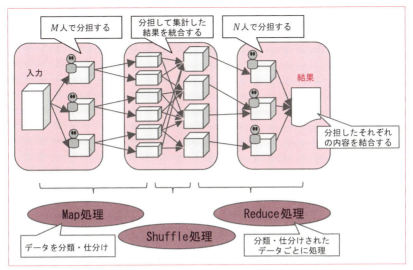

図6 MapReduce処理

当初のHadoopでは、マスターノードであるJobTrackerとスレーブノードであるTaskTrackerで構成されていました。

JobTrackerのプロセスはMapReduceジョブの管理とジョブ内の処理であるタスクをTaskTrackerのプロセスに割り当てることを行うと同時に、TaskTrackerの生存確認を行い、処理の停止を検知した場合には別のTaskTrackerに再実行を指令することも行います。これにより、MapReduce処理が最初からやり直しにならず、継続的に実行することができるようになっています。TaskTrackerのプロセスが生成する子プロセスが処理の本体を担い、HDFSにアクセスをします。

YARN

その後、MapReduce処理の部分は作り変えられることとなり、YARN（Yet-Another-Resource-Negotiator）が開発され（次ページの図7）、バージョン2系ではYARNが使用されています。YARNはマスターノードであるResourceManager、スレーブノードであるNodeManagerで構成されており、NodeManagerのなかで稼働しているApplicationMasterがタスクの処理本体を、Containerを起動して実行します。

NodeManagerはノードのリソース状況を監視することを行っており、ApplicationMasterがContainerを起動するときはResourceManagerに要求をして、空いてい

るノードを取得したうえで、空いているノードでContainerを起動します。

　YARNになったことで、ContainerにはMapReduce処理以外の内容を行わせることが可能になっており、そのようなものとしてApache TezやApache Sparkが開発されています。

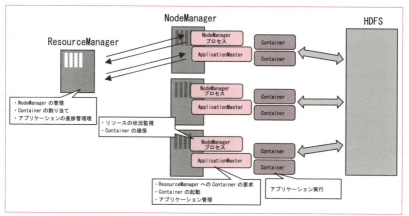

図7　YARN

Hadoopの利用方法

　Hadoopの使われ方はバッチ処理が中心です（MEMO参照）。ETLと呼ばれる基幹系システムからのデータの抽出（Extract）、変換（Transform）、次の処理への引継ぎやデータベースへの書き出し（Load）といったデータの前処理に相当する内容のほか、月次処理などの集計レポートの作成や大きなデータセットを用いてMahoutで機械学習を行い、その結果を出力するといったことが行われています。

　加えて、業務系のデータ分析基盤として、またはアドホックなデータ分析基盤として、必要なときに必要なだけクラウドプラットフォーム上でクラスタを構成して、データの解析処理を行うことにも使われています。

> **MEMO　Hadoopの使い方**
>
> Hadoopの使い方については「Hadoopの使い方のまとめ（2016年5月版）」に詳しい内容が記載されています。
>
> - **Hadoopの使い方のまとめ（2016年5月版）**
>   URL　http://qiita.com/shiumachi/items/c3e609cb919a30e2ea05

2007年ごろには、HadoopとHBaseを利用した日本語のブログなどから流行語を推定してランキング形式で表示するblogeyeというサービスなどがありました。

クロールを行って収集したデータをリアルタイムに分析して、著者属性やキーワードのデータベースを更新しながら流行語のデータベースを作り出している。AWSのAmazon EC2/S3上で実現されていました（MEMO参照）。

> **MEMO blogeyeの実装**
>
> blogeyeの実装については「blogeyeの実装に学ぶ、Amazon EC2/S3でのHadoop活用術」に詳しい内容が記載されています。
> - **blogeyeの実装に学ぶ、Amazon EC2/S3でのHadoop活用術**
>   URL https://codezine.jp/article/detail/2841

Apache Spark

Hadoopは主にバッチ処理で利用されることが多かった大規模データ分散処理システムですが、年が経つにつれて次第によりリアルタイム性のあるデータ処理であるストリーミング処理やオンライン機械学習などの要求が高まってきました。

このようななか、登場した大規模データ分散処理システムがApache Spark（以下Spark）です。Sparkはインラインメモリ分散処理システムなため、メモリに展開されたデータへのアクセスが低レイテンシで実行でき高速な処理が可能です。Sparkは2009年にカリフォルニア大学バークレー校のAMPLabで開発が始まり、2013年にApacheに寄贈されました。

SparkはScalaで実装されており、Scala以外にもJavaやPython、Rなどから利用することができます。Sparkでのデータ保持機構などのコアなモジュールの上に、SQLによるデータアクセスを実現するSpark SQL、ストリーミング処理を行うSpark Streaming、機械学習処理を行うことができるMLLib、グラフ解析処理を取り扱うことのできるGraphXなどで、Sparkのモジュール群は構成されています。

SparkはHadoopのMapReduceを使わず、YARNなどのクラスタマネージャーを用いて分散処理を行い、Hadoopによってできあがった資産であるHDFSやAmazon S3、GCPのGoogle Cloud Storageなど、多様なデータソースへのアクセスが簡単にできるようになっており、使い勝手がよくなっています（次ページの図8）。

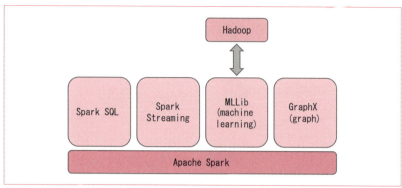

図8 Apache Sparkのモジュール　URL http://spark.apache.org/

RDD

　Sparkではデータソースから取得したデータについてRDD（Resilient Distributed Dataset）を1つの単位として取り扱います。RDDは配列を包含しており、パーティションと呼ぶ小分けにした配列に分割して処理を行います。そしてRDDに対して変換、アクションと呼ばれる操作を行います（図9）。

　変換はRDDに含まれる配列の要素に対する処理（mapやfilterなど）を指し、アクションは配列を集約するような処理（countやcollect、reduceなど）を指します。

　操作の前や後に永続化することによって、RDDがイミュータブル（変更不可能）な状態になります。永続化と呼ばれる処理を行うと同一のRDDを使いまわして操作を行うことが可能になることから、入力データの再読み込みなどの無駄な処理がなくなり、高速に処理を行うことができます。

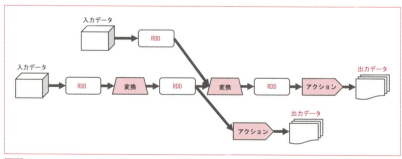

図9 Apache Sparkのデータ処理の概要

🔹 パーティション

Sparkではデータをパーティションに分けて分散処理を行います。パーティションの数は処理時間に影響し、少なければシャッフル処理を行うときに一部のワーカーノードすなわち、NodeManager下に処理が偏り、最悪の場合、処理が失敗することも起こります。

逆にパーティションの数が多すぎると、変換やアクションの際にオーバーヘッドになってしまうこともあるので100～10000の範囲内で調整を行うことが推奨されています。

Sparkの活用例として、全国規模で展開している小売業者やECサイト、ソーシャルゲームの運営会社などの常時データが流れ込んでくるような事業者での機械学習を行うMLLibや、グラフ解析を行うGraphXを利用したレコメンドエンジンの開発などがあります。それらの開発の過程で、Hadoopで使われているHiveをSpark用に高速化を行った事例などがあります（MEMO参照）。

> **MEMO HiveをSpark用に高速化を行った事例**
>
> HiveをSpark用に高速化を行った事例については、以下の記事を参照してください。
>
> - **Hive on Spark を活用した高速データ分析**
>   - Hadoop / Spark Conference Japan 2016
>   URL http://www.slideshare.net/knagato/hive-on-spark-hadoop-spark-conference-japan-2016

機械学習プラットフォームと深層学習プラットフォーム

ここでは図1の各種プラットフォームについて取り上げます。

POINT
- 主な機械学習プラットフォーム（図1左）
- 主な深層学習プラットフォーム（図1右）
- プログラミング言語について

主な機械学習プラットフォーム
- Google Cloud Platform
- Microsoft Azure Machine Learning
- Amazon Machine Learning
- Bluemix・IBMワトソン

主な深層学習プラットフォーム
- Caffe
- Theano
- Chainer
- TensorFlow
- MXNet
- Keras

図1 主な機械学習と深層学習プラットフォーム

主な機械学習プラットフォーム

Google Cloud Platform

　Googleが機械学習を行う基盤を世界に提供し始めたのは、Google Prediction APIからです。Prediction APIは、教師あり学習を行うことができるサービスで、教師データを入力しておくことで、予測や分類などを行います。

　連続量や不連続量によらず雑多なデータを投入できるのが特徴で、迷惑メールの判定や文書の分類のほか感情の判定、診断のほか売り上げの予測などに使われることを想定しています。

　現在はGoogle Cloud Machine Learning Platformと呼ばれる別のサービスも提供されており、こちらはCloud StorageやCloud Dataflowといったデータ解析基

盤を活用するものとなっています。

　画像認識のGoogle Cloud Vision API、音声認識のGoogle Speech API、テキスト処理のGoogle Natural Language API、翻訳のGoogle Cloud Translate APIといったPrediction APIが比較的低レベルであったのに対して、高レベルでのAPIをCloud Machine Learning Platformでは提供しています（MEMO参照）。

> **MEMO Google Prediction APIや**
> **Google Cloud Machine Learning Platformについて**
>
> Google Prediction APIやGoogle Cloud Machine Learning Platformについては、以下のサイトを参照してください。
>
> - **Google Prediction API**
>   URL https://cloud.google.com/prediction/docs?hl=ja
> - **CLOUD MACHINE LEARNING プラットフォーム**
>   URL https://cloud.google.com/products/machine-learning/?hl=ja

Microsoft Azure Machine Learning

　Google Prediction APIの提供開始から5年が経過した2015年、これはGoogleの大規模データ処理基盤であるCloud Dataflowが正式に提供された年でもあるが、MicrosoftからはAzure Machine Learning（AzureML）、AmazonからはAmazon Machine Learning（AmazonML）が一般提供されました。

　AzureMLは、二値分類、多値分類（多クラス分類）、回帰分析による予測に対応しており、Azure Machine Learning StudioというWeb画面上に用意された統合環境でデータの解析を行うことができるようになっています。

　Azureは早くからIoT（Internet of Things）デバイスからのデータ取得と解析との連携をクラウド上で統合管理することに力を入れており、さらにWebデプロイ機能まで含めたサービス提供をしています。このことによりRESTfulなAPIでのデバイスからのデータ取得からWebサービスを通じた画面上での可視化までをシームレスに実行し、さらにはそれらを外部のサーバーで受けて別のサービスを開発するといったことまでできるようになっています。

　ほかにも、Google Cloud Vision APIに相当する画像認識エンジンや音声認識エンジンなども当初から提供していることが特徴的であり、現在はCognitive Servicesとしてさまざまな種類のAPIが提供されています（次ページのMEMO参照）。

> **MEMO Cognitive Services**
>
> Cognitive Servicesについては以下の記事を参照してください。
> - 最新!2015年 クラウドAI プラットフォーム比較 AzureML & AmazonML
>   URL http://www.slideshare.net/JunichiNoda/2015-ai-azureml-amazonml
> - Cognitive Services プレビュー
>   URL https://azure.microsoft.com/ja-jp/services/cognitive-services/

❏Amazon Machine Learning

　MicrosoftのAzureMLと同時期に提供されたAmazonの機械学習プラットフォームがAmazon Machine Learning（AmazonML）です（MEMO参照）。Amazonがこれまでクラウド環境として提供してきたサービス基盤との親和性を強みとしておりS3やRedShiftなどからデータを読み込み、そこからデータの解析を行うことができるようになっています。機能では、Google Prediction API、AzureMLと同様な分類や予測のサービスが用意されています。

　Amazonのサービスにおいて、HadoopやSparkを使用したい場合にはAmazon Elastic MapReduce（EMR）を利用します。

> **MEMO Amazon Machine Learning**
>
> Amazon Machine Learning、Amazon EMRについては以下の記事を参照してください。
> - **Amazon Machine Learning**
>   URL https://aws.amazon.com/jp/machine-learning/
> - **Amazon EMR**　URL https://aws.amazon.com/jp/emr/

❏Bluemix・IBMワトソン（次ページのMEMO、COLUMN参照）

　Google GCP、AmazonMLやAzureMLなどと少し趣が異なっているクラウドプラットフォームとして、IBMが提供するBluemixがあります。BluemixがAmazonMLなどと違う点として、IaaSの提供よりもPaaSでの提供に重きを置いていることが挙げられます。

　ソリューション提供プラットフォームというBluemixの基盤上に各種機械学習サービスやWebサーバーサービス、データベースサーバーサービスを、パーツとして組み合わせてシステムを構築することができます。

　Node-RED（URL http://nodered.org/）をシステム構築のベースに用いることで、Bluemixのサービスから選んだパーツ類をフローの一部分として組み立てて

いくことができるようになっています。

　BluemixとNode-REDを利用するとWebSocketを使ったWebサービスが手軽に作ることができるほか、IoTデバイスからのデータを処理するデータフローを簡単に構築することができます。加えて、組み合わせるパーツとしてIBMワトソンの機能を取り入れることができるので、主に自然言語処理や応答サービスのほか顔の検出や認識を行うようなシステムを作ることができます。

> **MEMO　IBMワトソン**
>
> さまざまな種類のチュートリアルが提供されています。参考にしてください。
> - **IBM Bluemix（概要）**
>   URL https://www.ibm.com/developerworks/jp/bluemix/
> - **IBM Bluemix（テーマ別チュートリアル）**
>   URL https://www.ibm.com/developerworks/jp/bluemix/tutorial.html

> **COLUMN　IBMワトソン**
>
> 2011年にクイズ番組『ジェパディ！』で人間解答者に勝利し、2015年には世界のレシピから新たなレシピを創造することまで行ったIBMワトソンは、自然言語分類や対話、検索やランク付け、文書変換、音声認識、音声合成などの高度な機能を実装したアプリケーションで開発が可能です。これらはコグニティブ・コンピューティングと呼ばれる膨大な自然言語を含むデータから推論を行い、人間の意思決定の支援を行うために作られてきました。
> コグニティブ・コンピューティングと人工知能との違いについては、「AIは科学分野における技術であり人間ができることのイミテーションを目指しています。一方で、コグニティブシステムは人間が中心。人がよりよい作業が行えるようにサポートするものだ」と米IBM基礎研究所のDario Gilにより述べられています（次ページのMEMO参照）。
> 2016年初めには、ソフトバンクテレコムと共同で日本語の自然言語処理サポートを提供できるまでに至りました。これにより、整理された形で日本語の文書を大量に蓄積し分析に活用することが可能となりました。
> 例えば、医療従事者で1ヵ月半かかるほどの文量のある医療分野関連の論文を、ワトソンは20分で処理することができます。このような専門的な文書などの蓄積により、2016年8月には患者の臨床的な情報から医師の判断とは異なった病名と治療方針の提案をして、実際に治療方針の転換の結果、効果が表れたことが発表されました。
> このように日進月歩で情報が増加していく医療関連情報を個々人が把握するのには限界があり、人工知能を含む機械学習システムやコグニティブ・コンピューティングによる診断とそれに基づく治療方法のほうがはるかに正確になっていくと予想されます。
> 大量の情報を記憶し最適な情報を引き出せるIBMワトソンは、医療現場を革新する可能性があると期待されています。
> なお、このコラムは、以下の記事を参考に執筆しています。

- 人工知能（AI）が医療を変える！
  わずか10分で白血病を見抜き患者を救った「IBM Watson」の底力
  URL http://healthpress.jp/2016/08/ai-10ibm-watson.html

> **MEMO** コグニティブシステム
>
> コグニティブシステムについては、以下の記事を参照してください。
> - 人工知能と"コグニティブシステム"は目指すゴールが決定的に違う
>   URL http://japan.zdnet.com/article/35071682/

主な深層学習プラットフォーム

　機械学習プラットフォームと並んで2010年代に登場した強力なツールが深層学習プラットフォームです。深層学習が活用され始めると、決まった処理をモジュール化することでプラットフォームソフトウェアができ始めました。それらはオープンソースとして提供され、そのことにより利用者が自分の注目したいニューラルネットワークの構築に専念できるようになってきました。

　画像データを主に扱うCNN（Convolutional Neural Network）ではCaffeやTheanoなどが先行して利用されており、これらは時系列データを主に扱うRNN（Recurrent Neural Network）も処理することができます。

　2016年現在では、大手のIaaSが機械学習プラットフォームを提供するような形で深層学習のプラットフォームを提供しているといったところは見られず、自力でサーバーに導入して構築をすることが必要になりますが、今後手軽に深層学習を行うことができるサービスが登場することも予想されます。

Caffe

　CaffeはBerkeley Vision and Learning Centerが中心となって開発を行っている深層学習プラットフォームです。コンピュータビジョンの研究からできたプラットフォームソフトウェアであり、CNNを行うライブラリとしてよく使われています。PythonとMATLABから使用することができます。

- 参考：Caffe　URL http://caffe.berkeleyvision.org/

Theano

　TheanoはPythonのライブラリとして提供されている深層学習プラットフォー

ムです。画像認識など特定の処理に向いたライブラリというよりも、数値計算全般を行う深層学習用のツールとしての色が強いです。

- 参考：Theano　URL http://deeplearning.net/software/theano/

Chainer

Chainerは日本企業であるPreferred Networksが提供しているオープンソースの深層学習プラットフォームです。そのため、日本語による情報提供が豊富です。また日本語によるサポートを受けやすいこともポイントが高いと言えます。Pythonから使用できます。

- 参考：Chainer　URL http://chainer.org/

TensorFlow

TensorFlowはGoogleが提供する数値計算機構を含む深層学習ライブラリです。囲碁世界ランキング上位の棋士を破ったAlphaGoのシステムもTensorFlow上で動かしていました。

Googleが提供していることもあり、学術産業問わず利用者が世界中に存在し、習得やチュートリアルに関してはさまざまな書籍も出版され始め、Udacityなどのe-learningサービスからも公式のカリキュラムがある点でハードルは低くなっています。Pythonから使用できます。

- 参考：TensorFlow　URL https://www.tensorflow.org/
- 参考：TensorFlowとUdacityによるディープ ラーニングの自己学習
  URL https://googledevjp.blogspot.jp/2016/02/tensorflow-udacity.html

MXNet

2016年に入って注目を増している深層学習ライブラリとしてMXNetがあります。MXNetはPython以外にもC++やR、Julia、さらにはJavaScriptからの使用ができます。またチュートリアルも多く提供されているため試しに触ってみるといったことに便利です。

- 参考：MXNet　URL http://mxnet.io/
- 参考：MXNet（github）
  URL https://github.com/dmlc/mxnet/tree/master/example#list-of-tutorials

■Keras

いろいろな種類の深層学習プラットフォームが立ち上がると、再現性の確認や処理時間の計測などそれぞれのプラットフォームで同じ処理を行わせてみたいといったことが出てきます。こういったときに役に立つのがKerasのようなライブラリです。

Kerasは複数のプラットフォームの差異を吸収することができるようになっており、2016年10月現在、TensorFlowとTheanoに対応しています。JavaScriptから使用するKeras.jsもあります。

- 参考：Keras　URL https://keras.io/ja/

プログラミング言語について

今後も使われていくであろうChainerやTensorFlowなどの深層学習プラットフォームではPythonを用いて開発を行うことが中心になることから、2015年以降は国内でのPythonの需要が高まっています。

10年以上前から続くWebプログラミングの隆盛とともにJavaやPHP、そしてRuby on Railsに利用されるRubyが国内では人気でリードしており、科学技術計算に用いられる傾向の強いPythonは海外での人気とは対照的に日陰の存在でした。

しかし深層学習や機械学習による人工知能関連の開発人気が高まったことにより、WebプログラミングにおけるPHPの立ち位置になろうとしているPythonは、今後習得しておいてよい言語の1つと言えます（表1）。

表1 プログラミング言語のランキング（2016）
出典：The RedMonk Programming Language Rankings: January 2016
URL http://redmonk.com/sogrady/2016/02/19/language-rankings-1-16/

ランキング	言語	ランキング	言語	ランキング	言語
1	JavaScript	8	CSS	15	Go
2	Java	9	C	15	Haskell
3	PHP	10	Objective-C	17	Swift
4	Python	11	Shell	18	Matlab
5	C#	12	Perl	19	Clojure
5	C++	13	R	19	Groovy
5	Ruby	14	Scala	19	Visual Basic

CHAPTER 14 大規模データ・IoTとのかかわり

小型のコンピュータが安価に提供されていることで、センサーチップなどを使いながらIoTデバイスと呼ばれる特定用途の装置を容易に組み上げることが可能になっています。それらはどんどん増え続けており、その結果観測・計測データなどを保管するストレージは課題となります。保存するコンテンツについても注意が必要な場合があります。それらに関して触れながら、IoTデバイスが協調し合いながら人工知能として機能すること、脳科学研究との関連性、政府の方向性とを絡めて解説します。

肥大化するデータ

ここでは年々肥大化するデータとそれに対応するストレージについて解説します。

POINT
- ストレージの確保
- オブジェクトストレージ
- 個人情報への配慮

ストレージの確保

これからの人工知能や機械学習について重要になってくることは、深層学習を含め、何かの課題をそれらの手法によって解決するためには大量のデータが必要となってくる点です。

その一方で、データを収集している企業側は「データをどのように活用するか」を念頭に置きながら、「どのようなデータを収集するか」を検討しなければなりません。

もちろん、データを集めるだけであれば、採取するデータの種類を決めず闇雲にデータの集積を行ったとしても大きな問題にはなりません。

データ分析の際に、多重共線性の問題があるとはいえ、説明変数が多いとそれだけ特徴量に反映できる情報が増えるからです。実際に、データ解析のコンテストや深層学習による画像認識などの学習では、あえて説明変数を新しく作ったり、ノイズを加えたデータを教師データとして使用したりするといったことが行われています。

しかしながら、このようにデータを大量に収集し蓄積することが必要となれば、それに応じてデータを保管しておくためのストレージの確保が重要になってきます。例えば、画像認識においてよく利用されている写真とキーワードを対応付けたデータベース ImageNet（URL http://image-net.org/）では、2016年10月現在1419万以上の画像と2万以上の画像へのタグの情報が収載されており、これらをダウンロードするととてつもないサイズとなってしまいます。

一般にストレージは自前で確保する方法とVPSやIaaSなどのクラウドプラットフォームの提供サービスを利用する方法があります。自前でストレージを構成する場合は、データのバックアップや冗長性の設計・設定などを考慮しなくてはならないため、実際の運用ではクラウドプラットフォームを利用することを考えたほうがよいとされることもあります（表1）。

表1 各クラウドプラットフォームやスーパーコンピュータなどのストレージ価格（2016年10月現在）

プラットフォーム	価格
Amazon S3	0.0330USD~/1GB/月
GCP Cloud Storage	0.026USD~/1GB/月
Microsoft Azure	（P10）2312.34円/128GB/月 （標準）5.10円~/1GB/月
IBM Bluemix	（2 IOP）3072円/100GB/月
Sakura Internet さくらのクラウド	（標準）2160円/100GB/月 （SSD）3780円/100GB/月
GMO クラウド ALTUS	15円/1GB/月
GMO Internet ConoHa	（SSD）2500円/200GB/月 （オブジェクトストレージ）450円/100GB/月
IIJ GIOストレージ＆アナリシスサービス	（オブジェクトストレージ）7円/1GB/月
東京大学 FX10スパコンシステム	5400円/500GB/年
東京大学 Reedbush-Uシステム	6480円/1TB/年
東京大学医科学研究所スパコン	120000円/1TB/年
京	300円/10GB/月

オブジェクトストレージ

VPSやクラウドサービスなどにおいて、近年使われ始めたストレージサービスにオブジェクトストレージがあります。オブジェクトストレージはAmazonがストレージサービスS3を開始したことから、それまでのブロックデバイス式のファイルストレージをベースとしたファイルシステムとは一線を画したデータ保管サービスとして普及していきました。ファイルはオブジェクトストレージにおいてはオブジェクトと呼ばれ、HTTP REST（次ページのMEMO参照）APIを利用して書き込みと読み出しを行います。

> **MEMO REST**
>
> REST（REpresentational State Transfer）はデータの読み出しと書き込みにあたる取得や更新をHTTPメソッドであるGET/POST/HEAD/PUT/DELETEによって操作できます。レスポンスはXMLやJSONの形式であることが多く、WebベースのAPIサービスで多用されています。過去には類似の仕組みとして、SOAP（Simple Object Access Protocol）やWebDAV（Web-based Distributed Authoring and Versioning）などがあります。RESTに従っているシステムのことをRESTfulと言います。

それぞれのオブジェクトには、URI（MEMO参照）（Uniform Resource Identifier）が付与されます。現在Amazon S3でのプロトコルが事実上の標準となっており、Amazon S3 APIに互換性のあるサービスではネットワーク越しにファイル（オブジェクト）群をマウントしたりWebサービスなどのバックエンド向けに提供されているライブラリなどから読み書きしたりすることが可能となっています。

一般的には通常のファイルストレージと比較して容量単価では安価で提供されていますが、通信量によって課金されていくような形態であることが多いです（図1）。

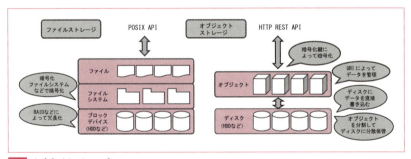

図1 オブジェクトストレージ

> **MEMO URI**
>
> URIはURL（Uniform Resource Locator）とも呼ばれています。

ファイルストレージ

ファイルストレージではブロックデバイスである物理ディスクを束ねてRAID（Redundant Arrays of Inexpensive Disks）を使った冗長性の確保や、DRBD

(Distributed Replicated Block Device) や同期システム、各種のバックアッププログラムを利用して、異なった物理マシンでのデータの冗長化を行うことが多いです。

◻ オブジェクトストレージ

オブジェクトストレージでは複数のオブジェクトストレージ（同一のネットワーク内の別ノードマシンまたは遠隔地のネットワーク）にオブジェクトの書き込みを行うことでデータの冗長化（Replication）を行います。

Replicationによる冗長化よりも効率的なデータの可用性確保の手法として、Erasure Coding（消失符号付加）というものもあります。これはオブジェクトを分割して、それぞれのデータについて消失訂正符号を付加したうえで、物理的に異なるディスクに分散して格納することで、分割したデータのいくつかが消失した場合でももとのオブジェクトを復元することができる手法です。

◻ ファイルストレージとオブジェクトストレージ

ファイルストレージではファイル個別に暗号化を行うことや、ファイルシステムを暗号化対応ファイルシステムにすることで、データのセキュリティを担保していますが、オブジェクトストレージではアップロードしたデータについて暗号化鍵を一緒に指定することで暗号化されたデータを保管することができます。

ダウンロード時には指定した暗号化鍵により復号されたデータがダウンロードできることから、暗号化鍵を持たない外部の人間によって復号されたデータを盗まれる不安はかなり小さくなります。

個人情報への配慮

収集するデータを増やすことで機械学習によって作り出す学習器の精度が上がっていくことは想像に難くありません。

一般に「個人情報を用いたデータの解析を行えば、より個人に向けたよいサービスが提供できるのではないか」と考えられがちです。しかしながら、個人を識別できる情報を取り扱いながらサービスを開発することには注意を払う必要があり、利用者となってほしい層とのコミュニケーションだけでなくそのようなサービスに向けた監視の目が光っていることも忘れてはいけません。

個人情報保護法

　個人情報保護法は2015年に改正され、2017年春から施行されることになっています。これまでは保有している個人データの数によって法の規制を受けない場合がありましたが、数によらなくなります。

　基本的には利用目的を定めて同意を取得したうえで、定めた利用目的範囲内でのみデータを利用することができる点では変わりありません（マイナンバーを除きます）。

　特定の機微な個人情報として取得や利用などの扱いが制限されていた信条や病歴のような項目に関しては、要配慮個人情報として定められあらかじめ本人の同意がなければ原則的に取得や提供ができないようになっています。

　また、これまで個人に関する情報として名前や電話番号、運転免許証番号などのほか、行動履歴など情報を組み合わせることで容易に個人を特定できるものを個人情報としていたもののうち、より細かく運転免許証番号やマイナンバー、身体的特徴を示す情報、例えば歩行時の癖を示すデータや指紋・虹彩のほかゲノム上の塩基変異などが個人識別符号として新たに指定されました。

匿名加工情報

　一方で、個人を特定できないように匿名化などの処理を行ったデータについては、匿名加工情報として別の企業などが利用できるよう産業への活用についても盛り込まれました（図2）。別の企業が保有する電車の乗降履歴情報を大量に収集

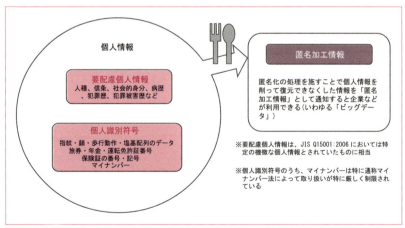

図2 個人情報保護法

すれば、自社の商品の販売データなどと組み合わせることで商品の流通計画にメリットがあることも想定できます。このようなメリットを活かすためいわゆるビッグデータの活用方法を提示しています。

　そして、データベース提供罪（不正な利益を図る目的による個人情報データベース提供罪）が新たに設けられたことも大きな変更です。これまでは個人情報保護法において個人を罰する規定はなく、主務大臣による勧告や措置命令に反した場合に事業者が処罰を受けることになっており、個人情報の流出などにおいて個人の関与が大きい場合は窃盗罪や不正競争防止法違反で対応しています。

　しかし改正により、個人情報取扱事業者に勤める人がその業務に関して取り扱った個人情報データベース等（全部または一部を複製し、加工したものを含む）を不正な利益を図る目的で提供、盗用したときは改正個人情報保護法83条において1年以下の懲役または50万円以下の罰金とされています。

02 IoTと分散人工知能

ここではIoTと分散人工知能について解説します。

POINT
- ◎ IoTによる計測データの大規模化
- ◎ IoTとロボット

IoTによる計測データの大規模化

IoT（Internet of Things）はモノのインターネットとも呼ばれています。IoTと騒がれる以前は、インターネットに接続する主体は人間が中心でした。パソコンなどのコンピュータだけでなく、携帯電話が普及し始めてからもそれは変わりありませんでしたが、GoogleがAndroid OSとAndroid端末を発表して以降、その前提が変わり始めました。

Androidによるモバイル通信環境の変革は、やがてクラウドコンピューティングの影響も加わり、複数のAndroid端末が同期や通信を行うための基盤となっていきC2DM（Cloud to Device Messaging）からGCM（Google Cloud Messaging）、FCM（Firebase Cloud Messaging）となっていきました。

M2M（Machine to Machine）はこの時代の流れにおいて増加している通信形態であり、人間が主体として介することなく情報のやり取りが機械同士で行われることを指しています。M2Mを実現している端末それぞれがIoT、もしくはIoTデバイスと呼ばれる機器（MEMO参照）です。

> MEMO IoTデバイス
> 手持ちの携帯電話が含まれることもあります。

平成27年版情報通信白書によると、IoTデバイスについて2013年時点で約158億個あったものが、2020年までに約530億個まで増大すると報告されています。

自動車や医療向けのデバイスが2014年時点で少ないものの、近年のヘルスケア

関連のIoTデバイスの増加にみられるように、今後はそういった分野に関してもIoTを利用したシステムが拡大していくものと考えられます。それだけでなく、2014年においても多くのIoTデバイスがある産業やコンシューマー向けのデバイスは今後も順調に増加していくことが予想されています（図1）。

図1 IoTデバイス数の予想
出典：総務省ホームページ：IoTデバイス数の予想
URL http://www.soumu.go.jp/johotsusintokei/whitepaper/ja/h27/html/nc254110.html

　IoTはもともとが組み込み用途のシステムの一部として利用が始まった経緯から、電子工作の色が強いです。ARM製CPUなどが搭載されたいわゆるマイコンボードをベースに、各種センサーモジュールを接続していくことでデバイスを工作していきます。

　基本となるマイコンボードとして有名なものはRaspberry PiやArduinoといったものがあり、これらマイコンボード類は秋月電子（URL http://akizukidenshi.com/catalog/top.aspx）やスイッチサイエンス（URL https://www.switch-science.com/）といった電子部品を取り扱っている商社から入手することができます。

　とはいえ、これらのマイコンボードを利用して作り上げたデバイスについては個人向けや試作といった要素が強く、長期の稼働や想定される利用環境に合わせて本格的に製品として昇華させるためには、改めて別のツール類を用いて設計を行う必要が生じる場合があります（次ページの図2）。

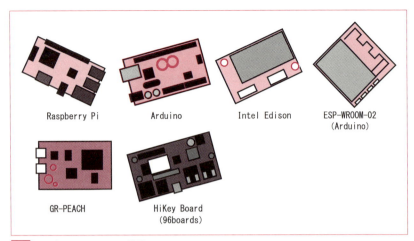

図2 IoTデバイスに用いられる機器

　IoTデバイスには通常、センサーを取り付けセンサーが取得した値をそのままもしくは加工をするなどして別のマシンへ送信することを行う役割があります。センシングデータの解像度を上げるとそれだけ大量のデータを生み出すこととなり、無線でデータを送信する場合には送信漏れに注意しなければならなくなります。

　一般にはIoTデバイスで用いるCPUはパソコンやサーバーに用いられているようなものに比べてパワーがなく、搭載しているRAMも少ないため、デバイスでデータを加工することを検討する場合はデバイス側で処理する内容と送信先で処理する内容を振り分けることが望ましいときがあります。例えば、mbed（MEMO参照）と呼ばれるマイコンボードに音声認識を行わせるようなシステムを組込む場合には、たとえ音声の認識処理部をクラウド側に用意するとしても、波形を拾う時間や質などに注意しなければ、仕様上処理ができないことも起こることに注意が必要となります。

> **MEMO　mbedに関する記述**
>
> - CodeZine『IoTをかじってみよう（7）〜mbedを使って音声認識でデバイスを制御する』
>   URL http://codezine.jp/article/detail/9568

IoTとロボット

IoTデバイスから取得したセンサーデータなどは、その後ネットワークを介して、別のマシンなどによって処理されることとなります。データの処理自体はまったくの遠隔地に存在するクラウド環境において行われることもあり、最終的には動作主体となる人間や機械に対して処理結果の情報が流れ込むこととなります。

対象が人間であれば情報によって直接操作することができないので、情報を提示することにとどまりますが、機械、つまりロボットであれば直接行動を操作することができるため、移動や音の発生など周囲への影響を伴った挙動として表れます。このような周囲の環境に直接作用するようなロボットをアクチュエーターと呼びます（図3）。

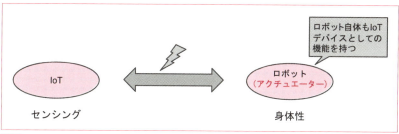

図3 IoTとロボットとの相関図

これまではロボット自体にセンサー類を組込み、ネットワークを利用しないでも画像認識を行ったり音声認識したりするようなシステムの開発が中心に進められていました。

ところが、深層学習をはじめとした高性能な分類器が登場したことにより、認識精度が重要視されるようなシステムでは、インターネットなどの無線通信を利用するシステムにも投資が進んでいます。

特に、画像認識が必要なシステムであれば、Google Cloud Visionなどを利用して物体の認識を行うようにするほうが簡便で安価にシステムを構築することができます（次ページの図4）。

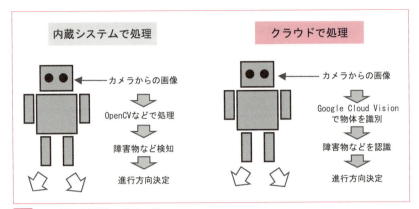

図4 カメラを使った簡単なロボットの例

　それに伴い、各種センサー類についても動作主体となるロボット以外の位置にも設置し、それぞれが収集するセンサーデータを効率的に集約しながら、次の挙動を決定するロボットなども今後広がっていくと考えられます。

　このような無線通信を介した高度な情報処理の分担の時代を経ることで、究極的にはIoTデバイスやロボットがそれぞれデータの処理を行いながら、ロボットがセンサーとなるIoTデバイスを自在に活用しながら、またロボット同士で協同しながら、課題をこなす分散人工知能の世界へと発展していくことでしょう（図5）。

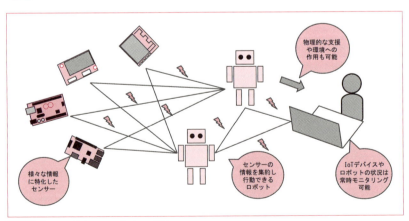

図5 複数のIoTデバイスとロボットとの協同

CHAPTER 14 | 大規模データ・IoTとのかかわり

03 脳機能の解明とロボット

ここでは脳機能の解明とロボットについて解説します。

POINT
- 脳機能を探る
- 小脳のモデリング

脳機能を探る

　ロボットなどの研究とともに進められているものに脳機能の解明があります。脳を構成する脳細胞や複雑な神経回路網がどのようにして瞬時に相互作用し機能しているかを明らかにする新技術の開発と応用を進め、脳機能と行動の複雑な関連性の解明することが重要であるとされています。

　米国では2013年にオバマ大統領（当時）の方針によりNIH（米国立衛生研究所）に立ち上げられたBRAINイニシアティブ（Brain Research through Advancing Innovative Neurotechnologies Initiative、URL https://www.braininitiative.nih.gov/）が先行しています。

　日本でも理化学研究所脳科学総合研究センターに脳機能ネットワークの全容解明プロジェクト「Brain/MINDS」（URL http://brainminds.jp/）が2014年に設置されました。

　生物の内部で起こる作用や機能を計測により、調査し解明することによって、それを人工物に応用するといった手法は古くから行われています。特に「電球1個と同じ30Wのエネルギーでスーパーコンピュータに匹敵する仕事が可能」と言われる人間の脳の活動を理解することは、省電力な演算処理装置の開発に重要な手がかりとなるという考えもあります（次ページの図1）。

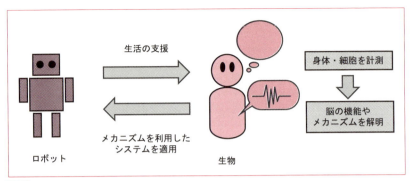

図1 ロボットと脳神経研究

　最近発表されたものに、電気通信大学・山﨑助教グループによる小脳をモデルとした計算機シミュレーションの研究があります。
　脳の研究と言えばおそらく多くの人は、意識や記憶、思考といったつながりから大脳の研究を想像するかもしれません。しかし、小脳は大脳よりも理解が進んでいる領域です。小脳は損傷すると運動失調や運動学習の消失が観察されることから、運動制御や運動学習などの運動機能を司っているとされています。初めて行う運動や慎重な動作は大脳からの指令を小脳が修飾するのに対して、単純作業のような繰り返し行われる運動については小脳が自律的に身体を制御すると言われています。
　これらの仕組みは小脳のなかに身体に関する内部モデルが存在し、脳や外界からの入力によって内部モデルがフィードバック機構を通じて更新されていくことで、実現されているという仮説が支持されています（図2）。

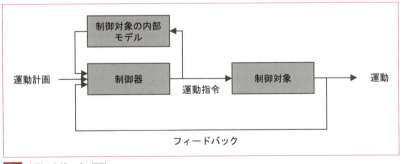

図2 小脳の内部モデル仮説
出典：『人工知能 vol.30 No.5 2015/9』P.639

小脳のモデリング

　人間の小脳は大きさこそ脳のうち10％程度であるものの、神経細胞の数は80％になると言われています。それらは複雑な神経回路を構成しているわけではなく、文脈信号と教師信号と呼ばれる2つの入力と1つの出力を持ちます。

　文脈信号は橋核から苔状線維を通して顆粒細胞と小脳核へ興奮性の刺激として伝わり、教師信号は下オリーブ核から登上線維を通りプルキンエ細胞へと投射しており、非常に強い興奮性の入力を与えます。その後、小脳核から出力が起こります。このような構成のネットワークを計算機上でシミュレーションを行い、実際の動物で起こる眼球運動を再現できたとされています（図3、次ページの図4）。

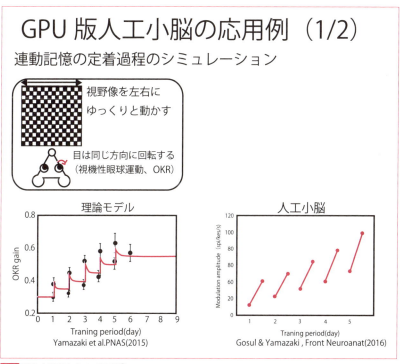

図3　猫の小脳をスパコンで再現①
　　出典：「Shoubuで実現する ネコ一匹分の人工小脳」
　　URL http://accc.riken.jp/wp-content/uploads/2016/04/yamazaki.pdf

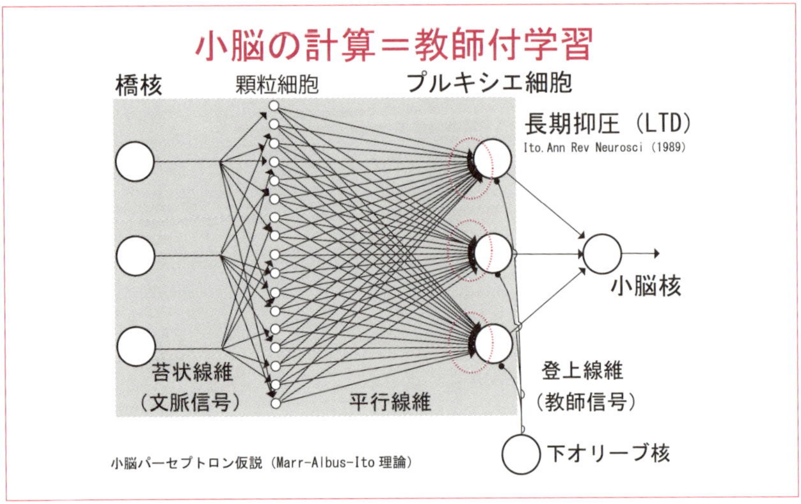

図4 猫の小脳をスパコンで再現②
出典：「Shoubuで実現する ネコ一匹分の人工小脳」
URL http://accc.riken.jp/wp-content/uploads/2016/04/yamazaki.pdf

GPUでのシミュレーションのほか、メニーコアCPUであるPEZY-SCチップを用いたスーパーコンピュータShoubu（菖蒲）でのシミュレーションでは、神経細胞の数を10億個で行っています。10億個規模の神経細胞数は猫1匹に相当します。

1秒間の小脳の神経活動が1秒以内でシミュレートできているとされており、リアルタイムな挙動を見ることができます。将来的には、小脳の機能に障害が起こったことなどにより運動が不自由になった場合に代替する機能をこのような人工神経回路装置が担うこともあるでしょう（図5）。

1,008 PEZY-SC チップ（252/320 ノード）を利用
・4 月上旬の時点で単精度ピーク性能 2.6PFlops
・実行効率 2.6%

10 億（＝10^9）ニューロンからなる小脳回路を実装
・ニューロン数で猫 1 匹分の小脳相当
・面積換算で 62×64mm²

実時間シミュレーション
・1 秒間の小脳の神経活動を 1 秒以内でシミュレート
・Δt＝1ミリ秒

世界最大・最高速・最も精微

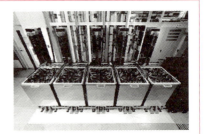

図5 「ZettaScaler-1.6」液浸槽5台による液浸冷却スーパーコンピュータ「Shoubu（菖蒲）」
画像の出典：「スーパーコンピュータ「Shoubu（菖蒲）」がスパコンの省エネランキングGreen500で3期連続の世界第1位を獲得―「Satsuki（皐月）」も2位を獲得 理研設置のスパコンが1,2位を占める ―」より引用
URL http://www.riken.jp/pr/topics/2016/20160620_2

CHAPTER 14 | 大規模データ・IoTとのかかわり

04 創発システム

ここでは創発システムについて解説します。

POINT
- 自律的な学習による概念の理解：メタ認知
- 国内における人工知能関連の動き

自律的な学習による概念の理解：メタ認知

運動に関する機能を担っている小脳と比較するとより複雑で高次の機能を担っているとされている大脳においては、全貌を解明するにはそれだけ長い時間を要するだろうと考えられています。

その一方で、これまでの人工知能研究においては機械が言葉の意味を理解するための人間側の努力が続けられています。オントロジーやセマンティックといった意味ネットワークの表現や表現方法の開発により得られたデータは、記号接地問題の解決に向けた動きとして行われているものです。

しかしながら、「石」を説明するために「石」を用いる必要が生じる（MEMO参照）ような循環的定義をどのように機械に理解させるかというところは困難が生じており、機械自体が自律的な学習により意味を習得するプロセスを持つことが大事になると考えられています。

> **MEMO** 「石」を説明するために「石」を用いる必要が生じる
>
> 「石」は相対的な大きさで「岩」や「砂」と呼び名が変化しますが、「石」そのものを説明するような表現はありません。鉱物の組成などで説明すると、石は地球となってしまいかねないからです。

メタ認知

このような自律的な学習による概念の理解は、人間では自然に行われていることであり、自分の思考や行動そのものを対象として客観的に把握し認識すること

を意味するメタ認知と呼ばれています。

　メタ認知能力を機械が得ることは、2010年代にどの程度可能になるかは不明ですが、産業用ロボットなどにおいてはPFNなどが、ロボット自身が組み立て用の部品の効率的なつかみ方を習得するような深層学習を利用した機械学習プログラムを開発しており（MEMO参照）、事前情報がない状態から8時間程度で人間がチューニングした場合と同等の効率を実現しています。

> **MEMO 製造業向けIoTプラットフォームの共同開発**
> ファナックやシスコ、PFNなどは、製造業向けIoTプラットフォームを共同で開発しています。
> - **ファナックやシスコ、PFNらが製造業向けIoTプラットフォーム**
> URL http://ascii.jp/elem/000/001/152/1152084/

　このようなメタ認知能力がコミュニケーションシステムを構成する機械に取り入れられることが進むと、機械が言葉の意味を周囲の状況や文脈で判断しながら学習し、人間のコミュニケーションと同等の能力を持つ記号創発システムとして機能するようになるのではないかと考えられています。

　より先の将来では、そのほか多くの脳機能が理解され計算機上で模倣されるようになれば、知能や意識と呼ばれるものが芽生える可能性も否定できません（図1、MEMO参照）。

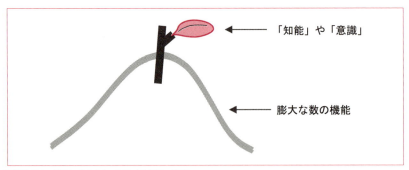

図1 多くの機能に支えられて存在する知能・意識

> **MEMO 人工知能の「知能」「意識」**
> 人工知能に「知能」「意識」というものが生まれたとしても、「人と同等」と呼べるかどうかはわかりません。

国内における人工知能関連の動き

日本国内でも世界の人工知能技術先進国にならい、ここまでの内容をふまえたような研究開発について後押ししていく体制ができつつあります。NEDO（国立研究開発法人新エネルギー・産業技術総合開発機構）によるAIポータル（URL http://www.nedo.go.jp/activities/ZZJP2_100064.html）では、人工知能研究に関する総務省・情報通信研究機構、文部科学省・理化学研究所革新知能統合研究センター、経済産業省・産業技術総合研究所人工知能研究センターの今後の研究計画などが発表されています（表1）。

表1 官民・省庁横断的な体制の構築
出典：『人工知能と産業・社会』（経済産業調査会、2015/9/18）。山際大志郎　p.176 図26

	最近の動き	経済産業省の動き
検討会	官邸「ロボット革命実現会議」、総務省「インテリジェント化が加速するICTの未来像に関する研究会」	日本の「稼ぐ力」創出研究会、産業構造審議会情報経済小委員会、自動走行ビジネス検討会
人工知能に関する分析・報告書類	総務省「インテリジェント化が加速するICTの未来像に関する研究会報告書2015」	「AIの『稼ぐ力』創出研究会とりまとめ」「紹鴎掲載小委員会中間とりまとめ」「2015年版ものづくり白書」「自動走行ビジネス指針会中間とりまとめ報告書」
研究機関	ドワンゴ人工知能研究所、リクルート「Recruit Institute of Technology」	AIST：産業技術総合研究所、「人工知能研究センター」設置
推進団体づくり	ロボット革命イニシアティブ協議会、Industrial Value Chain Institute（ＩＶＩ）	ロボット革命イニシアティブ協議会、Iot推進ラボ
研究開発支援・導入支援	総合化学技術・イノベーション会議、「SIP（戦略的イノベーション創造プログラム）」「自動走行システム推進委員会」（各省連係プロジェクト） ・総務省　通信技術開発等、 ・経済産業省　走行映像DB構築、 ・内閣府　地図情報高圧化等	・次世代ロボット中核技術開発（平成27年度、10億円） ・ロボット介護機器開発・導入促進事業'（平成22年度、255億円） ・ロボット活用型市場化開発プロジェクト・平成27年度、15億円） ・次世代スマートデバイス開発プロジェクト〜（平成27年度、18億円）
人材育成	・校正労働省及び（独）高齢・障害 ・大蔵省雇用支援機構（JEED）と経済産業省の連携	理工系人材育成に関する産学管円卓会議（文部科学省と経済産業周防の連携）

基礎的な研究に関しては脳神経関連に関する研究が国際的にも進められてお

り、同様の領域について推進されています。

　その一方で、産業的な応用に関しては（MEMO参照）、主な領域として自動車産業、製造業、医療介護、流通小売、物流といったところが出口分野として力が入れられています。

　特に画像認識を利用した応用技術である自動運転技術や医療用画像診断技術や、手術支援システムなどが注目されています（図2）。

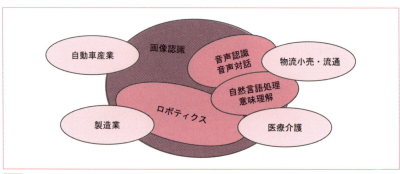

図2　産業利用の形態

MEMO　産業利用について

産業への利用については以下のサイトを参照してください。

- 『技術戦略研究センターレポート　TSC Foresight Vol.8』
  URL http://www.nedo.go.jp/content/100764487.pdf
- 『次世代人工知能技術社会実装ビジョンワークショップ「次世代人工知能技術社会実装ビジョン」の概要』
  URL http://www.nedo.go.jp/content/100795700.pdf

　また将来的な人工知能技術の発達の過程は実世界への反映の側面からレベル分けができるとされています（表2）。

　2016年現在、レベル2～3の技術が急速に生活に浸透してきている段階であり、最新の研究でレベル4の実現に向けて進められているといった状態です。レベル4において想定されていることは、IoTを活用したホームオートメーションや双方向のコミュニケーションロボットのほか、教育分野ではアダプティブ・ラーニングと呼ばれる個人に最適化された教育カリキュラムの自動構成と提案によるe-ラーニングシステムや自動運転の一部実現、金融工学と人工知能技術との融合

表2 人工知能のレベル

	特徴	概要	具体例
レベル1	トイ問題の解決	限られたタスクに対する単純な処理・制御による最適化の創出	コンピュータ将棋（ほかにも、リバーシ、チェス、囲碁等）
レベル2	情報利活用・専門家・専門家マスカスタマイゼーション・発見的学習 等	特定の分野に関する知識のベースでのエキスパートシステム／各自主の生活、行動ログに応じたきめ細やかな対応、データマイニングによる法則の発見等	・IBM「ワトソン」（医療診断等） ・訴訟ドキュメントレビューシステム（UBIC） ・プラント故障の予兆診断
レベル3	アクチュエーション	設計者により与えられる情報処理モデルを通じて機能に修正を加え、実世界を変更するエージェント	・CNC機械、ファクトリーオートメーション ・お掃除ロボット ・Siri ・安全運転支援機能
		フレーム問題の壁	
レベル4	知能の自己発見的進化	センサ情報のディープラーニングから、環境を自動的に「理解」、「概念化」し、目的を達成するエージェント	・創発ロボット ・ホームオートメーション ・コミュニケーションロボット ・アダプティブ・ラーニング ・ネット広告のAdTech、金融のFinTech
レベル5	知能の協調自立分散	各人工知能がネットワークで結ばれ、相互作用により、幅広い問題を自律的・協調的に解決	・スマートコミュニティ ・インダストリー4.0 ・自動運転車と協調的道路交通システム

← Deep Learningの影響

	段階	主な機能	直接影響	間接影響
レベル2	情報活用	・発見的学習（統計的機械学習） ・予兆診断 ・バイオ・インフォマティクス ・マテリアル・インフォマティクス ・専門知識のカスタマイズ化	・専門家の判断支援 ・研究開発の時間短縮 ・専門知識の継承、保存	標準化（品番・作業単位等）
レベル3	アクチュエーション	・最適制御 ・マス・カスタマイゼーション ・スマートハウス ・スマート家電 ・ドローン ・工場の自動化 ・作業支援 ・AIDAS	・重労働、危険な作業からの労働者の解放 ・人手不足解消 ・作業精度の向上	・情報システム系の知識と機械工学系の知識の融合
レベル4	知能の自己発見的進化	・医療・介護用ロボット ・適応型コミュニケーションロボット ・アダプティブ・ラーニング ・完全自動運転	・スマイルカーブの上下化（製造→小売化） ・リスクを事業機会とする産業の縮小 ・機械の制御・運転層の雇用機会減少	・モノのサービス化 ・ハードウェアの個性喪失 ・巨大プラットフォーマーの出現 ・BD化と深層学習によりロックイン効果 ・人工知能のモジュール
レベル5	知能の協調自律分散	・マルチエージェントシステム ・スマートシティ ・スマートインダストリー	・経済活動からの「単労手」（在庫等）の減少 ・情報整理やコンサルティング業の中抜き ・時間的余剰の拡大	・モジュール化によるシステム全体の性能向上が加速 ・モジュール市場ごとの寡占化

表2 人工知能のレベル
出典：『人工知能と産業・社会』（経済産業調査会、2015/9/18）。山際大志郎　P.74 図18, P.156 図24

が進んだより発展したフィンテックなどがあります。

　いわゆる「スマート（サービスやシステム名）」なサービスやシステムは現状のレベル3においても実現されていますが、レベル4以上になることで、より自律的になり人間からは目に見えにくい黒子のような立ち位置になっていくと思われます。

　人工知能の研究開発や機械学習を利用したサービスは国内にとどまらず、世界に輸出することも可能です。自然言語処理のような、日本特有の事情が絡む領域については国内依存的になってしまいがちになりますが、逆の見方をすれば「海外へ向けて売り込むことができるのは日本だけ」という強みにつながる側面があると言えます。

　これからの人工知能技術を利用した商品やサービスの開発は、データを大量に保有することに重点を置きながら、最先端の機械学習アルゴリズムを開発する側、そのような大量のデータから生み出される機械学習アルゴリズムを利用する側への分立が起こると考えられます。

　これまでにもそのような傾向は存在していますが、よりはっきりと顕在化することになるでしょう。技術開発を行うにあたっては、とにもかくにも実世界からの大量のデータを導入する必要が前提となることはますます増えていき、データの確保ができなければ習得した機械学習や解析の技術が活かせなくなってしまいます。

　取り扱うデータによって、深層学習などの機械学習のアプローチが変わってくるため、R言語などで標準的に用意されているデータだけでなくWordNetやImageNetなどを使ってさまざまなデータを手に入れられる環境に身を置くことが大切となります（図3）。

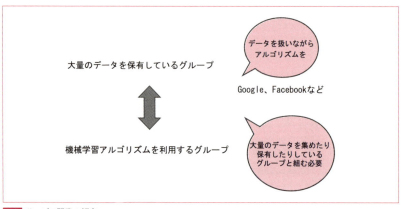

図3　サービス開発の傾向

INDEX

アルファベット

Amazon Machine Learning 322
Apache Hadoop 23, 27, 281, 311
Apache Nutch 312
Apache Spark 27, 317
ApplicationMaster 315
Attention mechanism 272
AWS 305
A* アルゴリズム 110, 194
B+木 287
Benjamin 273
biological_process 294
Bitap アルゴリズム 287
Bluemix 322
BRAIN 339
Brain/MINDS 339
Burrows Wheeler Transform 292
BWA 292
BWT 292
B木 287
C2DM 334
Caffe 324
Cassandra 281
cellular_component 294
Chainer 325
CNN 220
Cognitive Services 322
Container 315
Conversation as a Platform 274
CUDA 22
Cypher QL 283
DCGAN 244
Deep Belief Network 217
Deep Neural Network 216
Deep RNN 225
deepjazz 273
DNN 23
EM アルゴリズム 152
Encoder-Decoder アプローチ 272
Erasure Coding 331
FAT 279

FCM 334
FM - Index 292
FPGA 22, 308
GAN 244
GCM 334
GCP 305
Gene Ontology 294
Google Cloud Machine Learning Platform 320
GoogLeNet 241
GPGPU 22, 306
Hadoop 316
Hash 281
HBase 281
HDF5 .... 283, 312, 314
Hearsay - II 45, 251
Hebb の法則 15, 123
HMM 164
HOG 241
HTTP REST 329
IBM ワトソン 322
IoT 334
Jaccard 係数 92, 100
JazzML 273
JobTracker 315
K - means 242
Keras 273, 326
Key -value 289
KVS 281
L1 正則化 90
L2 正則化 90
LISP 40
LOD 296
LOWESS 88
LSTM 266
Lustre Filesystem 304
MapReduce 312, 314
MAP 推定量 154
MariaDB 283
MCMC 法 160
Memcached 281
Microsoft Azure 305
Microsoft Azure Machine Learning 321
molecular_function 294
MPI 310

MXNet 325
MYCIN 19, 41
NAIST テキストコーパス 265
NameNode 314
Neo4j 283
NodeManager 315
NoSQL 281
NTFS 279
Nutc 311
OpenMP 22, 311
Oracle Database 283
OWL 296
PaaS 305
QOL 29
Q学習 196
R - CNN 242
RDD 318
RDF 296
Recurrent Neural Network 224, 266
Reduce 処理 314
REST 330
RNN 224, 266
RSS 296
shift - reduce 法 264
Shuffle 処理 314
SPARQL 297, 299
SPARQL エンドポイント 297, 299
SQL 280
TaskTracker 315
TensorFlow 243, 325
Theano 273, 324
TSUBAME 303
URI 330
waifu2x 244
Watson 28
XML 281
YARN 315

あ〜さ

アクタークリティック法 196
アクチュエーター 337
アダプティブ・ラーニング 346
アンサンブル学習 186
遺伝的アルゴリズム 114

INDEX

意味ネットワーク 293, 343
インデックス 279
ウェーブレット行列 290
ウェーブレット変換 235
エキスパートシステム 18, 40
オイラーの公式 232
大型計算機システム 302
オートエンコーダー
　................................ 215, 217, 218
オッズ比 150
オブジェクト 329
オブジェクトストレージ 329
音声認識システム 251
オントロジー 294, 343
解析学 230
カイ二乗検定 143
カイ二乗分布 143
外部キー 279
ガウス分布 138
下界 152
係り受け 264
係り受け解析 264
係り受け解析法 264
回帰分析 80
学習器 187
学習曲線 210
学習率 196
確定システム 192
確率的勾配降下法 210
確率分布モデル 134
隠れ状態 275
隠れ層 125, 214
隠れマルコフモデル 165
過剰適合 84, 211
画像処理装置 305
画像認識 25, 222, 239
画像分類タスク 24
価値関数 194
活性化関数 209
かな漢字変換 267
画風変換 244
関係データベース 279
完全情報ゲーム 70
機械学習プラットフォーム 320
機械翻訳 268
記号接地問題 293, 343
逆フーリエ変換 233
強化学習 71, 191

強化学習理論 191
教師あり学習 136, 216
教師あり学習と教師なし学習 ... 168
教師信号 341
教師なし学習 168, 216, 344
共役事前分布 153
行列分解 237
近似解 231
空白ノード 296
グラフネットワークDB 283
グリーディー法 197
クロネッカーのデルタ 197
形態素解析 257
言語モデル 269
原言語 268
交叉 114, 117
交差検証 183
更新ゲート 275
構造化データ 281
高速フーリエ変換 232
行動価値関数 194
勾配降下法 146, 210
勾配消失問題 209
コーシー分布 145
コグニティブコンピューティング
　... 28
黒板モデル 205, 251
誤差逆伝播法 209
個人情報保護法 332
子プロセス 309
コプロセッサ 305
コルタナ 274
コンピュータクラスタ 304
再帰型 266
再帰型ニューラルネットワーク
　.. 224, 253
最急降下法 147, 210
最小二乗法 84
最大事後確率推定量 153
最適行動価値関数 195
サイバネティクス 14
最尤法 146, 210
索引 289
サブプロセス 309
サポートベクターマシン 175
サロゲートキー 280
自己組織化 131
事後メディアン推定量 .. 153, 154

事後予測分布 156
指数分布 139, 143
事前学習 215, 217
事前分布 153
シナプス 122
写像 78
重回帰 82
主観分布 153
主成分分析 170
述語項構造解析 265
出力ゲート 226
状態価値関数 194
正味現在価値 194
人工言語 256
深層構造類似度モデル 275
人工生命シミュレーション 54
人工知能 12
深層学習 23, 208, 216
推論エンジン 42
ステート駆動エージェント 69
スパースコーディング 219
正弦関数 231
制約付きボルツマンマシン ... 214
セマンティック 343
セマンティックWeb 294
線形問題 76, 77
全文検索エンジン 311
相関関数 94
損失関数 146

た〜は

対数尤度方程式 152
多項式回帰 83
多層パーセプトロン 130, 208
畳み込みニューラルネットワーク
　... 241
妥当性の検証 181
探索木 105
逐次探索 286
知識獲得 260
知識ベース 36
知的エージェント 204
チャットボットプログラム ... 274
中間層 124
チューリングテスト 14, 16
超幾何分布 145
ディープネット 216
ディープラーニング 208

テイラー展開 230	ビダビアルゴリズム 267	マルコフ連鎖 64
ディリクレ分布 141	ビュフォンの針実験 159	マルチエージェント 204
データの冗長化 331	評価 116	マルチスレッド 310
データベース 278	ファイルストレージ 330	マルチタスク学習 203
データベース提供罪 333	フィールド 280	無限回微分可能関数 230
データマイニング 136, 168	フィンテック 348	無向グラフ 103
テーブル結合 280	フーリエ変換 97, 231, 232, 250	メタ学習 203
テキスト生成 267	ブール論理 286	メタ認知 343
テキストマイニング 256	二人零和有限確定完全情報ゲーム	メトロポリス抽出法 160
デコーダー 269	.... 71, 106	メトロポリス-ヘイスティングアル
デコーディング 269	負の二項分布 142	ゴリズム 161
転移学習 200	部分一致 286	メニーコア CPU 306
統計的機械学習 24	ブライト・ウィグナー分布 145	目的言語 268
淘汰 116	フレーズベースの機械翻訳 268	モンテカルロ法 160
特徴抽出 230	分散コンピューティング 302	ユークリッド距離 99
動的計画法 112, 194, 267	文脈信号 341	有限オートマトン 61
トークナイザー 289	文脈ベクトル 272	有限ステートマシン 61
特異値分解 86, 172	ベイジアンネットワーク	有向グラフ 103
特徴量 21, 76	.... 27, 104, 164, 165	尤度関数 151
匿名加工情報 332	ベイジアンフィルタ 20, 177	ユニーク制約 280
独立成分分析 173	ベイズ推定 153	余弦関数 231
突然変異 114, 119	ベイズ推定量 153	ラティス構造 267
ドメイン 200, 294	ベイズの定理 20, 149	ラプラス分布 139
ドメイン適応 200	ベイズ判別分析 156	ランダムフォレスト 180
トランザクションテーブル 279	ベイズ推定法 153	離散フーリエ変換 232
トリプル 296	並列コンピューティング 302	利得 194
ナチュラルキー 280	ベータ分布 140	リレーショナルデータベース
二項係数 231	ベクトル空間モデル 286	 279
二項分布 141	ベルヌーイ数 231	りんな 28, 274
二分探索 287	ベルマン方程式 196	類似度 92
ニューラルネットワーク	編集距離 92	累積分布関数 145
.... 14, 20, 104, 122, 124, 241	ポアソン分布 143	ルールベース 32
入力ゲート 226, 275	ボイヤームーア法 287	レイリー分布 146
ノード 102, 106	忘却ゲート 226, 275	レコメンドエンジン 26, 47
ノーフリーランチ定理 203	方策 192	連文節変換 267
パーセプトロン 20, 126	報酬 193	ローレンツ分布 145
パーティション 319	ホームオートメーション 346	ロジスティック回帰 87
ハールライク特徴 240	ホールドアウト検証 183	ロジスティック分布 145
バギング 186	ボットプログラム 27	ロボット 337
パスウェイ 39	ボルツマンマシン 127, 214	
パターン認識 91, 228		**わ**
パターンマッチ 286	**ま〜ら**	ワーカースレッド 311
バックプロパゲーション 130	マクローリン展開 230	ワイブル分布 146
パナマ文書 285	マスターテーブル 279	分かち書き 257
ハミング距離 98	マハラノビス距離 98	割引累積報酬 194
汎化性能 186	マルコフ過程 64	
非均質タイプ 204	マルコフ決定過程 192	
非構造化データ 281	マルコフモデル 64	

著者プロフィール

多田 智史（ただ・さとし）
1980年生まれ、兵庫県出身。大学は生物工学を専攻し、現在バイオインフォマティクスの企業に勤務。データ解析プログラムやWebベースのデータベースシステムの開発を業務で行う。

監修者プロフィール

石井 一夫（いしい・かずお）
東京農工大学特任教授。専門分野：ゲノム科学（バイオインフォマティクス、データマイニング、計算機統計学、機械学習）。徳島大学大学院医学研究科博士課程修了。東京大学医科学研究所ヒトゲノム解析センター、理化学研究所ゲノム科学総合研究センターなどを経て現職。2015年度情報処理学会優秀教育賞受賞。日本技術士会フェロー、APECエンジニア、IPEA国際エンジニア。

装丁・本文デザイン	大下賢一郎
装丁写真	photolibrary
キャラクターイラスト	電柱棒
DTP	株式会社シンクス
協力	佐藤弘文

あたらしい人工知能の教科書
プロダクト／サービス開発に必要な基礎知識

2016年12月16日　初版第1刷発行
2017年 8 月10日　初版第4刷発行

著　者	多田智史（ただ・さとし）
監修者	石井一夫（いしい・かずお）
発行人	佐々木幹夫
発行所	株式会社翔泳社（http://www.shoeisha.co.jp）
印刷・製本	株式会社シナノ

©2016 SATOSHI TADA, KAZUO ISHII

本書は著作権法上の保護を受けています。本書の一部または全部について（ソフトウェアおよびプログラムを含む）、株式会社翔泳社から文書による許諾を得ずに、いかなる方法においても無断で複写、複製することは禁じられています。
本書へのお問い合わせについては、2ページに記載の内容をお読みください。落丁・乱丁はお取り替えいたします。03-5362-3705までご連絡ください。

ISBN978-4-7981-4560-0
Printed in Japan